21 世纪高等院校计算机辅助设计规划教材

MATLAB 数值计算基础与实例教程

王　健　赵国生　宋一兵　等编著

机 械 工 业 出 版 社

MATLAB是一个功能强大的科学计算软件，具备良好的兼容性与可移植性等优点，已经在信息科学、数学建模、图像处理、工程控制、通信仿真与设计等领域得到了广泛应用。

本书介绍了MATLAB在数值计算中的应用，内容涵盖数值计算的基础知识、MATLAB基础介绍、数值计算在大学基础课程和科研工作中的应用等。全书共10章，首先介绍数值计算的基础、MATLAB的使用、通用函数、数据分析等内容；然后向读者展示数值计算在高等数学、线性代数、概率论中的应用；最后应用数值计算对现实生活中的实际问题进行求解，包括线性/非线性规划与分析的优化及其他重要的数值计算问题等。

本书在内容编排上按照读者学习的一般规律，结合了大量实例进行讲解，可以使读者快速、真正地掌握MATLAB与数值计算。本书可以作为高等学校相关专业，诸如：应用数学、信息与计算科学、通信工程、电气工程及其自动化、计算机科学与技术等专业的教材、教辅工具书，也可供广大科研人员、学者、工程技术人员自学或参考。

图书在版编目（CIP）数据

MATLAB数值计算基础与实例教程/王健等编著．—北京：机械工业出版社，2018.5（2024.1重印）
21世纪高等院校计算机辅助设计规划教材
ISBN 978-7-111-59869-5

Ⅰ.①M… Ⅱ.①王… Ⅲ.①计算机辅助计算-Matlab软件-高等学校-教材 Ⅳ.①TP391.75

中国版本图书馆CIP数据核字（2018）第090536号

机械工业出版社（北京市百万庄大街22号 邮政编码100037）
策划编辑：和庆娣 责任编辑：和庆娣 王 荣
责任校对：张艳霞 责任印制：李 昂
北京捷迅佳彩印刷有限公司印刷

2024年1月第1版·第3次印刷
184mm×260mm·20印张·493千字
标准书号：ISBN 978-7-111-59869-5
定价：69.90元

电话服务
客服电话：010-88361066
010-88379833
010-68326294

网络服务
机 工 官 网：www.cmpbook.com
机 工 官 博：weibo.com/cmp1952
金 书 网：www.golden-book.com
机工教育服务网：www.cmpedu.com

前　言

MATLAB 是一种科学计算软件，专门以矩阵的形式处理数据。目前，其应用非常广泛。MATLAB 可以用来进行如下工作：数值分析、数值和符号计算、工程与科学绘图、控制系统的设计与仿真、数字图像处理、数字信号处理、通信系统设计与仿真等。尤其是在电子信息领域和数学建模领域中，MATLAB 已经成为学术研究、论文写作的有力工具。同时，MATLAB 将数值分析、矩阵计算、科学数据可视化以及非线性动态系统的建模和仿真等诸多强大功能集成在一个易于使用的视窗环境中，为科学研究、工程设计和必须进行有效数值计算的众多科学领域提供了一种全面的解决方案，大大提高了运算效率和准确性。

本书针对 MATLAB 数值计算学习的特点，结合作者多年使用 MATLAB 的教学和实践经验，由浅入深、从简到繁、图文并茂，详细介绍了数值计算、符号运算、线性与非线性规划分析等方面的内容。条理清晰，语言通俗易懂，针对性强，在讲解的过程中配合大量的实例操作，符合读者的学习规律。每章都从基础知识开始介绍，然后是实例分析，最后是习题练习，理论与实践紧密结合。

本书共 10 章，主要内容如下：

第 1 章介绍数值计算基础，包括数据的类型、数组的应用、矩阵运算、多项式等。

第 2 章介绍 MATLAB 基础，包括 MATLAB 基本功能及特点、MATLAB 程序控制结构、MATLAB 函数介绍、Bug 的调试方法等。

第 3 章介绍数值计算的通用函数，包括符号运算函数、数值统计函数、数值积分函数、图形绘制函数等。

第 4 章介绍数据分析的关键技术，包括不同维度下的数据插值、不同情形下的数据优化等。

第 5 章介绍高等数学中的数值计算，主要讲解 MATLAB 数值计算在极限、导数、不定积分与定积分、数值积分、二重积分与常微分方程等问题中的应用。

第 6 章介绍线性代数中的数值计算，主要讲解 MATLAB 数值计算在矩阵运算、矩阵的秩与相关性、线性方程组求解、特征值与二次型等问题中的应用。

第 7 章介绍概率论与数理统计中的数值计算，主要讲解 MATLAB 数值计算在数据的统计分析方法、离散型和连续型随机变量、多维随机变量数字特征、参数估计、假设检验等问题中的应用。

第 8 章介绍线性规划与分析的优化，主要分析 MATLAB 数值计算在线性规划问题、参数设置与获取优化、线性规划函数中的运用。

第 9 章介绍非线性规划与分析的优化，主要分析 MATLAB 数值计算在无约束与有约束非线性规划问题、二次规划、多目标规划、最小二乘拟合的规划中的运用。

第 10 章介绍其他数值计算的求解问题，包括单变量函数的求解、共轭梯度法、遗传算法、模拟退火算法、神经元网络等。

本书主要由王健、赵国生、宋一兵编写。哈尔滨理工大学王健主要负责编写第 1~2 章，哈尔滨师范大学赵国生负责编写第3~9章，其余章节由宋一兵、管殿柱、谈世哲、王献红、赵景伟、段辉、董青、李文秋、管玥、赵景波、汤爱君、王奎东编写，在此一并感谢。

本书得到了以下项目的支持：国家自然科学基金项目“可生存系统的自主认知模式研究”（61202458）、国家自然科学基金项目“基于认知循环的任务关键系统可生存性自主增长模型与方法”（61403109）、哈尔滨市科技创新人才研究专项（2016RAQXJ036）和黑龙江省自然科学基金（F2017021）。

感谢您选择了本书，虽然编者在编写本书的过程中力求叙述准确、完善，但由于水平有限，书中欠妥之处在所难免，希望您把对本书的意见和建议告诉我们。最后希望本书能够对您的工作和学习有所帮助！

编　者

目　录

第1章　数值计算基础

数值计算，亦可称为科学计算（Scientific Computing）。如今，数值计算已成为科学研究的三种基本手段之一，它是由三门学科（计算数学、计算机科学和其他工程学科）相结合的产物，并随着计算机的广泛使用和科学技术的不断发展正受到越来越多的关注。本章将学习 MATLAB 中的数值计算基础知识，包括数据的类型、数组应用、矩阵运算和多项式。

总体上来讲，本章各节之间不存在递进关系，但每节内容均是数值计算中的基础内容，即读者可以根据自身的需求打乱本章阅读顺序。除特别说明外，每一节中的例题指令都是独立、完整的，读者可以轻松地在自己的计算机上进行实践。

1.1　数据的类型

在 MATLAB 中共定义了 15 种数据的类型，包括 8 种整型数据、单精度浮点型、双精度浮点型、逻辑型、字符串型、数组、结构体类型和函数句柄。双精度类型、单精度类型和整数类型共同组成了基本的数据类型，如图 1-1 所示。通常，不同数据类型的变量或对象占用的内存空间是不同的，不同的数据类型的变量或对象也具有不同的操作函数。本节将讨论这些数据类型及其用法。

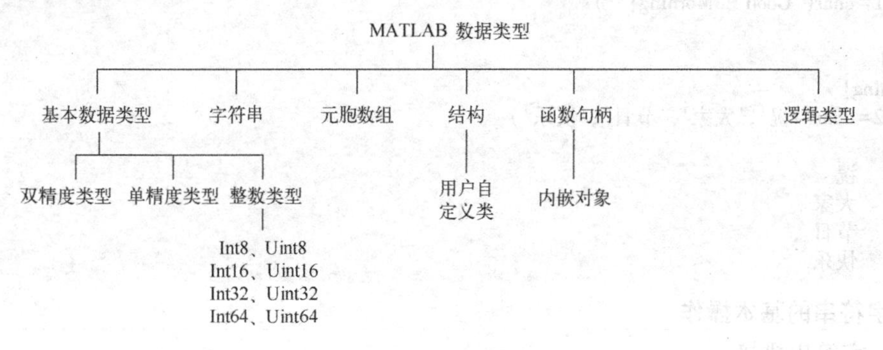

图 1-1　MATLAB 数据类型

1.1.1　字符串

在 MATLAB 中需要对字符和字符串进行操作。字符串可以显示在屏幕上，也可用于一些命令的构成，这些命令将在其他的命令中进行求值或被执行。因此，字符串在数据的可视化、应用程序的交互方面起到非常重要的作用。

一个字符串存储在一个行向量的文本中，这个行向量中的每一个元素代表一个字符，每一个字符占用两个字节的内存。实际上，元素中存放的是字符的内部代码（即 ASCII 码）。在屏幕上显示出来的是文本，而不是 ASCII 数字。由于字符串是以向量的形式来存储的，因此可以通过它的下标对字符串中的任何一个元素进行访问。字符矩阵也以同样的形式进行存储，但其每行字符数必须相同。

1. 字符串的创建

在进行字符串的创建时，只需将字符串的内容用单引号括起来即可。

【例 1-1】创建字符串。

```
>>a=135
a=
135
>>class(a)
ans=
double
>>size(a)
ans=
     1     1
>>b='135'
b=
135
>>class(b)
ans=
char
>>size(b)
ans=
     1     3
```

使用 char 函数可以创建一些无法通过键盘进行输入的字符，该函数的作用是将输入的整数参数转变为相应的字符。

【例 1-2】char 函数的创建。

```
>>A1=char('Good','Morning! ')
A1=
Good
Morning!
>>A2=char('祝','大家','节日','快乐')
A2=
       祝
       大家
       节日
       快乐
```

2. 字符串的基本操作

（1）字符串拼接

字符串可以利用“[]”运算符进行拼接。

若使用“,”作为不同字符串之间的间隔，相当于扩展字符串成为更长的字符串向量；若使用“;”作为不同字符串之间的间隔，相当于扩展字符串成为二维或者多维的数组，此时不同行上的字符串必须具有同样的长度。

（2）字符串操作函数（见表 1-1）

表 1-1　字符串操作函数

函　数	说　明
char	创建字符串，将数值转变为字符串
double	将字符串转变成为 Unicode 数值
blanks	空白字符串的创建（由空格组成）

（续）

函　数	说　明
deblank	删除字符串尾部空格
ischar	判断变量是否为字符型
strcat	水平组合字符串，构成更长的字符向量
strvcat	垂直组合字符串，构成字符串矩阵
strcmp	比较字符串，判断是否一致
strncmp	比较字符串中的前 n 个字符，判断是否一致
strcmpi	比较字符串，忽略字母大小写
strncmpi	比较字符串中的前 n 个字符，忽略字母的大小写
findstr	在较长的字符串中查询较短的字符串出现的索引
strfind	在第一个字符串中查询第二个字符串出现的索引
strjust	对齐排列字符串
strrep	替换字符串中的子串
strmatch	查询匹配的字符串
upper	将字符串中的字母都转变为大写字母
lower	将字符串中的字母都转变为小写字母

【例 1-3】 创建空白字符串（blanks）。

```
>>a=blanks(6)
a=
```

空字符串如图 1-2 所示。

图 1-2　空字符串

【例 1-4】 删除字符串尾部空格（deblank）。

```
>>a='Good morning!          '
a=
Good morning!
>>deblank(a)
ans=
Good morning!
>>whos
  Name        Size                    Bytes  Class
  a           1x18                       36  char
  ans         1x13                       26  char
```

【例 1-5】 判断变量是否为字符类型（ischar）。

```
>>a='Good morning! '
a=
Good morning!
>>ischar(a)
```

```
ans =
1
>>b = 4;
 >>ischar(b)
ans =
      0
```

📖 **注意**：结果显示为1，表示变量是字符类型；否则，结果显示为0。

【例1-6】使用组合字符串（strcat和strvcat）对字符串a和b进行比较。

```
>>a = 'Good';
>>b = 'Morning! ';
>>c = strcat(a,b)
c =
GoodMorning!
>>d = strvcat(a,b,c)
d =
Good
Morning!
GoodMorning!
>>whos
Name       Size          Bytes   Class
  a           1x4                8    char
  b           1x8               16    char
  c           1x12              24    char
  d           3x12              72    char
```

【例1-7】使用比较字符串（strcmp和strncmp）对字符串a和b进行比较。

```
>>a = 'Good Morning! ';
>>b = 'Good afternoon! ';
>>c = strcmp(a,b)
c =
    0
>>d = strncmp(a,b)
d =
    1
```

📖 **注意**：比较结果一致时，值为1；否则，值为0。

【例1-8】对字符串a和b进行查找位置操作（findstr和strfind）。

```
>>a = 'A friend in need is a friend indeed';
>>b = 'friend';
>>c = findstr(b,a)
c =
    3     23
>>d = strfind(b,a)
d =
     []
>>e = strfind(a,b)
```

```
e=
    3    23
```

【例 1-9】对字符串 a、b、c 进行排列操作。

```
>>a='Hello ';
>>b='Bike! ';
>>c=strcat(a,b)
c=
HelloBike!
>>d=strvcat(a,b,c)
d=
Hello
Bike!
HelloBike!
>>e=strjust(d,'center')
e=
   Hello
   Bike!
HelloBike!
```

📖 **注意**：strjust（S，'right'）表示右侧对齐字符串；strjust（S，'left'）表示左侧对齐字符串；strjust（S，'center'）表示中间对齐字符串。

【例 1-10】将字符串 a 中的 Morning 替换为 Afternoon（strrep）。

```
>>a='Good Morning! '
a=
Good Morning!
>>b=strrep(a,'Morning','Afternoon')
b=
Good Afternoon!
```

【例 1-11】查询字符串 a 和 b 中分别匹配 he 的字符串（strmatch）。

```
>>a=strmatch('he',strvcat('he','she','they','her'))
a=
     1
     4
>>b=strmatch('he',strvcat('he','she','they','her'),'exact')
b=
     1
```

📖 **注意**：x=strmatch（str，strarray）与 x=strmatch（str，strarray，'exact'）主要不同表现在：第一种只需要比较 str 和 strarray，观察 strarray 中是否有 str 这个字符串，如果有，则返回 str 在 strarray 中的位置，只要找到 str 就行，不需要严格相同；第二种则需要严格相同。

（3）字符串转换函数

MATLAB 提供了相应的转换函数，允许在不同类型的数据和字符串类型的数据之间进行转换。数字与字符之间的转换函数见表 1-2。

表 1-2　数字与字符之间的转换函数

函　数	说　明
num2str	数字→字符串
int2str	整数→字符串
mat2str	矩阵→被 eval 函数使用的字符串
str2double	字符串→双精度类型的数据
str2num	字符串→数字
sprinf	输出数字→字符串（格式化输出数据到命令行窗口）
sscanf	读取格式化字符串→数字

注：“→”表示转换。

数值之间的转换函数见表 1-3。

表 1-3　数值之间的转换函数

函　数	说　明
hex2num	十六进制整数字符串→双精度数据
hex2dec	十六进制整数字符串→十进制整数
dec2hex	十进制整数→十六进制整数字符串
bin2dec	二进制整数字符串→十进制整数
dec2bin	十进制整数→二进制整数字符串
base2dec	指定数制类型的数字字符串→十进制整数
dec2base	十进制整数→指定数制类型的数字字符串

注：“→”表示转换。

str2num 函数在使用时需要注意：被转换的字符串仅能包含数字、小数点、字符“e”或者“d”、数字的正号或者负号、复数的虚部字符“i”或者“j”，使用时要注意空格。

【例 1-12】将字符串转换为数字（str2num）。

```
>>a=str2num('2+2i')
a=
   1.0000+2.0000i
>>b=str2num('2+2i')
b=
   2.0000          0+2.0000i
>>c=str2num('2+2i')
c=
   1.0000+2.0000i
>>whos
Name   Size      Bytes   Class
  A      1x1        16   double array (complex)
  B      1x2        32   double array (complex)
  C      1x1        16   double array (complex)
```

【例 1-13】将数字转换为字符串（num2str）。

```
>>a=num2str(rand(3,3),2)
a=
```

```
0.96  0.96  0.14
0.16  0.49  0.42
0.97   0.8  0.92
>>b=num2str(rand(3,3),4)
b=
0.7922  0.03571  0.6787
0.9595   0.8491  0.7577
0.6557    0.934  0.7431
```

（4）格式化的输入与输出

在 MATLAB 中，使用 C 语言风格的格式化控制符可进行格式化的输入与输出。格式化的输入/输出函数见表 1-4。

表 1-4　格式化的输入/输出函数

字　符	说　明	字　符	说　明
%c	显示内容为单一字符	%d	含符号的整数
%e	科学计数法，用小写的 e	%E	科学计数法，用大写的 E
%f	浮点数据	%g	不定，%e 和%f 中选择一种形式
%G	不定，%E 和%F 中选择一种形式	%o	八进制表示
%s	字符串	%u	无符号整数
%x	十六进制表示，使用小写字符	%X	十六进制表示，使用大写字符

在 MATLAB 中，有两个函数可以用来进行格式化的输入和输出，具体介绍如下：

1）sscanf（读取格式化字符串）。例如，A=sscanf(s,format)；A=sscanf(s,format,size)。

2）sprintf（格式化输出数据到命令行窗口）。例如，S=sprintf(format,A,…)。

【例 1-14】 分别使用 sscanf(s,format)、sscanf(s,format,size)、sprintf(format,A,…)对字符串 a、b、c 进行格式化输出。

```
>>a='1.6983 2.1336';
>>b='1.6983e3 2.1336e3';
>>c='0 2 4 8 16';
>>A=sscanf(a,'%f')
A=
     1.6983
     2.1336
>>B=sscanf(b,'%e')
B=
     1.0e+003 *
     1.6983
     2.1336
>>C=sscanf(S3,'%d')
C=
      0
      2
      4
      8
     16
>>a='0 2 4 8 16';
>>A=sscanf(c,'%d')
```

```
A=
     0
     2
     4
     8
    16
>>B=sscanf(S3,'%d',1)
B=
     0
>>C=sscanf(S3,'%d',3)
C=
     0
     2
     4
>>A=1/eps;
>>B=-eps;
>>C=[65,66,67,pi];
>>D=[pi,65,66,67];
>>S1=sprintf('%+15.5f',A)
S1=
+4503599627370496.00000
>>S2=sprintf('%+.5e',B)
S2=
-2.22045e-016
>>S3=sprintf('%s%f',C)
S3=
ABC3.141593
>>S4=sprintf('%s%f%s',D)
S4=
3.141593e+00065.000000BC
```

【例 1-15】 输入函数的使用方法（input）。

```
>>a=input('随便输入数字:')
随便输入数字:222
a=
  222
>>b=input('随便输入数字:','s')
随便输入数字:222
b=
222
>>whos
Name      Size              Bytes  Class
a         1x1                   8  double
b         1x3                   6  char
```

1.1.2 数值类型

在 MATLAB 数值计算基础学习中，数值类型变量或对象主要用于描述基本的数值对象。通常，MATALAB 中还存在着其他的一些数据，如常量数据、空数组与空矩阵等。

1. 基本数值类型

表 1-5 介绍了 MATLAB 中的基本数值类型。

表 1-5　基本数值类型

数 据 类 型	说　　明	字 节　数
single	单精度数据类型	4
double	双精度数据类型	8
sparse	稀疏矩阵数据类型	N/A
uint8	无符号 8 位整数	1
uint16	无符号 16 位整数	2
uint32	无符号 32 位整数	4
uint64	无符号 64 位整数	8
int8	有符号 8 位整数	1
int16	有符号 16 位整数	2
int32	有符号 32 位整数	4
int64	有符号 64 位整数	8

2. 整数类型数据运算

表 1-6 中介绍了整数类型数据的运算函数。

表 1-6　整数类型数据的运算函数

函　　数	说　　明	函　　数	说　　明
bitand	数据位“与”运算	bitor	数据位“或”运算
bitxor	数据位“异或”运算	bitset	将指定的数据位设为 1
bitget	获取指定的数据位数值	bitshift	数据位移操作
bitmax	最大浮点整数数值	bitcmp	按指定数据位数求数据补码

【例 1-16】对数据 a 和 b 进行“与”“或”和“异或”操作（bitor）。

```
>>a=35;b=42;
>>c=bitand(a,b)
c=
    34
>>d=bitor(a,b)
d=
    43
>>e=bitxor(a,b)
e=
    9
>>whos
  Name        Size                Bytes   Class

  a           1x1                     8   double
  b           1x1                     8   double
  c           1x1                     8   double
  d           1x1                     8   double
  e           1x1                     8   double
```

3. 常量

表 1-7 中介绍了 MATLAB 中常用的常量。

表 1-7　常用常量

常　量	说　明
ans	最近的运算结果
eps	浮点数相对精度（定义为 1.0 到最近浮点数的距离）
realmin	能表示的实数的最小绝对值
realmax	能表示的实数的最大绝对值
pi	圆周率的近似值 3.1415926
i，j	虚数单位
inf 或 Inf	正无穷大，定义为 1/0
NaN 或 nan	不明确的数值结果（产生于 0×inf，0/0，inf/inf 等运算）

注：eps、realmin、realmax 这三个常量的具体数值与实际运行 MATLAB 的计算机相关，不同的计算机系统通常具有不同的数值。

在 MATLAB 中，常量可以被赋予新的值，且赋予了新的值以后原有的值将会被取代，若想恢复到原有的值，可以使用 clear 命令进行恢复。

【例 1-17】将 pi 值进行恢复。

```
>>pi=10
pi=
  10
>>clear
>>pi
ans=
   3.1416
```

4. 空数组

空数组类型的变量在 MATLAB 中是存在的。一般在创建数组或者矩阵时，可以使用空数组或者空的矩阵辅助创建数组或者矩阵。

【例 1-18】空数组的创建。

```
>>a=[]
  a=
        []
  >>b=ones(1,4,0)
  b=
     Empty array:1-by-4-by-0
  >>C=randn(1,3,4,0)
  C=
     Empty array:1-by-3-by-4-by-0
  >>whos
    Name        Size            Bytes   Class
    A             0x0                0    double
    B             2x3x0            0    double
    C             4-D                0    double
```

【例 1-19】使用空数组对大数组进行行删除。

```
>>a=reshape(1:20,5,4)
a=
```

```
      1     6     11     16
      2     7     12     17
      3     8     13     18
      4     9     14     19
      5    10     15     20
>>%删除第 2,3 行
>>a([2 3],:)=[]
a=
      1     6     11     16
      4     9     14     19
      5    10     15     20
```

📖 **思考：**如何删除第 2、3 列？

1.1.3 函数句柄

函数句柄（Function Handle）是 MATLAB 中的一种数据类型。可以将其理解成一个函数的代号，在实际调用时可以调用函数句柄而无须调用该函数。

引入函数句柄的主要优点见表 1-8。

表 1-8 函数句柄的优点

优　点	说　明
可靠性强	使 feval 函数及借助于它的泛函指令工作更加可靠
效率高	使函数调用像变量调用一样方便灵活，可以迅速获得同名重载函数的位置、类型信息
速度快	提高了函数的调用速度和软件重用性，扩大了子函数和私用函数的可调用范围

综上所述，使用函数句柄可以使函数成为输入变量，调用起来十分方便，最终提高了函数的可用性和独立性。

创建函数句柄需要用到操作符@，函数句柄的创建语法如下：

```
fhandle=@ function_filename
```

通过调用该句柄就可以实现该函数的调用。

例如，fhandle=@ tan 即创建了 tan 的句柄，当输入 fhandle(x)时就是调用了 tan(x)的功能。

1.1.4 布尔运算与关系运算

布尔运算又可称为逻辑（Logical）运算。乔治·布尔（英国著名数学家）使用数学方法来研究逻辑问题，成功地建立了逻辑演算。他用等式表示判断，把推理看作等式变换。这种变换的有效性不依赖人们对符号的解释，只依赖于符号的组合规律，人们把这一逻辑理论称为布尔代数。在 20 世纪 30 年代，逻辑代数在电路系统上已获得较为广泛的应用，随后，由于电子技术与计算机的发展，出现了各种复杂的大系统，它们的变换规律也遵守布尔所揭示的规律。逻辑运算（Logical Operation）常用于测试真假值。现实中，最常见的逻辑运算就是对循环的处理，以此判断是否离开循环或继续执行循环内的指令。

关系运算通常分为两类：

1）传统的集合运算，如并集、差集和交集等。

2）专业的关系运算。这些查询通常需要多个基本运算进行组合并进行多个步骤进行查询才可实现运算，如选择、投影、连接和除法等。

1. 数据类型

在 MATLAB 中通常使用 0 和 1 来分别表示逻辑类型的 true 和 false。使用 logical 函数可将任何非零的数值转换为 true，也可将数值 0 转换为 false。逻辑类型的数组中的每一个元素仅占用一个字节的内存空间。

表 1-9 中介绍了用于逻辑类型数据的创建函数。

表 1-9　逻辑类型数据的创建函数

函　数	说　明
logical	任意类型的数组转变为逻辑类型数组，其中零元素为假，非零元素为真
true	产生逻辑真值数组
false	产生逻辑假值数组
isnumeric(*)	判断输入的参数是否为数值类型
islogical(*)	判断输入的参数是否为逻辑类型

【例 1-20】 判断输入参数的类型。

```
>>a=true
a=
     1
>>b=false
b=
     0
>>c=1
c=
     1
>>isnumeric(a)
ans=
0
>>isnumeric(c)
ans=
     1
>>islogical(a)
ans=
     1
>>islogical(b)
ans=
     1
>>islogical(c)
ans=
     0
```

2. 布尔运算

布尔运算（逻辑运算）是指可以处理逻辑类型数据的运算。

逻辑运算符及说明，见表 1-10。

表 1-10　逻辑运算符及说明

<table>
<tr><th>运　算　符</th><th>说　　明</th></tr>
<tr><td>&</td><td>元素与操作</td></tr>
<tr><td>& &</td><td>具有短路作用的逻辑与操作（仅处理标量）</td></tr>
<tr><td>|</td><td>元素或操作</td></tr>
<tr><td>‖</td><td>具有短路作用的逻辑或操作（仅处理标量）</td></tr>
<tr><td>~</td><td>逻辑非操作</td></tr>
<tr><td>xor</td><td>逻辑异或操作</td></tr>
<tr><td>all</td><td>当向量中的元素都是非零元素时，返回真</td></tr>
<tr><td>any</td><td>当向量中的元素存在非零元素时，返回真</td></tr>
</table>

【例 1-21】 对数据进行与操作（& &）和或操作（‖）。

```
>>a=0;b=1;c=2;d=3;
>>a&&b&&c&&d
ans=
     0
>>a||b||c||d
ans=
     1
```

3. 关系运算

表 1-11 中介绍了 MATLAB 中的关系运算符。

表 1-11　关系运算符

运　算　符	说　　明	运　算　符	说　　明
==	等于	~=	不等于
>	大于	>=	大于或等于
<	小于	<=	小于或等于

参与关系运算的操作数可以是各种数据类型的变量或者常数，运算结果是逻辑类型的数据，标量可以和数组（或矩阵）进行比较，比较时自动扩展标量，返回的结果是和数组同维的逻辑类型数组。若比较的是两个数组，则数组必须是同维的，且每一维的尺寸必须一致。

利用“()”和各种运算符相结合，可以完成复杂的关系运算。其中，MATLAB 中的运算符优先级排序见表 1-12。

表 1-12　运算符优先级

优先级（从高到低）	符　　号
第一级	括号()
第二级	数组转置(.')，数组幂(.^)，矩阵转置(')，矩阵幂(^)
第三级	一元加(+)，一元减(-)，逻辑非(~)
第四级	数组乘法(.*)，数组右除(./)，数组左除(.\)，矩阵乘法(*)，矩阵右除(/)，矩阵左除(\)
第五级	加法(+)，减法(-)

(续)

优先级（从高到低）	符　　号
第六级	冒号运算符（:）
第七级	小于(<)，小于或等于(<=)，大于(>)，大于或等于(>=)，等于(==)，不等于(~=)
第八级	元素与(&)
第九级	元素或(|)
第十级	短路逻辑与（&&）
第十一级	短路逻辑或（‖）

1.1.5 结构类型

一些不同类型的数据组合成一个整体，虽然各个属性分别具有不同的数据类型，但是它们之间是密切相关的。结构（Structure）类型就是包含一组记录的数据类型。结构类型的变量多种多样，可以是一维的、二维的或者多维的数组，一般在访问结构类型数据的元素时，需要使用下标配合字段的形式。

1. 创建结构

一般结构的创建有两种方法，即直接赋值法和使用 struct 函数创建法。

（1）直接赋值法

该方法直接使用结构的名称并配合“.”操作符和对应的字段名称进行结构的创建。在创建时直接给字段赋具体的值。

【例 1-22】学生结构的创建。

```
>>Student. name='Jack';
>>Student. age=18;
>>Student. grade=uint16(1);
>>whos
  Name    Size    Bytes   Class
  Student 1x1   546   struct
>>Student
Student=
        name:'Jack'
        age:18
        grade:1
```

（2）使用 struct 函数创建法

struct 函数创建结构的基本语法如下：

```
struct-name=struct(field1,val1,field2,val2,…)
struct-name=struct(field1,{val1},field2,{val2},…)
```

同时也可使用 repmat 函数给结构制作复本。

【例 1-23】使用 struct 函数和 repmat 函数创建学生结构并制作副本。

```
>>Student=struct('name','Jack','age',18,'grade',uint16(1))
Student=
       name:'Jack'
  age:18
       grade:1
>>whos
```

```
  Name       Size       Bytes   Class
  Student 1x1    546    struct
>>Student=struct('name',{'Jack','Mike'},'age',{18,16},'grade',{4,2})
Student=
1x2 struct array with fields:
    name
    age
    grade
>>whos
  Name             Size                    Bytes   Class
  Student          1x2                       912   struct
>>clear
>>clc
>>Student=repmat(struct('name','Jack','age',18,'grade',uint16(1)),1,2)
Student=
1x2 struct array with fields:
    name
    age
    grade
>>Student=repmat(struct('name','Jack','age',18,'grade',uint16(1)),1,3)
Student=
1x3 struct array with fields:
    name
    age
    grade

>>Student(1)
ans=
     name:'Jack'
     age:18
     grade:1
```

2. 基本操作

结构的基本操作包括对结构记录数据的访问、对结构数据进行计算和内嵌结构的创建。表1-13介绍了MATLAB中的基本操作函数。

表1-13　基本操作函数

函　　数	说　　明
struct	创建结构或将其他数据类型转变成结构
isstruct	判断给定的数据对象是否为数据类型
getfield	获取结构字段的数据
setfield	设置结构字段的数据
rmfield	删除结构的指定字段
fieldnames	获取结构的字段名称
isfield	判断给定的字符串是否为结构的字段名称
oderfields	对结构字段进行排序
cell2struct	将元胞数组转变为结构
struct2cell	将结构转变为元胞数组
deal	处理标量时，将标量数值依次赋值给相应输出

注：元胞数组的相关概念将在1.1.6节进行介绍。

【例1-24】使用deal函数给A、B、C赋值。

```
>>X=3;
>>[A,B,C]=deal(X)
A=
     3
B=
     3
C=
     3
>>%给元胞数组赋值并输出
>>clear
>>clc
>>X={rand(3),'2',1};
>>[A,B,C]=deal(X{:})
A=
    0.8147    0.9133    0.2784
    0.9057    0.6323    0.5468
    0.1269    0.0975    0.9575
B=
2
C=
     1
```

（1）对结构记录数据的访问

对结构记录数据访问有两种方法，一种是直接使用结构数组的名称和字段名称及“.”操作符完成相应的操作；另一种是利用动态字段形式访问结构数组元素，便于利用函数完成对结构字段数据的重复操作。

基本语法结构：

```
struct-name(expression)
```

【例1-25】 对结构记录数据的访问。

```
>>Student=struct('name',{'Jack','Mike'},'age',{18,16},'grade',{4,2},'score',{rand(2) * 10,
rand(2) * 10});
>>Student
Student=
1x2 struct array with fields:
    name
    age
    grade
    score
>>Student(2).score
ans=
  6.3236    2.7850
  0.9754    5.4688
>>%使用动态字段
>>   Student(2).score(1,:)
ans=
  6.3236    2.7850
>>Student.name
ans=
Jack
ans=
Mike
```

```
>>Student. ('name')
ans=
Jack
ans=
Mike
```

（2）对结构数据进行计算

当对结构数组的某一个元素的字段中所代表的数据进行计算时，使用的操作与 MATLAB 中普通变量的操作一致；当对结构数组的某一个字段的所有数据进行相同操作时，则需要使用“[ ]”符号将该字段包含起来再进行操作。

【例 1-26】 求学生成绩的平均值。

```
>>mean(Student(1).score)
ans=
   8.6026    5.2018
>>mean([Student.score])
ans=
   8.6026    5.2018    3.6495    4.1269
```

（3）内嵌结构创建

内嵌结构创建方法通常有两种，即直接赋值法和使用 struct 函数创建法。

【例 1-27】 内嵌结构创建。

```
>>%直接赋值法
>>Student=struct('name',{'Jack','Mike'},'age',{18,16},'grade',{4,2},'score',{rand(2)*10,
randn(2)*10});
>>Class.numble=1;
>>Class.Student=Student;
>>whos
Name          Size           Bytes  Class
  Class        1x1            1624   struct
  Student1x2          1264   struct
>>Class
Class=
     numble:1
     Student:[1x2 struct]
>>%struct 函数创建法
>>Class=struct('numble',1,'Student',struct('name',{'Jack','Mike'}))
Class=
     numble:1
     Student:[1x2 struct]
```

1.1.6 元胞数组

在 MATLAB 中元胞数组（cell）是一种特殊的数据类型，一般组成元胞数组的元素可以是任何一种数据类型的常数或常量，其数据的类型可以是字符串、双精度数、稀疏矩阵、元胞数组、结构或其他 MATLAB 数据类型。

标量、向量、矩阵、N 维数组都可以是一个元胞数据，每一个元素可以具有不同的尺寸和内存空间，内容也可以完全不同，元胞数组的元素叫作元胞。元胞数组的内存空间是动态分配的，维数也不受限制。访问元胞数组的元素可以使用单下标方式或全下标方式。

元胞数组与结构数组的特点见表 1-14。

表 1-14　元胞数组和结构数组对比

内　容	元胞数组对象	结构数组对象
基本元素	元胞	结构
基本索引	全下标方式、单下标方式	全下标方式、单下标方式
包含的数据类型	任何数据类型	任何数据类型
数据的存储	元胞	字段
访问元素的方法	花括号和索引	圆括号、索引和字段名

1. 创建元胞数组

创建元胞数组的方式共有四种：

1）对不同类型和尺寸的数据可以使用运算符“{}”进行组合，以此构成元胞数组。

2）将数组中的每个元素使用“{}”括起来，接着使用数组创建符号“[ ]”进行组合，以此构成元胞数组。

3）使用“{}”创建一个元胞数组，MATLAB 可自动扩展数组尺寸，若没有赋值则可以作为空元胞数组存在。

4）使用 cell 函数创建元胞数组，该函数可以创建一维、二维或者多维元胞数组，但都为空元胞。

【例 1-28】元胞数组的创建。

```
>>%第一种方法
>>A={zeros(3,3,3),'A';1.23,1:10}
A=
    [3x3x3 double]          'A'
    [    1.2300]      [1x10 double]
>>%第二种方法
>>B=[{zeros(2,2,2)},{'B'};{1.23},{1:10}]
B=
    [2x2x2 double]          'B'
    [    1.2300]      [1x10 double]
>>%第三种方法
>>C={3}
C=
    [3]
>>%第四种方法
>>D=cell(2,3)
D=
      []      []      []
      []      []      []
```

2. 元胞数组的基本操作

元胞数组的基本操作可分四个部分，即访问元胞数组、扩充元胞数组、收缩和重组元胞数组及元胞数组的操作函数。

(1) 访问元胞数组

元胞数组的访问共分为两种方式，若想获得元胞数组数据，则使用“()”进行元胞数组的元胞访问；若想获得字符串数据，则需使用“{}”进行元胞数组的元胞访问。

【例 1-29】使用“()”和“{}”进行访问。

```
>>a=[{zeros(3,3,3)},{'Jack'};{1.23},{1:10}]
a=
    [3x3x3 double]      'Jack'
    [       1.2300]     [1x10 double]
>>d=a{1,2}(4)
d=
k
>>e=a{2,2}(6:end)
e=
     6     7     8     9    10
>>class(e)
ans=
Double
>>whos
  Name      Size            Bytes  Class
  a            2x2              760    cell
  ans          1x6               12    char
  d            1x1                2    char
  e            1x5               40    double
```

（2）扩充元胞数组

扩充元胞数组的方法与数值数组的方法大体相同，这里不做详细介绍，将在下文中以例题形式进行说明。

（3）收缩和重组元胞数组

收缩和重组元胞数组的方法与数值数组的方法大体相同，这里不做详细介绍，将在下文中以例题形式进行说明。

【例 1-30】扩充、收缩和重组元胞数组。

```
>>%扩充元胞数组
>>a=[{zeros(3,3,3)},{'Jack'};{1.23},{1:10}]
a=
    [3x3x3 double]      'Jack'
    [          1.2300]     [1x10 double]
>>b=cell(2)
b=
     []     []
     []     []
>>b(:,1)={char('Jack','Welcome');10:-1:5}
b=
    [2x7 char    ]         []
[1x6 double]          []
>>c=[a,b]
c=
    [3x3x3 double]      'Jack'              [2x7 char    ]         []
    [          1.2300]     [1x10 double]     [1x6 double]        []
>>d=[a,b;c]
d=
    [3x3x3 double]      'Jack'              [2x7 char    ]         []
    [          1.2300]     [1x10 double]     [1x6 double]        []
    [3x3x3 double]      'Jack'              [2x7 char    ]         []
```

```
    [        1.2300]    [1x10 double]    [1x6 double]    []
>>%收缩元胞数组
>>d(2,:)=[]
d=
    [3x3x3 double]    'Jack'             [2x7 char ]    []
    [3x3x3 double]    'Jack'             [2x7 char ]    []
    [        1.2300]    [1x10 double]    [1x6 double]    []
>>%重组元胞数组
>>e=reshape(d,2,2,3)
e(:,:,1)=
    [3x3x3 double]    [1.2300]
    [3x3x3 double]    'Jack'
e(:,:,2)=
    'Jack'            [2x7 char]
    [1x10 double]     [2x7 char]
e(:,:,3)=
    [1x6 double]    []
              []    []
```

(4) 元胞数组的操作函数

表 1-15 介绍了元胞数组中的基本操作函数。

表 1-15 基本操作函数

函　数	说　明
cell	创建空元胞数组
iscell	判断输入是否为元胞数组
cellfun	对元胞数组中的每个元胞分别执行指定的函数
celldisp	显示所有元胞的内容
cellplot	使用图形方式显示元胞数组
cell2mat	元胞数组→普通矩阵
mat2cell	普通矩阵→元胞数组
cell2struct	元胞数组→结构
struct2cell	结构→元胞数组
num2cell	数值数组→元胞数组
deal	将输入参数赋值给输出

注:“→”表示转换。

cellfun 函数在元胞数组的应用中较为广泛,它的主要功能是对元胞数组中的每个元胞分别指定不同的函数,可用的函数见表 1-16。

表 1-16 在 cellfun 函数中可用的函数

函　数	说　明
isempty	判断元胞元素是否为空,若为空则返回逻辑真
islogical	判断元胞元素是否为逻辑类型,若为逻辑类型则返回逻辑真
isreal	判断元胞元素是否为实数,若为实数则返回逻辑真
length	获取元胞元素的长度
ndims	获取元胞元素的维数
prodofsize	获取元胞元素包含的元素个数

通常，cellfun 函数有两种使用方法：

1）cellfun('size', C, K)——获取元胞数组元素第 K 维的尺寸。

2）cellfun('isclass', C, classname)——判断元胞数组的数据类型。

【例 1-31】 获取 A 元素第二维尺寸并判断 A 的数据类型。

```
>>A={rand(3,3,3),'Jack',pi;magic(3),1+2i,1.23}
A=
    [3x3x3 double]      'Jack'                  [3.1416]
    [5x5 double]        [1.0000+2.0000i]        [1.2300]
>>D=cellfun('size',A,2)
D=
    3     4     1
    3     1     1
>>E=cellfun('isclass',A,'double')
E=
    1     0     1
    1     1     1
```

【例 1-32】 元胞数组部分操作函数的综合应用。

```
>>%cell2mat 函数
>>A={[1] [2 3 4];[5;6] [7 8 9;10 11 12]}
A=
    [            1]     [1x3 double]
    [2x1 double]      [2x3 double]
>>b=cell2mat(A)
b=
    1     2     3     4
    5     7     8     9
    6    10    11    12
>>%mat2cell 函数
>>X=[1 2 3;4 5 6;7 8 9]
X=
    1     2     3
    4     5     6
    7     8     9
>>Y=mat2cell(X,[1 2],[1 2])
Y=
    [            1]     [1x2 double]
    [2x1 double]      [2x2 double]
>>%num2cell 函数
>>num2cell(X)
ans=
    [1]     [2]     [3]
    [4]     [5]     [6]
    [7]     [8]     [9]
>>clear
>>clc
>>A={rand(3,3,3),'Jack',pi;magic(3),1+2i,1.23}
A=
    [3x3x3 double]      'Jack'                  [3.1416]
    [5x5 double]        [1.0000+2.0000i]        [1.2300]
>>%celldisp 函数
>>celldisp(A)
A{1,1}=
```

```
(:,:,1)=
   0.8234    0.9502    0.3816
   0.6948    0.0344    0.7655
   0.3171    0.4387    0.7951
(:,:,2)=
   0.1869    0.6463    0.2760
   0.4898    0.7094    0.6797
   0.4456    0.7547    0.6551
(:,:,3)=
   0.1626    0.9598    0.2238
   0.1190    0.3404    0.7513
   0.4984    0.5853    0.2551
A{2,1}=
     8     1     6
     3     5     7
     4     9     2
A{1,2}=
Jack
A{2,2}=
  1.0000+2.0000i
A{1,3}=
   3.1416
A{2,3}=
   1.2300
>>%cellplot 函数
>>cellplot(A)
```

元胞数组 A 的图形显示如图 1-3 所示。

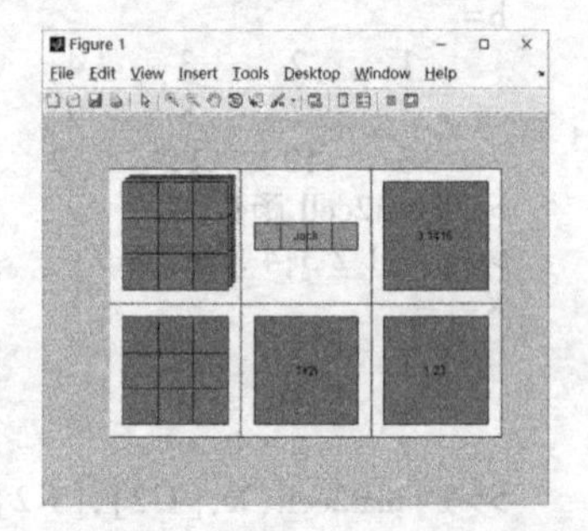

图 1-3　元胞数组 A 的图形显示

1.2　数组的应用

相同数据类型的元素按一定的顺序排列的集合称为数组。数组名是将有限个类型相同的变量进行组合所形成的一种集合命名。在组成的数组中，每个变量都可称为数组的分量，也称为数组的元素或下标变量。用于区分数组的各个元素的数字编号称为下标。在程序设计中，为了处理方便，把具有相同类型的若干变量按有序的形式组织起来。这些按序排列的同类数据元素的集合统称为数组。

MATLAB 数值计算中的一个重要功能就是进行向量与矩阵的运算，而向量和矩阵主要是用数组表示的，因此对数组的学习是十分重要的。

1.2.1　数组创建

数组的创建包含一维数组的创建和二维数组的创建。一维数组的创建包括一维行向量和一维列向量的创建。两者之间的主要区别在于创建的数组是进行行排列还是进行列排列。

一维行向量的创建以“（”开始，以“,”或空格作为间隔进行元素值的输入，最后以“）”结束。创建一维列向量时，需要把所有数组元素用“;”隔开，并用“[]”把数组元素括起来。也可通过转置运算符“'”将已创建好的行向量转置为列向量。在 MATLAB 中可以利用“:”生成等差数组。注意，数组元素值以空格隔开，当使用复数作为数组元素时，中间不能输入空格。

具体语法为“数组名=起始值：增量：结束值”增量为正，代表递增，反之代表递减，默认增量为1。

二维数组的创建与一维数组的创建方式类似。在创建二维数组时，用“,”或者空格区分同一行中的不同元素，使用“;”或者回车区分不同行的不同元素。

【例1-33】创建二维数组。

```
>>A=[1,2,3,4]
A=
     1     2     3     4
>>A=1:2:8
A=
     1     3     5     7
>>A=[1;2]
A=
     1
     2
>>A=[2 2+i 2-i];
>>B=A'
B=
   2.0000
   2.0000-1.0000i
   2.0000+1.0000i
```

表1-17介绍了一些用于生成特殊数组的库函数。

表1-17　生成特殊数组的库函数

函　　数	功　　能	语　　法
linspace	生成线性分布的向量	Y=linspace(a,b)、Y=linspace(a,b,n)
eye	生成单位矩阵	Y=eye(n)、Y=eye(m,n)、Y=eye(size(A))
zeros	生成全部元素为0的数组	Y=zeros(n)、Y=zeros(m,n) Y=zeros(size(A))
ones	生成全部元素为1的数组	Y=ones(n)、Y=ones(m,n) Y=ones([m n])、Y=ones(size(A))
rand	生成随机数组，元素值在（0,1）上均匀分布	Y=rand、Y=rand(n) Y=rand(m,n)、Y=rand(size(A))
randn	生成随机数组，元素值呈均值为0、方差为1的正态分布	Y=randn、Y=randn(n) Y=randn(m,n)、Y=randn(size(A))

1.2.2　数组操作

数组操作将分为六部分进行介绍，即数组寻址、数组扩展与裁剪、数组元素的删除、数组查找和排序、数组运算、数组操作函数。

1. 数组寻址

数组中含有多个元素，因此对数组中的单个元素或多个元素进行访问操作时，需要对数组进行寻址操作。在MATLAB中，数组寻址是通过对数组下标的访问来实现的。MATLAB在内存中以列的形式进行二维数组的保存，对于一个m行n列的数组，i表示行的索引、j

表示列的索引。对二维数组的寻址可以表示为 A（i，j）；若采用单下标寻址，则数组中元素的下标 k 表示为(j-1) * m+i。

【例 1-34】数组寻址。

```
>>A=randn(1,4)
A=
  -0.4686  -0.2724   1.0984  -0.2778
>>A(2)
ans=
  -0.2724
>>A([1 2])
ans=
  -0.4686  -0.2724
>>A(3:end)
ans=
   1.0984  -0.2778
```

2. 数组扩展与裁剪

增加新的数组元素，使数组的行数或列数增加，称为数组扩展；从现有数组中去掉部分数组元素，使数组的行数或列数减少，维数减小，称为数组裁剪。

1）数组扩展中较常用的方法是赋值扩展方法。

2）MATLAB 中通常采用冒号操作符裁剪数组，冒号操作符的使用方法如下：

```
B=A([x1,x2,…],[y1,y2,…])
```

其中，[x1,x2,…]表示行索引向量，[y1,y2,…]表示列索引向量。

该式表示提取数组 A 的 x1，x2，…行和 y1，y2，…列，并组成一个新的数组。当某一索引值的位置上不是数字，而是冒号时，表示提取此位置的所有数组元素。

【例 1-35】数组扩展。

```
>>%数组的赋值扩展
>>  X=[1 2;3 4;5 6];
>>X(4,3)=7
X=
     1     2     0
     3     4     0
     5     6     0
     0     0     7
>>X(:,4)=8
X=
     1     2     0     8
     3     4     0     8
     5     6     0     8
     0     0     7     8
```

3. 数组元素的删除

删除数组元素可通过将该位置的数组元素赋值为“[ ]”，一般配合冒号使用，实现数组中的某些行、列元素删除。注意，进行数组元素的删除时，索引值必须是完整的行或列，而不能是数组内部的元素块或单个元素。

【例 1-36】数组删除。

```
>>A=rand(3,3)
A=
     0.8530    0.5132    0.2399
     0.6221    0.4018    0.1233
     0.3510    0.0760    0.1839
>>A([1],:)=[]
A=
     0.6221    0.4018    0.1233
     0.3510    0.0760    0.1839
```

思考：如何删除第二列？

4. 数组查找和排序

（1）数组查找

MATLAB 中提供的查找函数为 find 函数。find 函数的语法见表 1-18。

表 1-18　find 函数的语法

函　　数	说　　明
indices=find(A)	找出矩阵 A 中的所有非零元素，将这些元素的线性索引值返回到向量 indices 中
indices=find(A,k)	返回第一个非零元素 k 的索引值
indices=find(A,k,'first')	返回第一个非零元素 k 的索引值
indices=find(A,k,'last')	返回最后一个非零元素 k 的索引值
[i,j]=find(…)	返回矩阵 A 中非零元素的行和列的索引值
[i,j,v]=find(…)	返回矩阵 A 中非零元素的值 v，同时返回行和列的索引值

注：indices 表示非零元素的下标值，i、j 分别表示行下标向量和列下标向量，v 表示非零元素向量。

在实际应用中，元素的查找经常通过多重逻辑关系组合产生逻辑数组，并判断元素是否满足某种比较关系，然后通过 find 函数返回符合比较关系的元素索引。

（2）数组排序

数组排序中采用 sort 函数进行排序，语法如下：

```
B=sort(A)
B=sort(A,dim)
B=sort(…,mode)
[B,IX]=sort(…)
```

A 为输入等待排序的数组，B 为返回的排序后的数组。当 A 为多维数组时，dim 表示排序的维数（默认为 1）；mode 表示排序的方式，取值为升序（ascend）或降序（descend），默认排序方法为升序；IX 表示存储排序后的下标数组。

【例 1-37】数组查找和排序。

```
>>A=[1 3 4;-3 6 4;3 5 9]
A=
      1     3     4
     -3     6     4
      3     5     9
```

```
>>sort(A,1)
ans=
     -3      3      4
      1      5      4
      3      6      9
>>sort(A,1,'descend')
ans=
      3      6      9
      1      5      4
     -3      3      4
```

5. 数组运算

MATLAB 中数组的简单运算是按照元素对元素一一对应的方式来进行的，使用方法及说明见表 1-19。

表 1-19　数组运算

符　号	说　明
+	实现数组相加
-	实现数组相减
.*	实现数组相乘
./	实现数组相除
.^	实现数组幂运算

注：两个数组必须具有相同的维数才可实现数组运算。

【例 1-38】数组运算。

```
>>a=magic(3);
>>a=magic(3)
a=
      8      1      6
      3      5      7
      4      9      2
>>b=ones(3,3)
b=
      1      1      1
      1      1      1
      1      1      1
>>c=a+b
c=
      9      2      7
      4      6      8
      5     10      3
>>d=a.*b
d=
      8      1      6
      3      5      7
      4      9      2
>>e=(a.^b)-c
e=
     -1     -1     -1
     -1     -1     -1
     -1     -1     -1
```

6. 数组操作函数

表 1-20 中展示了 MATLAB 中对数组进行特定操作的库函数。

表 1-20 进行特定操作的库函数

函　数	语　法	说　明
cat	C=cat(dim,A,B)	按指定维方向扩展数组
diag	X=diag(v,k)、X=diag(v) v=diag(X,k)、v=diag(X)	生成对角矩阵，k=0 表示主对角线，k>0 表示在对角线上方，k<0 表示在对角线下方
flipud	B=flipud(A)	对称轴为数组水平中线，交换上下对称位置上的数组元素
fliplr	B=fliplr(A)	对称轴为数组垂直中线，交换左右对称位置上的数组元素
repmat	B=repmat(A,m,n)	按指定的行数和列数复制数组 A
reshape	B=reshape(A,m,n)	按指定的行数和列数重新排列数组 A
size	[m,n]=size(X)、m=size(X,dim)	返回数组的行数和列数
length	n=length(X)	返回 max(size(x))

【例 1-39】操作函数的应用。

```
>>a=ones(2,2)
a=
    1    1
    1    1
>>b=magic(2)
b=
    1    3
    4    2
>>cat(1,a,b)
ans=
    1    1
    1    1
    1    3
    4    2
>>cat(2,a,b)
ans=
    1    1    1    3
    1    1    4    2
>>c=rand(4)
c=
    0.0430    0.6477    0.7447    0.3685
    0.1690    0.4509    0.1890    0.6256
    0.6491    0.5470    0.6868    0.7802
    0.7317    0.2963    0.1835    0.0811
>>x=diag(c,1)
x=
    0.6477
    0.1890
    0.7802
>>d=flipud(c)
d=
    0.7317    0.2963    0.1835    0.0811
    0.6491    0.5470    0.6868    0.7802
    0.1690    0.4509    0.1890    0.6256
```

```
    0.0430    0.6477    0.7447    0.3685
>>e=fliplr(c)
e=
    0.3685    0.7447    0.6477    0.0430
    0.6256    0.1890    0.4509    0.1690
    0.7802    0.6868    0.5470    0.6491
    0.0811    0.1835    0.2963    0.7317
>>a=randn(2)
a=
    1.2607   -0.0679
    0.6601   -0.1952
>>b=repmat(a,1,2)
b=
    1.2607   -0.0679    1.2607   -0.0679
    0.6601   -0.1952    0.6601   -0.1952
>>c=reshape(b,4,2)
c=
    1.2607    1.2607
    0.6601    0.6601
   -0.0679   -0.0679
   -0.1952   -0.1952
>>size(c)
ans=
     4     2
```

1.3 矩阵运算

矩阵是在 MATLAB 中进行数据处理的基本单元，MATLAB 中的大部分运算都是在矩阵的基础上进行的。MATLAB 中的变量或常量都代表矩阵，标量应看作 1×1 阶的矩阵。矩阵运算也是 MATLAB 最重要的运算。

矩阵运算是数值分析领域的重要问题。将复杂的矩阵分解为多个简单的矩阵组合可以在理论和实际应用上简化矩阵的运算。对于一些应用广泛的特殊矩阵，如稀疏矩阵和准对角矩阵等，一般具有特定的快速运算算法。在天体物理、量子力学等领域，无穷维矩阵的出现则是矩阵的一种推广。

1.3.1 矩阵创建

在 MATLAB 中有多种创建矩阵的方法，本节将一一介绍，读者可根据实际情况选择最为适合的方法。

1. 直接输入法（最基本的方法）

使用“[]”，并按照矩阵行的顺序进行元素输入，同一行的元素使用“,”隔开，不同行的元素使用“;”隔开。

2. 在 M 文件中建立（适合较大且复杂的矩阵）

具体方法：启动有关编辑程序或 MATLAB 文本编辑器，输入待建矩阵，进行保存（设置文件名为 1.m）。运行该 M 文件，就会自动建立一个矩阵，便于以后使用。

3. 从外部文件装入

从现有磁盘中读入 .mat 文件，或读入排列成矩阵的 .txt 文件。具体方法为：已知文件所在目录为 C:\Program Files\MATLAB\R2013b\work\matlab_training，其下有学生信息文件 stu_data. txt，在命令窗口中输入：load('C:\Program Files\MATLAB\ R2013b\work\matlab_training\ stu_data. txt')即可创建该矩阵。

4. 使用语句和函数建立

表 1-21 中展示了特殊矩阵的创建函数。

表 1-21 特殊矩阵的创建函数

函　数	说　　明	函　数	说　　明
zeros	生成全 0 元素矩阵	ones	生成全 1 元素矩阵
tril	生成下三角矩阵	triu	生成上三角矩阵
eye	生成单位矩阵	magic	生成魔方矩阵
pascal	生成帕斯卡矩阵（杨辉三角形）	hilb	生成希尔伯特矩阵
toeplitz	生成托普利兹矩阵	compan	生成伴随矩阵
vander	生成范德蒙矩阵	diag	生成对角矩阵
rand	生成均匀分布的随机数矩阵，范围是（0，1）	randn	生成均值为 0、方差为 1 的正态分布随机数矩阵

【例 1-40】部分特殊矩阵函数的实现。

```
>>%生成零矩阵
>>zeros(2,3)
ans=
     0     0     0
     0     0     0
>>%生成区间[10,20]内均匀分布的五阶随机矩阵
>>a=10+(20-10) * rand(5)
a=
   14.4678   17.9483   13.5073   15.8704   18.4431
   13.0635   16.4432   19.3900   12.0774   11.9476
   15.0851   13.7861   18.7594   13.0125   12.2592
   15.1077   18.1158   15.5016   14.7092   11.7071
   18.1763   15.3283   16.2248   12.3049   12.2766
>>%获取对角线元素
>>diag(a)
ans=
   14.4678
   16.4432
   18.7594
   14.7092
   12.2766
>>%生成三阶帕斯卡矩阵
>>b=pascal(3)
b=
     1     1     1
     1     2     3
     1     3     6
>>%生成三阶希尔伯特矩阵
>>format rat%以有理形式输出结果
>>e=hilb(3)
e=
       1            1/2          1/3
       1/2          1/3          1/4
       1/3          1/4          1/5
```

1.3.2 矩阵的算术运算与关系运算

1. 算术运算

(1) 加减运算

矩阵 A 和矩阵 B，可以由 A+B 和 A-B 实现矩阵的加减运算（注意，进行加减运算时，矩阵 A 和矩阵 B 必须为同型矩阵，若不是则 MATLAB 将报错）。

(2) 乘法运算

矩阵 A 和矩阵 B，若 A 为 m * n 矩阵，B 为 n * p 矩阵，则 C=A * B 为 m * p 矩阵。

(3) 除法运算

在 MATLAB 中，有两种矩阵除法运算：\ 和/，分别表示左除和右除。如果 A 矩阵是非奇异方阵，则 A\B 和 B/A 运算均可以实现。A\B 等效于 A 的逆左乘 B 矩阵，也就是 inv(A) * B，而 B/A 等效于 A 矩阵的逆右乘 B 矩阵，也就是 B * inv(A)。对于含有标量的运算，两种除法运算的结果相同。对于矩阵来说，左除和右除表示两种不同的除数矩阵和被除数矩阵的关系，一般 A\ B≠B/A。

(4) 乘方和开方运算

一个矩阵的乘方运算可以表示成 A^x（注意，A 为方阵、x 为标量）。矩阵的开方由 sqrtm 函数实现。矩阵的开方运算和乘方运算互为逆运算。

(5) 指数和对数运算

矩阵的指数运算函数和对数运算函数分别为 expm 和 logm。

(6) 转置运算

对实数矩阵进行行列互换，对复数矩阵进行共轭转置。

(7) 点运算

矩阵之间进行对应元素的运算，称为矩阵的数组运算或点运算。共有三种点运算，分别是：乘法 A.* B 称为数乘或点乘，运算结果为两矩阵对应元素相乘；除法 A./B 称为数除或点除，运算结果为两矩阵对应元素相除；乘方为 A.^n。注意，两矩阵进行点运算时要求它们是同型矩阵。

【例 1-41】已知 A、B、C 三个矩阵，求 A+B、A * C、A/B、A^2 和 A.^2。

```
>>A=[1 2 3;4 5 6;7 8 9];
>>B=magic(3);
>>C=[1;2;3];
>>A+B
ans=
     9          3          9
     7         10         13
    11         17         11
>>D=A * C
D=
    14
    32
    50
>>E=A/B
E=
```

```
   -1/30         7/15         -1/30
    1/6           2/3          1/6
   11/30        13/15         11/30
>>F=A^2
F=
    30           36           42
    66           81           96
   102          126          150
>>A.^2
ans=
     1            4            9
    16           25           36
    49           64           81
```

📖 **注意**：A^2 与 A.^2 是不一样的。

2. 关系运算

在表 1-11 中已经总结了 MATLAB 提供的六种关系运算符。关系运算符的运算法则如下：

1）当比较量为标量时，可以直接比较两数的大小。若关系成立，则关系表达式的结果为 1，否则为 0。

2）当参与比较的量是两个维数相同的矩阵时，关系比较则是对两个矩阵相同位置的元素按标量关系运算规则进行逐个比较，并给出元素的比较结果。最终的关系运算的结果是一个与原矩阵维数相同的矩阵，它的元素由 0 或 1 组成。

3）当参与比较的一个是标量，一个是矩阵时，则把标量与矩阵的每一个元素按标量关系运算规则逐个比较，并给出元素比较结果。最终的关系运算的结果也是一个与原矩阵维数相同的矩阵，它的元素由 0 或 1 组成。

1.3.3 相关矩阵分析

1. 三角阵和对角阵

（1）三角阵

在矩阵中，三角阵又可分为上三角阵和下三角阵，上三角阵表示矩阵中在对角线以下的元素全部为 0；下三角阵则与其相反，矩阵中对角线以上的元素全部为 0。

在 MATLAB 中，矩阵 A 使用 triu(A) 函数进行提取矩阵上三角阵的运算。在实际应用中，triu(A) 函数还有其变形形式，即 triu(A,k)，该函数解释为求矩阵 A 的第 k 条对角线以上的元素；而在下三角阵的运算中，MATLAB 对矩阵 A 使用 tril(A) 函数，其变形形式为 tril(A,k)，该函数解释为求矩阵 A 的第 k 条对角线以下的元素。

（2）对角阵

对角阵是指对角线上具有非 0 元素的矩阵，对角线上的元素相等则该矩阵为数量矩阵，若对角线上的元素相等且都为 1 则称该矩阵为对角阵。

使用 diag 函数不仅可以实现对矩阵对角线元素的提取，还可以实现对角阵的构造。

已知矩阵 A 为 m×n，diag(A) 函数用于提取矩阵 A 的主对角线元素，产生一个具有

min(m,n)个元素的列向量。该函数的变形形式为 diag(A,k)，该函数解释为在矩阵 A 中提取第 k 条对角线上的元素。通过使用 diag 函数实现对矩阵对角线元素的提取。

已知 V 是具有 m 个元素的向量，diag(V)函数可以产生一个 m×m 对角矩阵，其主对角线元素即为向量 V 的元素。该函数的变形形式为 diag(V,k)，其功能是产生一个 n×n(n=m+k)的对角阵，其第 m 条对角线的元素即为向量 V 的元素。通过使用 diag 函数实现了对角矩阵的构造。

【例 1-42】 建立五阶魔方矩阵，将第一行元素乘以 1，第二行元素乘以 2，…，第五行元素乘以 5 的矩阵 ***C***，在矩阵 ***A*** 的基础上建立上三角矩阵 ***D***（对角线为第二条）。

```
>>A=magic(5)
A=
    17    24     1     8    15
    23     5     7    14    16
     4     6    13    20    22
    10    12    19    21     3
    11    18    25     2     9
>>B=diag(1:5);
>>C=A*B
C=
    17    48     3    32    75
    23    10    21    56    80
     4    12    39    80   110
    10    24    57    84    15
    11    36    75     8    45
>>D=triu(A,2)
D=
     0     0     1     8    15
     0     0     0    14    16
     0     0     0     0    22
     0     0     0     0     0
     0     0     0     0     0
```

2. 转置和旋转

1）在 MATLAB 中矩阵的转置操作是使用“'”来实现。

2）在 MATLAB 中矩阵的旋转操作使用的函数是 rot90(A,k)，其中 k 表示将矩阵 A 逆时针旋转 90°的 k 倍（注意，k 为 1 时可以省略，k 可取正负整数）。

3）在 MATLAB 中矩阵的左右翻转操作使用的函数是 fliplr(A)，而上下翻转操作使用的函数是 flipud(A)。

【例 1-43】 求矩阵 ***A*** 的转置矩阵，逆时针旋转 270°的矩阵 ***B***、左右翻转后的矩阵 ***C***。

```
>>A=[1,2,3;4,5,6;7,8,9]
A=
     1     2     3
     4     5     6
     7     8     9
>>A'
ans=
     1     4     7
     2     5     8
     3     6     9
```

```
>>B=rot90(A,3)
B=
      7     4     1
      8     5     2
      9     6     3
>>C=fliplr(A)
C=
      3     2     1
      6     5     4
      9     8     7
```

📖 **思考**：若进行顺时针旋转90°应如何处理？

3. 方阵的行列式

由n阶方阵A的元素所构成的行列式（各元素的位置不变）称为方阵A的行列式。在MATLAB中使用det(A)函数实现对方阵A行列式的值进行求解。

4. 逆与伪逆

（1）矩阵的逆

对于一个方阵A而言，若存在一个同阶的方阵B，使AB=BA=E，则称A矩阵是可逆的，把矩阵B称为A的逆矩阵。在MATLAB中使用inv(A)函数实现求解方阵A的逆矩阵。

（2）矩阵的伪逆

伪逆矩阵是逆矩阵的广义形式。由于奇异矩阵或非方阵的矩阵不存在逆矩阵，但可以用函数pinv(A)求其伪逆矩阵。基本语法为：X=pinv(A)，X=pinv(A,tol)，其中tol为误差。函数返回一个与A的转置矩阵A'同型的矩阵X，并且满足：AXA=A，XAX=X。此时，称矩阵X为矩阵A的伪逆，也称为广义逆矩阵。

（3）求解线性方程组

已知线性方程组Ax=b，A有可逆矩阵，在两边各左乘A^{-1}，得到$A^{-1}Ax=A^{-1}b$，由于$A^{-1}A=I$，故得$x=A^{-1}b$。

【例1-44】已知矩阵***A***、***B***、***C***，求矩阵***X***满足***AXB***=***C***。

```
>>A=[1,2,3;2,2,1;3,4,3]
A=
      1     2     3
      2     2     1
      3     4     3
>>B=[2,1;5,3]
B=
      2     1
      5     3
>>C=[1,3;2,0;3,1]
C=
      1     3
      2     0
      3     1
>>D=inv(A)
D=
    1.0000     3.0000    -2.0000
```

```
   -1.5000      -3.0000       2.5000
    1.0000       1.0000      -1.0000
>>E=inv(B)
E=
    3.0000      -1.0000
   -5.0000       2.0000
>>X=D*C*E
X=
   -2.0000       1.0000
   10.0000      -4.0000
  -10.0000       4.0000
```

5. 秩与迹

1）矩阵的秩是指矩阵线性无关的纵列的极大数或线性无关的横行的极大数。在MATLAB中使用rank函数求得矩阵的秩。

2）矩阵的迹是指矩阵的对角线元素之和，也等于矩阵的特征值之和。在MATLAB中使用trace函数求得矩阵的迹。

6. 向量和矩阵范数

范数是具有“长度”概念的函数。矩阵或向量的范数用于度量矩阵或向量在某种意义下的长度。范数的定义有多种方法，其定义不同，范数值也就不同。

（1）向量的范数计算函数

在MATLAB中共提供了三种常用的向量范数的计算函数：

1）cond(A,1)：计算A的一阶范数下的条件数。

2）cond(A)或cond(A,2)：计算A的二阶范数下的条件数。

3）cond(A)：计算A的无穷阶范数下的条件数。

（2）矩阵的范数计算函数

在MATLAB中同样也提供了三种常用的矩阵范数的计算函数，其函数的调用格式和方法与求向量的范数的函数完全相同。

7. 特征值和特征向量

在MATLAB中对方阵A使用eig(A)函数实现其特征值和特征向量的求解，常用的调用格式有以下三种：

1）E=eig(A)：求方阵A的全部特征值，构成向量E。

2）[V,D]=eig(A)：求方阵A的全部特征值，构成对角阵D，并求A的特征向量构成V的列向量。

3）[V,D]=eig(A,'nobalance')：与第二种格式类似，但该函数是直接求得方阵A的特征值和特征向量。

【例1-45】 求解方阵*A*的特征值和特征向量。

```
>>A=[-2,1,1;0,2,0;-4,1,3]
A=
    -2     1     1
     0     2     0
    -4     1     3
>>eig(A)
ans=
```

```
     -1
      2
      2
>>[V,D]=eig(A)
V=
   -0.7071      -0.2425        0.3015
         0            0        0.9045
   -0.7071      -0.9701        0.3015
D=
     -1      0      0
      0      2      0
      0      0      2
```

8. 超越函数

超越函数（Transcendental Functions）是指变量之间的关系不能用有限次的加、减、乘、除、乘方、开方运算表示的函数。如三角函数、对数函数、反三角函数、指数函数等就属于超越函数，如 $y=\arcsin x$、$y=\cos x$，它们属于初等函数中的初等超越函数。然而在 MATLAB 中，一个超越函数可以作为矩阵函数来解释，在函数名的后面加“m”即可进行常规的矩阵运算。

（1）矩阵平方根

使用 sqrtm(A)函数计算矩阵 A 的平方根。

（2）矩阵对数

使用 logm(A)函数计算矩阵 A 的自然对数。

（3）矩阵指数

使用 expm(A)、expm1(A)、expm2(A)、expm3(A)函数计算矩阵 A 的指数。

以 expm 函数为例，其计算原理如下：

```
[V,D]=eig(A)
expm(A)=V*diag(exp(diag(D)))/V
```

其中，V 为 A 的特征向量，D 为对应的特征值。

（4）矩阵的函数运算

使用 funm(A,'fun')计算由 fun 指定的 A 的矩阵函数。A 为方阵，fun 可以是任意基本函数，如 sin、exp、log 等。例如，sin(A)是对矩阵 A 中每一个元素分别求正弦，而 funm(A,@sin)则对整个矩阵求正弦，两者得出的结果是不相等的。

注意： fun 取 log 时，即 funm(A,'log')可以计算矩阵 A 的自然对数，与 logm(A)的计算结果一致。

1.3.4 稀疏矩阵的创建与运算

在工程和科学计算中经常会出现稀疏矩阵（Sparse Matrix），若数值为 0 的元素数目远远多于非 0 元素的数目，并且非 0 元素分布没有规律时，则称该矩阵为稀疏矩阵。MATLAB 支持稀疏矩阵，只存储矩阵中的非零元素，节省了大量的内存空间和计算时间。对于低密度的矩阵来说，采用稀疏方式存储是一种很好的选择。

1. 创建稀疏矩阵

创建稀疏矩阵有多种方法，表 1-22 中列举了主要的五种。

表 1-22　稀疏矩阵的主要创建方法

方　法	函　数	说　明
将完全存储方式转化为稀疏存储方式	A=sparse(B)	矩阵 B 转化为稀疏矩阵 A
	B=full(A)	稀疏矩阵 A 转化为矩阵 B
	sparse(m,n)	生成一个 m×n 的所有元素都是 0 的稀疏矩阵
	sparse(u,v,A)	u，v，A 是三个等长的向量，建立一个 max(u)行、max(v)列且以 A 为稀疏元素的稀疏矩阵
直接创建稀疏矩阵	B=sparse(i,j,x,m,n)	i 和 j 分别是矩阵非零元素的行和列指标向量，x 是非零元素值向量，m 和 n 分别是矩阵的行数和列数
在文件中创建稀疏矩阵	load 1. txt B=spconvert(T)	利用 load 和 spconvert 函数可以从包含一系列下标和非零元素的文本文件中输入稀疏矩阵
创建稀疏带状矩阵	B=spdiags(C,d,m,n)	m 和 n 分别是矩阵的行数和列数；d 是长度为 p 的整数向量，它指定矩阵 B 的对角线位置；C 是全元素矩阵，用来给定矩阵 B 对角线位置上的元素，行数为 min(m,n)，列数为 p
其他方法	B=speye(size(A))	和矩阵 A 拥有同样尺寸的稀疏矩阵
	B=buchy	一个内置的稀疏矩阵（邻接矩阵）

2. 稀疏矩阵运算

稀疏矩阵与一般矩阵只是存储方式的不同，它的运算规则与普通矩阵是一样的，可以直接进行矩阵运算，所以在这里对稀疏矩阵的运算就不做介绍了，读者可自行参照普通矩阵的运算方式。

3. 其他操作

表 1-23 中介绍了稀疏矩阵的其他操作。

表 1-23　稀疏矩阵的其他操作

函　数	说　明
nnz(B)	返回非零元素的个数
nonzeros(B)	返回列向量，包含所有的非零元素
nzmax(B)	返回分配给稀疏矩阵中非零项的总的存储空间
spy(B)	查看稀疏矩阵的形状
[i,j,s]=find(B)、[i,j]=find(B)	返回矩阵 B 中所有非零元素的下标和数值，矩阵 B 可以是稀疏矩阵或满矩阵

1.4　多项式

多项式是由若干个单项式的和组成的一种代数式。多项式中的每一个单项式都可叫作多项式的一个项，通常这些单项式中的最高次数就是这个多项式的次数。由于 MATLAB 运算功能很强大，因此在多项式运算中使用 MATLAB 可以提高工作效率。本节将从多项式的创建和计算这两方面进行介绍。

1.4.1　多项式创建

在 MATLAB 中创建多项式的方法多种多样，下面将对这些方法进行具体介绍。

1. 直接法创建。

该方法最为简单，在 MATLAB 中使用 ploy2sym(p) 函数就可实现多项式的创建。

【例 1-46】直接法创建。

```
>>A=[1 2 3 4 5]
A=
     1     2     3     4     5
>>y=poly2sym(A)
y=
x^4+2 * x^3+3 * x^2+4 * x+5
```

2. 使用 poly(AR) 函数创建

若已知多项式的全部根，则可以用 poly 函数建立该多项式；也可用该函数求矩阵的特征多项式。调用它的命令格式如下

```
A=poly(x)
```

若 x 为具有 N 个元素的向量，则 poly(x) 建立以 x 为其根的多项式，且将该多项式的系数赋值给向量 A。若 x 为 N×N 的矩阵，则 poly(x) 返回一个向量赋值给 A，该向量的元素为矩阵 x 的特征多项式的系数：A(1),A(2),…,A(N),A(N+1)。

【例 1-47】使用 poly 函数创建多项式。

```
>>A=[1 2 3;2 4 6;3 5 7]
A=
     1     2     3
     2     4     6
     3     5     7
>>p=poly(A)
p=
    1.0000   -12.0000   -4.0000   -0.0000
```

3. 其他操作

1）roots(p)：长度为 n 的向量，表示 n 阶多项式的根，即方程 p(x)=0 的根，可以为复数。

2）conv(p,q)：表示多项式 p 和 q 的乘积。

3）poly(A)：计算矩阵 A 的特征多项式向量。

4）poly(p)：由长度为 n 的向量中的元素为根建立的多项式，结果是长度为 n+1 的向量。

5）polyval(p,x)：若 x 为数值，则计算多项式在 x 处的值；若 x 为向量，则计算多项式在 x 中每一元素处的值。

1.4.2 多项式计算

1. 多项式的基本运算（加、减、乘、除）

（1）加减法运算

在 MATLAB 中并没有提供专门用于多项式加减法运算的函数。一般地，对于次数相同的多项式，对计算较为简单的可以直接进行计算；当次数不同的多项式进行计算时，需要将低次多项式中的高次系数进行补 0 操作，然后进行多项式的加减法运算。

【例 1-48】多项式的相加和相减。

```
>>a=[1,3,5,7,9]
a=
     1     3     5     7     9
>>b=[2,4,6,8,10]
b=
     2     4     6     8    10
>>a-b
ans=
    -1    -1    -1    -1    -1
>>a+b
ans=
     3     7    11    15    19
```

（2）乘除法运算

在 MATLAB 中使用 k=conv(p,q)函数实现多项式的乘法运算。在 MATLAB 中使用[k,r]=deconv(p,q)函数实现多项式的除法运算，其中 k 为商、r 为余。

【例 1-49】计算多项式 x^4+2x^2-x+4 和 x^2+2x+5 的乘积和商。

```
>>p=[1,0,2,-1,4];
>>q=[1,2,5];
>>k=conv(p,q)
k=
     1     2     7     3    12     3    20
>>[a,b]=deconv(p,q)
a=
     1    -2     1
b=
     0     0     0     7    -1
```

2. 求导

在 MATLAB 中主要有以下函数用于求导：

求多项式 p 的一阶导数(k=polyder(p))；求多项式 p 与 q 乘积的一阶导数(k=polyder(p,q))；求多项式 p 与 q 相除的一阶导数([k,d]=polyder(p,q))。

【例 1-50】已知 $p(x)=x^4+2x^2-x+4$，$q(x)=x^2+2x+5$，求 p'、$(p\times q)'$、$(p/q)'$。

```
>>p=[1,0,2,-1,4];
>>q=[1,2,5];
>>k1=polyder(p)
k1=
     4     0     4    -1
>>k2=polyder(p,q)
k2=
     6    10    28     9    24     3
>>[k3,d]=polyder(p,q)
k3=
     2     6    20     5    12   -13
d=
     1     4    14    20    25
```

3. 求值和求根

在 MATLAB 中使用 y=polyval(p,x)函数求多项式在某一点的值，其中求得的 x 可以是复数也可以是矩阵。

在 MATLAB 中使用 x=roots(p)函数实现求解多项式的根（注意，多项式是行向量，根是列向量）。

【例 1-51】 已知 $p(x)=x^4+2x^2-x+4$，求 $x=3$ 和二阶魔方矩阵时，$p(x)$的值，并求 $p(x)$的根。

```
>>p=[1,0,2,-1,4];
>>x=3;
>>polyval(p,x)
ans=
   100
>>x=magic(2);
>>polyval(p,x)
ans=
     6   100
   288    26
>>x=roots(p)
x=
  -0.7177+1.3651i
  -0.7177-1.3651i
   0.7177+1.0801i
   0.7177-1.0801i
```

4. 有理多项式部分公式展开

在 MATLAB 中使用[r,p,k]=residue(a,b)函数实现有理多项式的部分公式展开，该函数的主要功能是把 $a(s)/b(s)$展开成

$$\frac{a(s)}{b(s)}=\frac{r_1}{s-p_1}+\frac{r_2}{s-p_2}+\cdots+\frac{r_n}{s-p_n}+k$$

式中，r 表示余数数组；p 代表极点数组；k 为常数项。

而[a,b]=residue(r,p,k)函数则与[r,p,k]=residue(a,b)函数功能相反，前者是通过已知的 r、p、k 求得有理多项式。

【例 1-52】 已知有理多项式$\frac{x^2+2x+5}{x^4+2x^2-x+4}$，要求展开部分公式，并通过求得的余数数组、极点数组和常数项进行还原。

```
>>a=[1,2,5]
a=
     1     2     5
>>b=[1,0,2,-1,4]
b=
     1     0     2    -1     4
>>[r,p,k]=residue(a,b)
r=
    0.2071-0.0000i
    0.2071+0.0000i
   -0.2071-0.7381i
   -0.2071+0.7381i
p=
   -0.7177+1.3651i
   -0.7177-1.3651i
```

```
   0.7177+1.0801i
   0.7177-1.0801i
k=
     []
>>[a,b]=residue(r,p,k)
a=
    0.0000      1.0000      2.0000      5.0000
b=
    1.0000      0.0000      2.0000   -1.0000      4.0000
```

1.5 本章小结

本章从数据的类型、数组的应用、矩阵的运算和多项式这四个方面进行了数值计算基础知识的介绍。掌握了本章介绍的 MATLAB 相关函数指令，可以使读者减轻其他编程语言所带来的编程烦恼，有利于提高数值计算的效率。本章的各个小节并不存在依赖关系，但本章内容是学好数值计算的关键基础知识，只有掌握好本章的内容，才能更好地学习后续知识。

1.6 习题

1）求$(x+y)^8$的展开式。

2）建立七阶魔方矩阵，将第一行元素乘以 1，第二行元素乘以 2，……，第五行元素乘以 5 的矩阵 $\boldsymbol{C}$，并对矩阵 $\boldsymbol{C}$ 进行上下翻转得到矩阵 $\boldsymbol{D}$，在矩阵 $\boldsymbol{D}$ 的基础上建立下三角矩阵 $\boldsymbol{D}$（对角线为第三条）。

3）求矩阵$\begin{pmatrix}1 & 5\\4 & 6\end{pmatrix}$的逆矩阵、转置矩阵、矩阵的秩、矩阵的行列式值、矩阵的二次幂、矩阵的特征值和特征向量。

4）求解方程组$\begin{cases}2x_1+x_2-5x_3+x_4=8\\x_1-3x_2-6x_4=9\\2x_2-x_3+2x_4=-5\\x_1+4x_2-7x_3+6x_4=0\end{cases}$。

5）输入字符串变量 a 为“GoodEvening!”，将 a 中的每个字符向后移两位，然后再逆序排列，并赋给变量 b。

6）已知矩阵 $\boldsymbol{A}=\begin{pmatrix}1 & 1 & 1\\1 & 1 & -1\\1 & -1 & 1\end{pmatrix}$，$\boldsymbol{B}=\begin{pmatrix}1 & 2 & 3\\-1 & -2 & 4\\0 & 5 & 1\end{pmatrix}$，求 $3\boldsymbol{AB}-2\boldsymbol{A}$ 及 $\boldsymbol{A}^{\mathrm{T}}\boldsymbol{B}$。

第 2 章　MATLAB 基础

在使用 MATLAB 实现数值计算时，通常还需要创建 M 文件进行程序的实现。M 文件就是将用户希望实现的命令写入一个以 .m 为扩展名的文件中，然后由 MATLAB 系统进行运行和解释，M 文件是命令的集合。MATLAB 中的许多函数都是由 M 文件扩展而成的，本章将对 M 文件进行较为全面的介绍。

2.1　M 文件概述

通常，用户想要灵活地应用 MATLAB 解决实际的问题并充分调用 MATLAB 的科学技术资源，这时就需要编辑 M 文件。包含 MATLAB 的语言代码文件称为 M 文件，其扩展名为 .m。M 文件可以根据调用方式的不同分为两类：命令文件（Script File）和函数文件(Function File)，函数文件的文件名必须与其函数名相同。一个 M 文件通常由注释和程序两部分组成。MATLAB 提供的编辑器可以使用户更加方便地进行 M 文件的编写。

2.1.1　M 文件的创建与打开

当遇到输入命令较多或者需要重复输入命令的情况时，利用命令文件的优势就会突显出来。将所有需要执行的命令按顺序逐一放到扩展名为 .m 的文本文件中，每次运行时只需在 MATLAB 的命令窗口中输入 M 文件的文件名即可。M 文件名不应与 MATLAB 的内置函数名以及工具箱中的函数重名，以免发生执行错误命令的现象。

通常情况下，有以下几种方式可以打开 M 文件编辑器。

1）M 文件的类型是普通的文本文件，可以使用系统认可的文本文件编辑器来创建 M 文件，如 Windows 系统中的记事本程序。

2）用 MATLAB 自带的编辑器来创建 M 文件，如图 2-1 所示。建议使用该方法。

在 MATLAB 2013b 中共有三种方法可以进行 M 文件的创建：

- 单击工具栏上的“New Script”按钮，实现创建。
- 选择“New”→“Script”命令，实现创建。
- 在“Command Window”窗口中直接执行 edit 命令，打开空白的 M 文件编辑器，实现创建。

注意： M 文件编辑器一般不会随着 MATLAB 的启动而启动，需要用户通过命令才能开启。M 文件编辑器不仅可以用来编辑 M 文件，还可以对 M 文件进行交互式调试；另外，M 文件编辑器还可以用来阅读和编辑其他的 ASCII 码文件。

使用以上任意方法，打开后的 M 文件编辑器如图 2-2 所示。

图 2-2 中对 M 文件编辑器的主要内容进行了标注，M 文件编辑器的功能非常多，并随着 MATLAB 版本的不断更新，会陆续增加许多功能。

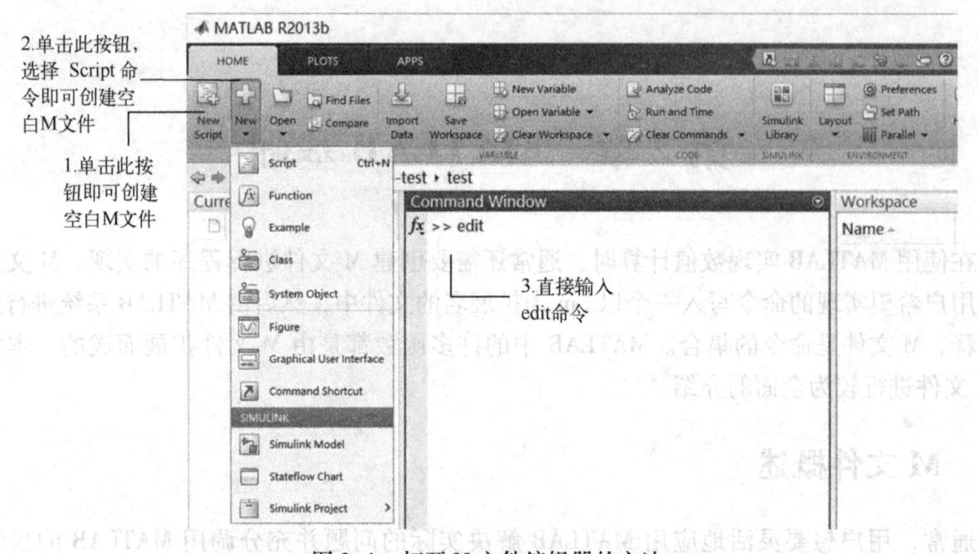

图 2-1　打开 M 文件编辑器的方法

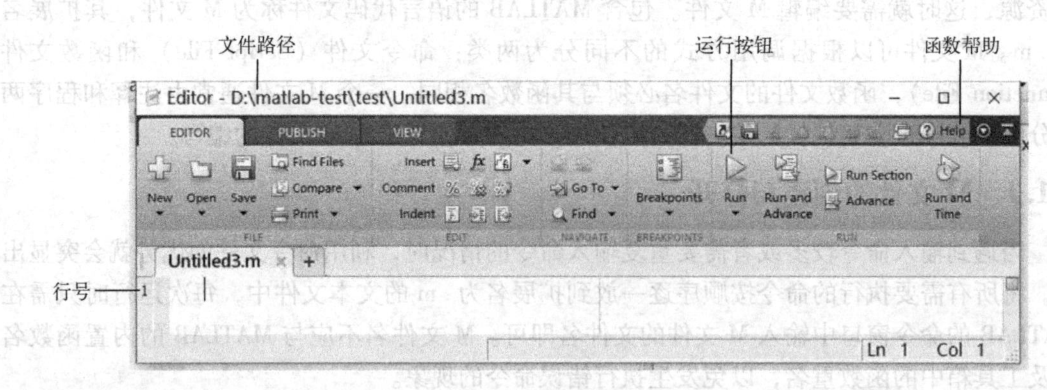

图 2-2　M 文件编辑器

【例 2-1】 编写 M 文件 a. m，实现 1~50 求和，并把结果放到变量 x 中。

1）创建新的 M 文件，单击工具栏上的“New Script”按钮，进行创建。

2）输入代码，如图 2-3 所示。

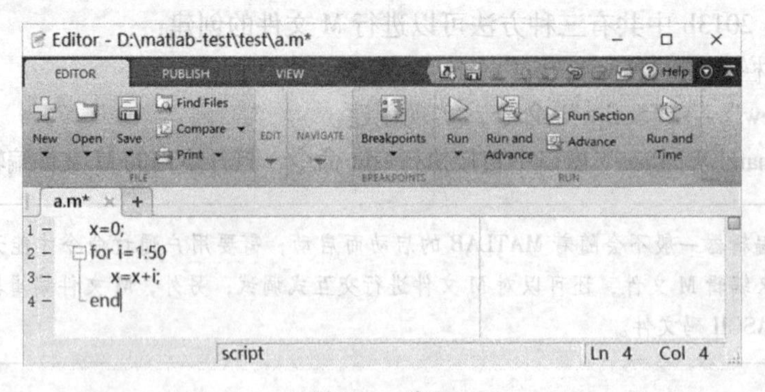

图 2-3　代码

3）保存文件。共有三种方法进行保存：①使用快捷键〈Ctrl+S〉；②单击“Save”按钮；③单击图标按钮🖫。根据用户自身习惯进行保存。打开的对话框如图 2-4 所示。保存的文件名为 a. m。

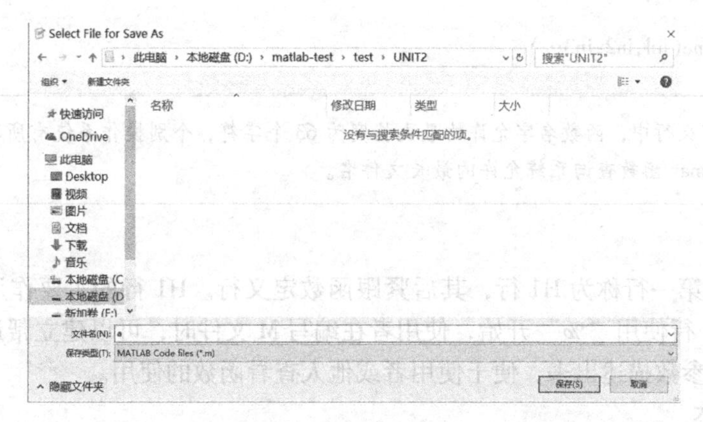

图 2-4　保存文件

4）M 文件的使用。在 MATLAB 主界面窗口中输入以下命令，即可实现调用，结果如图 2-5 所示。

```
>>a
>>x
```

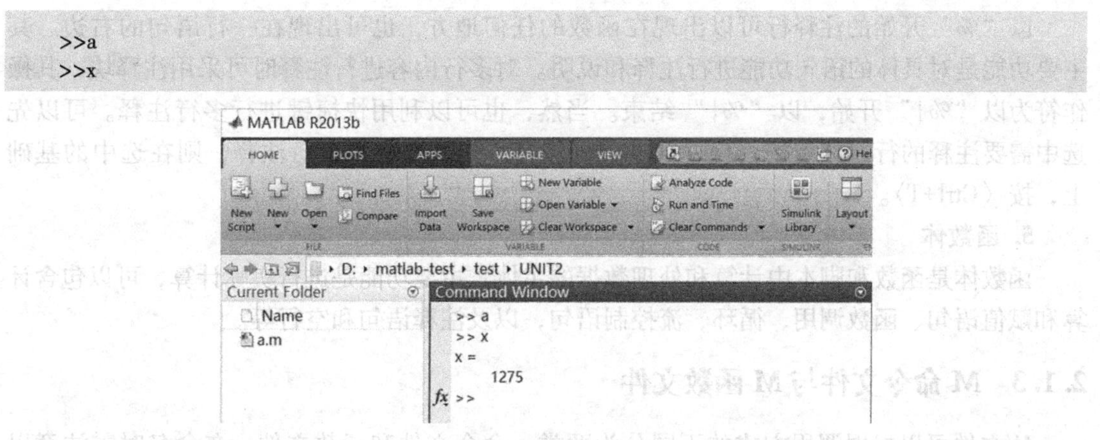

图 2-5　结果显示

在上文中已经创建了一个文件名为 a. m 的 M 文件。打开已创建的 M 文件的方法有很多种，下面介绍主要的三种：

1）单击“Open”按钮，找到对应的 M 文件名即可打开。

2）在“Command Window”窗口中直接输入 edit a. m 即可打开。

3）单击工具栏上的图标按钮 也可以打开对应的 M 文件。

2.1.2　M 文件的基本内容

一个完整的 M 文件需要包含以下五个基本内容。

1. 函数定义行

函数定义行的主要作用是定义函数名称，输入/输出变量的数量、顺序。在 MATLAB 中完整的函数定义语句如下：

```
function [outl,out2,out3…]=funName(in1,in2,in3…)
```

其中，输入变量使用“()”，变量间使用“,”分隔。输出变量使用“[ ]”，若无输出则函数定义语句如下：

```
functionfun Name(inl,in2,in3…)
```

📖 **注意：** 在函数定义行中，函数名字允许的最大长度为 63 个字符，个别操作系统有所不同，用户可自行使用 namelengthmax 函数查询系统允许的最长文件名。

2. H1 行

Help 文本的第一行称为 H1 行，其后紧跟函数定义行。H1 行的主要作用是对程序进行一行的总结。H1 行使用“%”开始，使用者在编写 M 文件时，可以建立帮助文本，将函数的功能、调用的参数描述出来，便于使用者或他人查看函数的使用。

3. Help 文本

Help 文本是对程序进行详细的说明，通常，在调用 help 命令查询此 M 文件时会和 H1 行一起显示在窗口中。

4. 注释

以“%”开始的注释行可以出现在函数的任何地方，也可出现在一行语句的右边。其主要功能是对具体的语句功能进行注释和说明。对多行内容进行注释时可采用注释块，其操作符为以“%{”开始，以“%}”结束。当然，也可以利用快捷键进行多行注释。可以先选中需要注释的行，然后按〈Ctrl+R〉进行注释，如果要取消多行注释，则在选中的基础上，按〈Ctrl+T〉。

5. 函数体

函数体是函数和脚本中计算和处理数据的主体，主要功能是进行实际计算，可以包含计算和赋值语句、函数调用、循环、流控制语句，以及注释语句和空行等。

2.1.3　M 命令文件与 M 函数文件

M 文件可以根据调用方式的不同分为两类：命令文件和函数文件。在命名时需注意以下两点：

1）M 文件的命名需要符合变量名的命名规则。在 MATLAB 中可以使用 isvarname 指令检查用户所起文件名是否符合规范。

2）必须保证所创建的 M 文件名具有唯一性。在 MATLAB 中可以使用 which 指令检查 M 文件名的唯一性。

1. M 命令文件

M 命令文件又可称为 M 脚本文件，当指令窗口运行中的指令越来越多，控制流的复杂度不断增加，或需要重复地运行相关指令时，若再从指令窗口直接输入指令进行计算就显得十分烦琐，此时使用 M 命令文件最为适宜。

在 MATLAB 中，M 命令文件的基本结构如下：

1）由符号“%”起首的 H1 行，应包括文件名和功能简述。

2）由符号“%”起首的 Help 文本。H1 行及其之后的连续的以%开头的所有注释行构成整个在线帮助文本。

3）编写和修改记录。它与在线帮助文本区相隔一个“空”行，也以符号“%”开头；

标识编写及修改该 M 文件的作者、日期和版本记录，通常用作软件档案管理。

4）程序体（附带关键指令功能注解）。

📖 **注意**：在 M 文件中，由符号“%”引领的行或字符串都是“注解说明”，在 MATLAB 中不被执行。

---

2. M 函数文件

与命令文件不同，函数文件犹如一个“黑箱”，是具有特定书写规范的 M 文件。

在 MATLAB 中 M 函数文件的基本结构如下：

1）函数声明行（Function Declaration Line），位于函数文件的首行，以 MATLAB 中的关键字 function 开头，函数名以及函数的输入/输出量名都在这一行定义。

2）H1 行，提供 lookfor 关键词查询和 help 在线使用帮助。

3）Help 文本，H1 行及其之后的所有连续注释行构成整个在线帮助文本。

📖 **注意**：H1 行尽量使用英文表达，以便借助 lookfor 进行“关键词”搜索。

4）编写和修改记录，标识编写及修改该 M 文件的作者、日期和版本记录，可用于软件档案管理。

5）函数体，与前面的注释可以以“空”行相隔。这部分内容由实现该 M 函数文件功能的 MATLAB 指令组成。

3. 两者区别

M 命令文件与 M 函数文件的主要区别见表 2-1。

表 2-1 两者区别

特　　点	M 命令文件	M 函数文件
定义行	有	没有
输入/输出变量	没有	有
可否调用工作空间中的数据	可以	不可以
产生的变量	全局变量	局部变量
可否直接运行	可以	不可以，需要函数调用
变量是否保存在内存中	保存在内存中	仅在函数内部起作用

2.1.4 M 文件案例

为了便于读者理解，下面将使用一个案例来介绍命令文件和函数文件的有关特点。

【例 2-2】编写求平均值和标准差的脚本文件 test1. m 和函数文件 test2. m。

1）单击工具栏上的“New Script”按钮，打开 M 文件编辑器，输入以下代码：

```
%test1. m 脚本文件
%求平均值和标准差
[m,n]=size(a);
if m==1
    m=n;
end
s1=sum(a);
s2=sum(a.^2);
```

```
mean1=s1/m;
stdev=sqrt(s2/m-mean1.^2);

%test2.m 函数文件
function [mean1,stdev]=test2(a)
%test2 函数文件
%求平均值和标准差
[m,n]=size(a);
if m==1
    m=n;
end
s1=sum(a);
s2=sum(a.^2);
mean1=s1/m;
stdev=sqrt(s2/m-mean1.^2);
```

2）调用命令文件。

```
>>clear
>>a=rand(5,5)+2;
>>test1      %执行 test1.m 后,观察基本空间中的变量情况
>>whos
  Name        Size            Bytes  Class     Attributes

  a           5x5             200    double
  m           1x1             8      double
  mean1       1x5             40     double
  n           1x1             8      double
  s1          1x5             40     double
  s2          1x5             40     double
stdev         1x5             40     double

>>disp([mean1;stdev])      %观察计算结果
    2.4312    2.7205    2.3281    2.5067    2.5046
    0.2042    0.1803    0.2612    0.3044    0.2037
```

3）调用函数文件。

```
>>clear m n s1 s2 mean1 stdev
>>[m1,std1]=test2(a);      %执行 test2.m 后,观察基本空间中的变量情况
>>whos
  Name        Size            Bytes  Class     Attributes

  a           5x5             200    double
  m1          1x5             40     double
  std1        1x5             40     double

>>disp([m1;std1])      %观察到计算结果与 test1.m 一致
    2.4312    2.7205    2.3281    2.5067    2.5046
    0.2042    0.1803    0.2612    0.3044    0.2037
```

2.2 程序控制结构

MATLAB 的基本结构为顺序结构，即代码的执行顺序为从上到下。但在实际应用中仅用顺序结构是远远不够的。为了编写更加实用、功能更加强大、代码更加简明的程序，需要使用

不同的结构。本节将介绍三大程序控制结构：顺序结构、选择结构和循环结构。

2.2.1 顺序结构

顺序结构是最简单的程序结构，使用者编写好程序以后，系统将按照程序的物理位置顺序执行。这种程序比较容易编制，适合初学者使用。对于简单的程序来说，使用该结构就可以较好地解决问题。但是由于它不包含其他的控制语句，程序结构简单，因此实现的功能比较单一。

（1）数据的输入

在 MATLAB 中使用 input 函数即可实现数据的输入，函数的调用格式如下：

```
A=input(提示信息,选项);
```

其中，提示信息为一个字符串，用于提示用户输入什么样的数据；选项用于决定用户的输入是作为一个表达式看待，还是作为一个普通的字符串看待。若在 input 函数调用时采用 's'选项，则表明用户输入的是一个字符串数据。

```
>>input('请输入一个矩阵:')
请输入一个矩阵:magic(3)
ans=
   8  1  6
   3  5  7
   4  9  2
>>input('请输入一个字符串:','s')
请输入一个字符串:magic(3)
ans=
magic(3)
```

（2）数据的输出

在 MATLAB 中使用 disp 函数即可实现数据的输出，函数的调用格式如下：

```
disp(输出项);
```

其中，输出项既可以为字符串，也可以为矩阵。

（3）数据的暂停

数据的暂停共有三种方法：

1）若想暂停程序的执行，则可以使用 pause 函数，其调用格式为“pause（延迟数秒）”。

2）若想省略延迟时间，则直接使用 pause 函数，则将暂停程序，直到用户按任意键以后程序才会继续执行。

3）若想强行终止程序的运行可使用快捷键〈Ctrl+C〉实现。

【例 2-3】 建立顺序结构的命令文件和函数文件，将华氏温度 f 转换为摄氏温度 c。

1）建立命令文件和函数文件。

```
%建立命令文件 test3.m
f=input('Input f temperature ');
c=5*(f-32)/9

%建立函数文件 test4.m
function c=test4(f)
c=5*(f-32)/9
```

2）调用命令文件。

```
>>test3
Input f temperature :99
c=
   37.2222
```

3）调用函数文件。

```
>>y=input('Input f temperature :');
Input f temperature :99
>>x=test4(y)
c=
   37.2222
x=
   37.2222
```

2.2.2 选择结构

在编写程序时，通常需要根据一定的条件进行判断后，再选择执行不同的语句。

1. if 语句（条件转移结构）

在 MATLAB 中，共有三种 if 语句的格式，下面将逐一进行介绍。

1）单分支 if 语句，格式如下：

```
if 条件
    语句组
end
```

该语句表示当条件成立时（表达式为 true），则执行语句组，执行完以后继续执行 if 语句的后继语句；若条件不成立（表达式为 false），则直接执行 if 语句的后继语句。

【例 2-4】求一元二次方程 $ax^2+bx+c=0$ 的根。

```
>>a=input('a=');
a=6
>>b=input('b=');
b=4
>>c=input('c=');
c=-2
>>d=b*b-4*a*c;
>>if d>=0
x=[(-b+sqrt(d))/(2*a),(-b-sqrt(d))/(2*a)];
disp(['x1=',num2str(x(1)),'x2=',num2str(x(2))]);
end
x1=0.33333
x2=-1
```

2）双分支 if 语句，格式如下：

```
if 条件
    语句组 1
else
    语句组 2
end
```

该语句表示当条件成立时（表达式为 true），则执行语句组 1，否则执行语句组 2，语句组 1 或语句组 2 执行后，再执行 if 语句的后继语句。

【例 2-5】 计算分段函数的值。

```
>>x=input('请输入 x 的值：');
请输入 x 的值：8
>>if x<=0
y=(x+sqrt(pi))/exp2;
else
y=log(x+sqrt(1+x*x))/2;
end
>>y
y=
    1.3882
```

3）多分支 if 语句，格式如下：

```
if 条件 1
    语句组 1
elseif 条件 2
    语句组 2
……
elseif 条件 m
    语句组 m
else
    语句组 n
end
```

该语句用于多分支选择结构的实现。当程序运行到的某一条表达式为 true 时，则执行相应的语句，此时系统不再对其他表达式进行判断，即系统将直接跳到 end。

【例 2-6】 判断奇偶数。

```
>>x=input('请输入 x 的值：');
请输入 x 的值：99
>>if x<0
disp('Input must be positive ');
elseif rem(x,2)==0
A=x/2;
else
A=(x+1)/2;
end
>>A
A=
    50
```

当使用 if 分支结构时，还需注意以下两个问题：

1）一个 if 分支结构中只能存在一个 if 语句和一个 end 语句，但可以使用任意多个 elseif 语句。

2）if 语句是可以嵌套的，根据实际需要可以将各个 if 语句进行嵌套用来解决比较复杂的实际问题。

2. switch 语句（开关结构）

switch 语句根据表达式的取值不同，将分别执行不同的语句，格式如下：

```
switch 表达式
    case 表达式 1
```

```
        语句组 1
    ……
    case 表达式 m
        语句组 m
    otherwise
        语句组 n
end
```

该语句表示当表达式的值等于表达式 1 的值时，执行语句组 1，当表达式的值等于表达式 2 的值时，执行语句组 2，…，当表达式的值等于表达式 m 的值时，执行语句组 m，当表达式的值不等于 case 所列的表达式的值时，执行语句组 n。当任意一个分支的语句执行完以后，直接执行 switch 语句的后继句。

【例 2-7】判断学生成绩，其中若 90≤mark≤100，则输出 A；若 80≤mark<90，则输出 B；若 70≤mark<80，则输出 C；若 60≤mark<70，则输出 D；若 0≤mark<60，则输出 E。

```
>>mark=input('请输入学生成绩：');
请输入学生成绩：89
>>switch fix(mark/10)
case {10,9}
grade='A';
case {8}
grade='B';
case {7}
grade='C';
case {6}
grade='D';
otherwise
grade='E';
end
>>grade
grade=
B
```

3. try 语句

try 语句主要用来对异常情况进行处理，格式如下：

```
try
    语句组 1
catch
    语句组 2
end
```

try 语句先试探性地执行语句组 1，如果语句组 1 在执行过程中出现错误，则将错误信息赋给保留的 lasterr 变量，并转去执行语句组 2。

【例 2-8】矩阵乘法运算要求第一个矩阵的列数等于第二个矩阵的行数，否则会出错。先求两矩阵的乘积，若出错，则自动转去求两矩阵的点乘。

```
>>A=[1,2,3;4,5,6];
>>B=[1,3,5;2,4,6];
>>try
C=A * B;
catch
C=A. * B;
```

```
end
>>C
C=
       1      6     15
       8     20     36
>>lasterr
ans=
Error using    *
Inner matrix dimensions must agree.
```

2.2.3 循环结构

1. for语句

在MATLAB中，for语句的格式如下：

```
for 循环变量=表达式1:表达式2:表达式3
    循环体语句
end
```

其中，表达式1的值为循环变量的初值，表达式2的值为步长，表达式3的值为循环变量的终值。当步长取1时，表达式2可以省略。

【例2-9】 求所有三位的水仙花数。

```
>>for n=100:999
n1=fix(n/100);
n2=rem(fix(n/10),10);
n3=rem(n,10);
if n==n1*n1*n1+n2*n2*n2+n3*n3*n3
disp(n)
end
end
   153
   370
   371
   407
```

2. while语句

在MATLAB中，while语句的格式如下：

```
while(条件)
    循环体语句
end
```

该语句的执行过程是：若条件成立，则执行循环体语句，执行后再判断条件是否成立，如果不成立就跳出循环。

【例2-10】 在i小于10以内循环并计算i^3。

```
>>i=1;
>>while i<10
x(i)=i^3;
i=i+1;
end
>>x
x=
     1    8    27    64    125    216    343    512    729
```

```
>>i
i=
     10
```

3. break 语句和 continue 语句

在 MATLAB 中与循环结构相关的语句还有 break 语句和 continue 语句，它们一般要与 if 语句配合使用。

break 语句用于终止循环的执行。当在循环体内执行到该语句时，程序将跳出循环，继续执行循环语句的下一条语句；而 continue 语句则控制跳过循环体中的某些语句。当在循环体内执行到该语句时，程序将跳过循环体中所有剩下的语句，继续执行下一次循环。

【例 2-11】求[50,100]之间第一个能被 19 整除的整数。

```
>>for x=50:100
if rem(x,19)~=0
continue
end
break
end
>>x
x=
     57
```

2.2.4 其他辅助控制语句

在使用 MATLAB 进行程序设计时，经常会遇到提前终止循环、跳出子程序、显示错误信息等情况，因此还需要其他的控制语句来实现上述功能。在 MATLAB 中，对应的控制语句有 return、input、keyboard 等。

1. return 语句（转换控制）

通常情况下，当被调函数执行完成以后，MATLAB 会自动把控制转至主调函数或指定的窗口。如果在被调函数中插入 return 命令语句，不仅可以强制 MATLAB 结束执行该函数，还可以把控制转出。

return 命令语句可以使正在运行的函数正常退出，并返回调用它的函数继续运行，经常用于函数的末尾，用来结束正常函数的运行。在 MATLAB 的内置函数使用中，很多函数的程序代码中都会引入 return 命令，下面引用一个简单的 det 函数代码：

```
function d=det(A)
%DET det(A) is the determinant of A.
if isempty(A)
     d=1;
     return
else
     …
end
```

在以上程序代码中，首先通过函数语句来判断参数 A 的类型，当 A 是空数组时，直接返回 d=1，然后结束程序代码。

2. input 语句（输入控制权）

在 MATLAB 中，input 语句的主要功能是将 MATLAB 控制权暂时交给使用者，使用者可以通过键盘输入数值、字符串或者表达式，使用〈Enter〉键将输入的内容输入到工作空间中，并将控制权交还给 MATLAB，其调用格式如下：

```
user_entry=input('prompt')          将用户输入的内容赋给变量 user_entry
user_entry=input('prompt. s')       将用户输入的内容作为字符串赋给变量 user_entry
```

第二个调用格式与第一个调用格式的区别是，使用者不论输入数值、字符串、数组等各种形式的变量，第二种调用格式都会以字符串的形式赋给变量 user_entry。

【例 2-12】在 MATLAB 中演示 input 语句。

1）在 M 文件编辑器中输入以下代码：

```
function test_input()
%在以上程序代码中,使用 isempty 来接收用户输入的"Enter"键,当什么字符
%都不输入的时候,默认当前用户输入的是 Y
reply=input('Do you want more? Y/N[Y]:','s');
        if isempty(reply)
                reply='Y';
        end
        if reply=='Y'
            disp('you have selected more information');
        else
            disp('you have selected the end');
        end
```

2）将以上代码保存。在 MATLAB 的 “Command Window” 窗口中进行以下操作即可。

```
>>test_input
Do you want more? Y/N[Y]:Y
you have selected more information
>>test_input
Do you want more? Y/N[Y]:N
you have selected the end
>>test_input
Do you want more? Y/N[Y]:
you have selected more information
```

3. keyboard 语句（使用键盘）

在 MATLAB 中，将 keyboard 命令放置到 M 文件中，主要目的是停止文件的执行并将控制权交给键盘。通过提示符 K 来显示一种特殊状态，只有当使用 return 命令结束输入后，控制权才交还给程序。在 M 文件中使用 keyboard 命令，有利于实现对程序的调试和修改在程序运行中的变量。

【例 2-13】在 MATLAB 中演示 keyboard 语句。

```
>>keyboard
K>>for ii=1:5
if ii==3
continue
end
fprintf('ii=%d\n',ii);
if ii==2
break
end
end
```

```
ii=1
ii=2
K>>return
>>
```

📖 **注意：**在 MATLAB 中 keyboard 命令允许用户输入任意一个 MATLAB 命令，而 input 命令只能输入赋值给变量的数值。

4. error 语句和 warning 语句（不同的警告样式）

在 MATLAB 中，编写 M 文件时经常需要一些警告信息，表 2-2 中提供了一些警告信息的命令。

表 2-2 警告信息的命令

命　令	说　明
error('message')	显示错误信息 message，终止程序
errordlg('errorstring','dlgname')	显示错误+信息的对话框，对话框的标题为 dlgname
warning('message')	显示警告信息 message，程序继续进行

【例 2-14】本例题将介绍几种不同的警告样式，以及出现的不同的错误提示。

1）创建 M 文件编辑器，输入以下程序代码：

```
% Script file error_message.m
    %
    % 目标：
    % 计算平均值和标准偏差
    % 包含任意数的输入数据集
    % 输入值
    %
    % 定义变量：
    % n           输入样本数
    % std_dev     输入样本的标准偏差
    % sum1        输入值之和
    % sum2        输入值的平方和
    % x           输入的数据值
    % xvar        输入样本的平均值

    % 初始化变量
    sum1=0;sum2=0;

    % 获取的输入数
    n=input('Enter the number of points:');

    % 检查是否有足够的输入数据
    if n<2
            errordlg('Not enough input data');
    else
        % 构建 if 语句
        for ii=1:n
            x=input('Enter value:');
            sum1=sum1+x;
            sum2=sum2+x^2;
```

```
        end

    % 计算平均值和标准偏差
    xvar=sum1/n;
    std_dev=sqrt((n*sum2-sum1^2)/(n*(n-1)));

    % 打印结果
    fprintf('The mean of this data set is:%f\n',xvar);
    fprintf('The standard deviation is:%f\n',std_dev);
    fprintf('The number of data is:%d\n',n);
    end
```

2）在“Command Window”窗口中输入 error_message，然后输入 1，将得到如图 2-6 所示的结果。

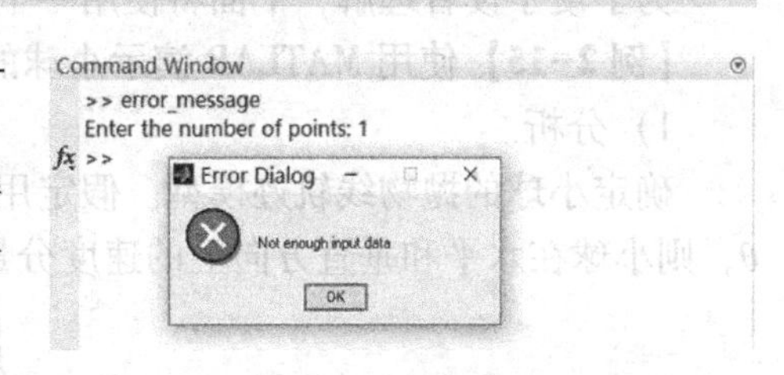

图 2-6　错误信息

在检查是否有足够的数据输入时已经规定不得少于 2 个数据，因此就会出现以上错误。单击“OK”按钮将自动退出程序代码。

3）打开 error_message.m 文件，修改部分代码（修改部分已加粗），进行保存。修改代码如下：

```
%初始化变量
    sum1=0;sum2=0;

    % 获取的输入数
    n=input('Enter the number of points:');

    % 检查是否有足够的输入数据
    if n<2
            error('Not enough input data');
        ...
    end
```

4）在“Command Window”窗口中输入 error_message，然后输入 1，结果如下：

```
>>error_message
Enter the number of points:1
Error using error_message (line 24)
Not enough input data
```

5）再次打开 error_message.m 文件，修改部分代码（修改部分已加粗），进行保存。修改代码如下：

```
%初始化变量
    sum1=0;sum2=0;

    % 获取的输入数
    n=input('Enter the number of points:');

    % 检查是否有足够的输入数据
    if n<2
            warning('Not enough input data');
        ...
    end
```

6）再次在“Command Window”窗口中输入 error_message，然后输入 1，将得到如下结果：

```
>>error_message
Enter the number of points:1
Warning:Not enough input data
>In error_message at 24
```

2.2.5 程序控制结构综合案例

为了便于读者理解，下面将使用一个案例介绍程序控制结构的综合应用。

【例 2-15】使用 MATLAB 演示小球的抛物线轨迹。

1）分析。

确定小球的抛物线轨迹模型。假定用户抛小球的初始速度为 v_0，小球的抛射初始角度是 θ，则小球在水平和垂直方向上的速度分量分别为

$$\begin{cases} v_{x_0}=v_0\cos\theta \\ v_{y_0}=v_0\sin\theta \end{cases}$$

在本实例中，程序代码需要求解的是抛物线轨迹上水平方向的最长距离，距离的求解公式如下：

$$\begin{cases} t=\dfrac{2v_{y_0}}{g} \\ x_{\max}=v_{x_0}t \end{cases}$$

式中，g 代表重力加速度，为便于计算，本实例中取 $g=10\ \mathrm{m/s^2}$。对应的小球在垂直方向上的最高距离为

$$y_{\max}=\frac{v_{y_0}^2}{2g}$$

2）根据题目要求和分析，编写程序代码如下：

```
Ball.m
%创建脚本文件
%
%目标：
%程序是计算球运动的距离
%通过一个角度抛出
%忽略空气摩擦,计算角度
%计算最大范围并画出轨迹图
%
%定义变量：
%conv             角度转换因子
%grav             重力加速度
%ii,jj            循环指数
%index            数组的最大范围
%maxangle         给出最大的射程角度
%maxrange         最大范围
%range            指定角度的范围
%time             时间
%theta            初始角度
```

```
%fly_time                    总的运动时间
%vo                          初始速度
%vxo                         x 轴的初始速度
%vyo                         y 轴的初始速度
%x                           x 轴球的位置
%y                           y 轴球的位置
%定义常数数值
conv=pi/180;
grav=10;
vo=input('Enter the initial velocity:');

range=zeros(1,91);
%计算最大的水平距离
for ii=1:91
    theta=ii-1;
    vxo=vo * cos(theta * conv);
    vyo=vo * sin(theta * conv);
    max_time=2 * vyo/grav;
    range(ii)= vxo * max_time;
end
%显示计算水平距离的列表
fprintf('Range versus angle theta" \n');
for ii=1:5:91
    theta=ii-1;
    fprintf('%2d %8.4f\n',theta,range(ii));
end
%计算最大的角度和水平距离
[maxrange index]=max(range);
maxangle=index-1;
fprintf('\n Max range is %8.4f at %2d degress. \n',maxrange,maxangle);
%绘制轨迹图形
for ii=5:10:80
    theta=ii;
    vxo=vo * cos(theta * conv);
    vyo=vo * sin(theta * conv);
    max_time=2 * vyo/grav;
    %计算小球轨迹的 x,y 坐标数值
    x=zeros(1,21);
    y=zeros(1,21);
    for jj=1:21;
        time=(jj-1) * max_time/20;
        x(jj)= vxo * time;
        y(jj)= vyo * time+0.5 * grav * time^2;
    end
    plot(x,y,'g');
    if ii==5
        hold on;
    end
end
    %添加图形的标题和坐标轴名称
    title('初始速度图');
    xlabel('x');
    ylabel('y');
    axis([0 max(range)+5 0-vo^2/2/grav]);
    grid on;
```

```
%绘制最大水平距离的轨迹图形
vxo=vo * cos(maxangle * conv);
vyo=vo * sin(maxangle * conv);
max_time=2 * vyo/grav;
    %计算小球轨迹的(x,y)坐标数值
    x=zeros(1,21);
    y=zeros(1,21);
    for jj=1:21
        time=(jj-1) * max_time/20;
        x(jj)= vxo * time;
        y(jj)= vyo * time+0.5 * grav * time^2;
    end
    plot(x,y,'r','Linewidth',2);
    hold off
```

3）输入代码完成后，对其进行保存，程序代码保存名为“ball. m”。

4）在“Command Window”窗口中输入 ball，按〈Enter〉键，然后输入 15，运行代码及结果如下，绘制出相应的图形如图 2-7 所示。

```
>>ball
Enter the initial velocity:15
Range versus angle theta"
 0    0.0000
 5    3.9071
10    7.6955
15   11.2500
20   14.4627
25   17.2360
30   19.4856
35   21.1431
40   22.1582
45   22.5000
50   22.1582
55   21.1431
60   19.4856
65   17.2360
70   14.4627
75   11.2500
80    7.6955
85    3.9071
90    0.0000
Max range is   22.5000 at 45degress.
```

5）修改初始速度，将其改为 30，绘制出相应的图形如图 2-8 所示。

```
>>ball
Enter the initial velocity:30
Range versus angle theta"
 0    0.0000
 5   15.6283
10   30.7818
15   45.0000
20   57.8509
25   68.9440
30   77.9423
```

```
35   84.5723
40   88.6327
45   90.0000
50   88.6327
55   84.5723
60   77.9423
65   68.9440
70   57.8509
75   45.0000
80   30.7818
85   15.6283
90    0.0000
Max range is    90.0000 at 45degress.
```

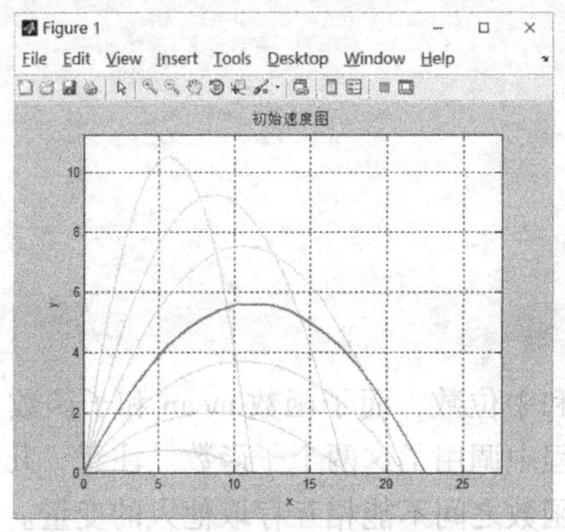

图 2-7　初始速度为 15 的轨迹

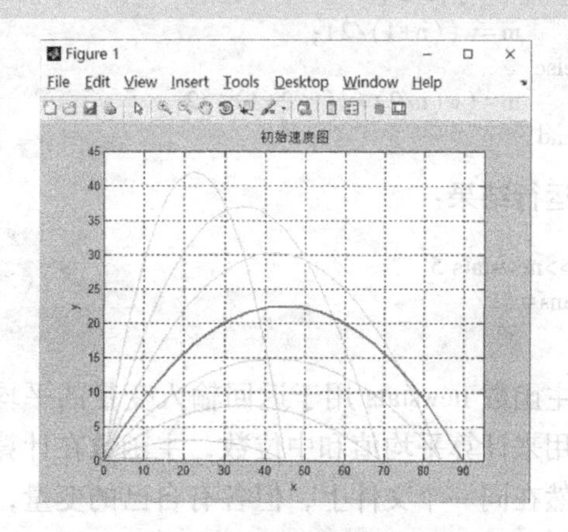

图 2-8　初始速度为 30 的轨迹

2.3　MATLAB 函数

MATLAB 中的函数主要有两种创建方法，即在命令行中进行定义和保存为 M 文件。匿名函数通常是指在命令行中创建的函数。使用 M 文件创建的函数有多种类型，如主函数、子函数及嵌套函数等。

2.3.1　主函数

主函数是指在 M 文件中排在最前面的函数。主函数与其 M 文件同名，并且是唯一可以在命令窗口或者其他函数中调用的函数。在本文前面所涉及的所有函数文件都是主函数，这里就不一一介绍了。

2.3.2　子函数与私有函数

子函数是指排在主函数后面进行定义的函数，其排列没有固定的顺序。子函数与主函数在形式上是没有区别的，但子函数只能在同一个文件上的主函数或者其他子函数中进行调用。每个子函数都有自己的函数定义行。

【例 2-16】子函数示例。

```
newstats. m
function[avg,med]=newstats(u)                %主函数
%查找内部函数的均值和中位数
n=length(u);
avg=mean(u,n);
med=median(u,n);
function a=mean(v,n)                         %子函数
%计算平均值
a=sum(v)/n;
function m=median(v,n)                       %子函数
%计算中位数
w=sort(v);
if rem(n,2)==1
    m=w((n+1)/2);
else
    m=(w(n/2)+w(n/2+1))/2;
end
```

运行结果：

```
>>newstats 5
ans=
    53
```

主函数 newstats 用于返回输入变量的平均值和中位数，而子函数 mean 和子函数 median 分别用来计算平均值和中位数，主函数在计算过程中调用了这两个子函数。注意，几个子函数虽然在同一个文件上，但各有自己的变量，子函数之间不能相互存取他人的变量。

1. 调用一个子函数的查找顺序

从一个 M 文件中调用时，MATLAB 首先检查被调用的函数是否为 M 文件上的子函数。若是，则调用它；若不是，再寻找是否有同名的私有函数；如果还不是则从搜索路径中查找其他 M 文件。例如，【例 2-16】中子函数名称 mean 和 median 是 MATLAB 的内建函数，但是通过子函数的定义，就可以实现调用自定义的 mean 函数和 median 函数。

2. 子函数的帮助文本

在 MATLAB 中可以用为主函数写帮助文本的方式为子函数写帮助文本。但显示子函数的帮助文本是有区别的，需要将 M 文件名加在子函数名前面。其输入格式如下：

```
helpmyfile>mysubfile
```

已知子函数名为 mysubfile，位于 myfile. m 文件中。注意：“>”之前和之后都不能有空格。

私有函数是子函数的一种特殊形式，由于它是私有的，因此只有父 M 文件函数才能调用它。私有函数的存储需要在当前目录下创建一个子目录，且子目录的名字必须为 private，存放于 private 文件夹内的函数即为私有函数，它的上层目录称为父目录，只有父目录中的 M 文件才可以调用私有函数。私有函数有以下两个特点：

1）私有函数只有对其父目录中的 M 文件才是可见的，对于其他目录中的 M 文件是不可见的。

2）调用私有函数的 M 文件必须位于 private 子目录的直接父目录内。

设私有函数名为 myprivfile，为得到私有函数的帮助信息，需输入命令：

```
helpprivate/myprivfile
```

私有函数只能被其父文件夹中的函数调用，因此，使用者可以开发自己的函数库，函数名称可与系统标准 M 函数库名称相同，不必担心在函数调用时发生冲突。

2.3.3 嵌套函数

嵌套函数是指在某函数中定义的函数。

1. 嵌套函数创建

在 MATLAB 中允许 M 文件的函数体中定义一个或多个嵌套函数，被嵌套的函数能包含任何构成 M 文件的成分。

MATLAB 函数文件一般是不需要使用 end 语句来结束函数的。但对于嵌套函数，无论是嵌套的还是被嵌套的，都必须以 end 语句作为结束。而且在一个 M 文件内，只要定义了嵌套函数，其他非嵌套函数也需要以 end 语句来结束。

嵌套函数具有以下三种格式。

1）最基本的嵌套函数结构：

```
    function x=A(p1,p2)
      …
      function y=B(p3)
      …
      end
    …
end
```

2）平行嵌套函数结构：

```
function x=A(p1,p2)
    …
    function y=B(p3)
    …
    end
    function z=C(p4)
    …
    end
  …
end
```

其中，函数 A 嵌套函数 B 和函数 C，但函数 B 和函数 C 是并列关系。

3）多层嵌套函数结构：

```
function x=A(p1,p2)
    …
    function y=B(p3)
        …
        function z=C(p4)
        …
        end
    …
    end
  …
end
```

其中，函数 A 嵌套了函数 B，而函数 B 嵌套了函数 C。

2. 嵌套函数的调用

一个嵌套函数可以被以下三种函数进行调用：

1）该嵌套函数的直接上一层函数。

2）在同一母函数下的同一级嵌套函数。

3）任意低级别的函数。

【例 2-17】调用示例。

```
function A(x,y)                %主函数
B(x,y);
C(y);
    function B(x,y)            %嵌套在 A 内
        D(x);
        C(y);
        function D(x)          %嵌套在 B 内
            C(x);
        end
    end
    function C(x)              %嵌套在 A 内
        E(x);
        function E(x)          %嵌套在 C 内
            ...
        end
    end
end
```

函数 A 包含嵌套函数 B 和嵌套函数 C，函数 B 和函数 C 分别嵌套了函数 D 和函数 E。其调用关系如下：

1）主函数为函数 A，可调用函数 B 和函数 C，但不能调用函数 D 和函数 E。

2）函数 B 和函数 C 为同一级嵌套函数，函数 B 可以调用函数 C 和函数 D，但无法调用函数 E，函数 C 可以调用函数 B 和函数 E，但无法调用函数 D。

3）函数 D 和函数 E 均可调用函数 B 和函数 C；函数 D 和函数 E 虽属于同一级别的函数，但它们的母函数不同，所以无法相互调用。

3. 嵌套函数中变量的使用范围

函数之间，局部变量是不能共享的，即子函数之间或与主函数之间是不能共享变量的，每个函数都有自己的工作空间（Workspace），用于存放其变量。但在嵌套函数中，因为函数之间存在嵌套关系，所以在有些情况下可以共享变量。

【例 2-18】共享示例，创建文件 test5. m 和 test6. m。

test5. m 代码如下：

```
function test5
x=5;
nestfun;
    function y=nestfun
        y=x+1;
    end
y
end
```

test6. m 代码如下：

```
function test6
x=5;
z=nestfun;
    function y=nestfun
        y=x+1;
    end
z
end
```

在“Command Window”窗口中运行的代码和取得的结果如下：

```
>>test5
Undefined function or variable 'y '.
Error in test5 ( line 7)
y
>>
>>test6
z=
     6
```

在 test5. m 文件中运行到第七行代码时发生错误，这是由于在嵌套函数中尽管计算了 y 的值并进行了返回，但是这个变量只存储在嵌套函数的工作空间中，无法被外层的函数所共享。而在 test6. m 文件中将嵌套函数的赋值给了 z，最终实现了正确显示。

4. 重载函数

重载函数是函数的一种特殊情况，它是已经存在的函数的另外一个版本。在 MATLAB 中每一个重载函数都有一个 M 文件存放在 MATLAB 目录中。其格式如下：

```
目录\@ double,输入变量数据类型为 double 时才可被调用
目录\@ int32,输入变量数据类型为 int32 时才可被调用
```

2.4 Bug 调试方法

使用者在编写 M 文件程序时，错误是无法避免的，熟练掌握调试的方法和技巧是可以提高工作效率的。

1. 错误的分类

M 文件一般有两种错误，分别是语法错误和执行错误。

语法错误发生在 M 文件程序代码的解释过程中，一般是由函数参数输入类型不正确、矩阵运算的阶数不符合等引起的，如函数名的拼写错误、表达式的书写错误等。

执行错误通常是指程序运行中出现的错误，也可称为逻辑错误，包括溢出、死循环等，这些错误均与程序本身有关，且较难发现和解决。

2. Bug 调试方法

本节将主要介绍两种对 Bug 进行调试的方法，即直接调试法和工具调试法。

(1) 直接调试法

MATLAB 语言自身的向量化程度较高，因此使用 MATLAB 语言编写的程序一般较为简单，并且 MATLAB 语言非常容易理解，语言的可读性较高。因此，使用直接调试的方法就

可以取得较为满意的结果。通常，直接调试法包括以下手段：

1）在觉得有疑问的语句行和指令行中，将最后的“；”删除或者将其改成“，”，这样可以将相应的计算结果显示在屏幕上，便于观察。

2）在合适的位置或关键的位置加入某些关键变量值的语句。

3）在 MATLAB 中使用 echo 命令函数进行功能实现，echo 命令函数介绍如下：echo on，用于显示脚本文件；echo FirstName on，用于显示名为 FirstName 的 M 函数文件。

4）在原函数文件的首行之前加上“%”，可以将中间变量难以观察的 M 函数文件变成一个将所有变量都保存在基本空间中的 M 脚本文件。

5）在脚本或函数文件中使用 keyboard 命令。当运行至该命令时，文件执行将会暂停，并出现 K 提示符。此时使用者可进行命令的输入以查看基本的内存空间或变量，也可以对这些变量进行修改。在 K 提示符后输入 return 命令以结束查看，原文件将会继续执行。

【例 2-19】 直接调试法示例。

1）打开 M 文件编辑器，输入以下代码：

```
function f=ball(k,ki)
%函数功能是演示黑色小球沿一条封闭螺线运动的实时动画
%演示实时动画的调用格式为 ball(k)
%既演示实时动画又拍摄照片的调用格式为 f=ball(k,ki)
% k 表示黑球运动的循环数(不小于 1)
% ki 表示拍摄照片的瞬间,范围是 1~1034 的任意整数
% f 表示存储拍摄的照片数据,使用 image(f.cdata)观察照片
%产生封闭的运动轨线
t1=(0:1000)/1000*10*pi;
x1=cos(t1);
y1=sin(t1);
z1=-t1;
t2=(0:10)/10;
x2=x1(end)*(1-t2);
y2=y1(end)*(1-t2);
z2=z1(end)*ones(size(x2));
t3=t2;
z3=(1-t3)*z1(end);
x3=zeros(size(z3));
y3=x3;
t4=t2;
x4=t4;
y4=zeros(size(x4));
z4=y4;
x=[x1 x2 x3 x4];
y=[y1 y2 y3 y4];
z=[z1 z2 z3 z4];
plot3(x,y,z,'y','Linewidth',2),axis off   %绘制曲线
%定义线的颜色,点的形状,点的大小(20),擦除的方式(异或)
h=line('Color',[0 0 0],'Marker','.','MarkerSize',20,'EraseMode','xor');
%小球运动
n=length(x);
i=1;
j=1;
while 1 %循环
```

```
set(h,'xdata',x(i),'ydata',y(i),'zdata',z(i));
drawnow;% 刷新屏幕 <21>
pause(0.0005) %球速的控制 <22>
i=i+1;
ifnargin==2 & nargout==1        % 当输入变量为2、输出变量为1时才进行照片的拍摄
if (i==ki&j==1);
    f=getframe(gcf);
end      %拍摄当前照片 <25>
end
if i>n
i=1;
j=j+1;
if j>k;
    break;
end
end
end
```

输入代码后，将其进行保存，文件名为 ball. m。

2）在“Command Window”窗口中输入 ball(1,100)，结果如图 2-9a 所示，当程序运行完成后得到的结果如图 2-9b 所示。

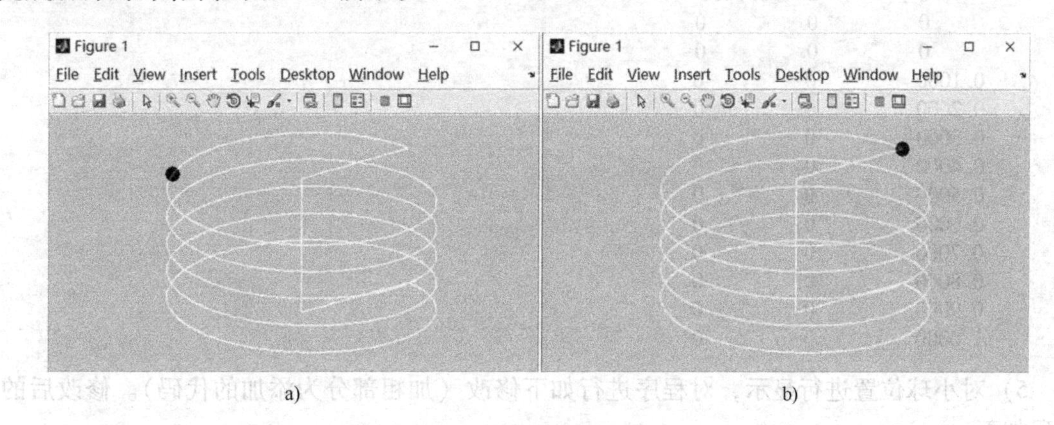

图 2-9　程序运行结果

3）显示封闭曲线的坐标数值。打开 ball. m 文件，对程序进行如下修改（加粗部分为添加的代码）。修改后的代码如下：

```
function f=ball(k,ki)
t1=(0:1000)/1000*10*pi;
x1=cos(t1);
y1=sin(t1);
z1=-t1;
t2=(0:10)/10;
x2=x1(end)*(1-t2);
y2=y1(end)*(1-t2);
z2=z1(end)*ones(size(x2));
t3=t2;
z3=(1-t3)*z1(end);
x3=zeros(size(z3));
y3=x3;
```

```
t4=t2;
x4=t4;
y4=zeros(size(x4));
z4=y4;
x=[x1 x2 x3 x4];
y=[y1 y2 y3 y4];
z=[z1 z2 z3 z4];
data=[x',y',z']
plot3(x,y,z,'y','Linewidth',2),axis off   %绘制曲线
%其余代码与上文一致,故省略
```

4）在“Command Window”窗口中输入 ball(1,100)，得到的结果如下：

```
>>ball(1,100)
data=
    1.0000      0          0
    0.9995    0.0314   -0.0314
    0.9980    0.0628   -0.0628
    0.9956    0.0941   -0.0942
    0.9921    0.1253   -0.1257
…%因篇幅原因这里省略部分内容
         0         0   -3.1416
         0         0         0
         0         0         0
    0.1000         0         0
    0.2000         0         0
    0.3000         0         0
    0.4000         0         0
    0.5000         0         0
    0.6000         0         0
    0.7000         0         0
    0.8000         0         0
    0.9000         0         0
    1.0000         0         0
```

5）对小球位置进行显示，对程序进行如下修改（加粗部分为添加的代码）。修改后的代码如下：

```
function f=ball(k,ki)
t1=(0:1000)/1000*10*pi;
x1=cos(t1);
…%以上代码与原代码一致
while 1        %循环
set(h,'xdata',x(i),'ydata',y(i),'zdata',z(i));
bw=[x(i),y(i),z(i)]          %设置小球位置
drawnow;                     %刷新屏幕 <21>
pause(0.0005)                %球速的控制 <22>
i=i+1;
ifnargin==2 & nargout==1  %当输入变量为 2、输出变量为 1 时才进行照片的拍摄
if (i==ki&j==1);
    f=getframe(gcf);
end                          %拍摄当前照片 <25>
end
if i>n
i=1;
```

```
j=j+1;
if j>k;
    break;
end
end
end
```

6）查看程序结果。在“Command Window”窗口中输入 ball(1,100)，得到的结果如下：

```
bw=
    1        0        0
bw=
    0.9995    0.0314   -0.0314
bw=
    0.9980    0.0628   -0.0628
bw=
    0.9956    0.0941   -0.0942
...
```

（2）工具调试法

直接调试法面对的都是函数文件规模不是很大的函数，若函数文件的规模很大，文件的结构极其复杂，具有较多的函数、子函数、私有函数的调用，那么直接调试法就会受到较大程度的限制，这时就需要借助 MATLAB 提供的专门工具调试器进行调试。

在图 2-10 中展示并介绍了 MATLAB 中的文件调试器功能，具体包括设置断点和程序暂停指针功能。

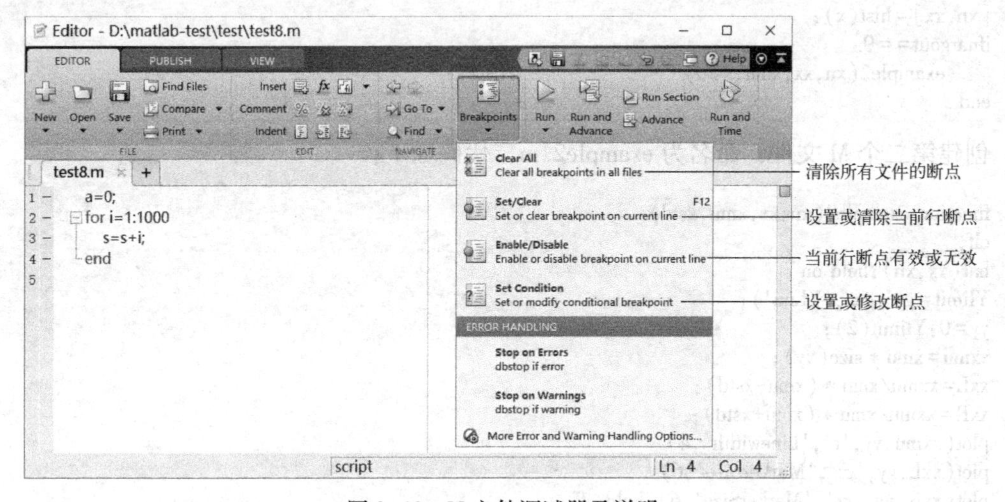

图 2-10　M 文件调试器及说明

表 2-3 中介绍了 MATLAB 中常用的调试指令。

表 2-3　调试指令

指　令	说　明	指　令	说　明
Help debug	列出所有的调试命令	Set/Clear	设置或清除当前行断点
Set Condition	设置或修改断点	Enable/Disable	当前行断点有效或无效
Stop on Errors	停在出错处	Stop on Warnings	停在警告处

使用调试器可准确地找到运行错误，通过设置断点可以使程序运行到某行停止，此时通过观察程序变量、表达式、调试输出信息等了解程序的运行情况并修改工作空间中的变量；也可以逐行运行程序，对执行的流程进行完全的监控。调试的手段包括设置断点、跟踪和观察变量。

调试方法分为五步：

1）设置断点。选中要设置的语句，使用快捷键〈F12〉或工具条上的大红圆点或单击菜单栏中的 set breakpoint。注意，断点设置成功后，窗口的左边框上会出现大红圆点。

2）单击菜单栏上的“Debug | Run”按钮，程序即处于调试状态，在断点处程序会自动暂停。此时左边框上的对应位置会出现一个绿色箭头提示被中断的语句。

3）单步执行各语句。此时可以查看各变量的内容，以判断程序流程是否正确。

4）退出调试工具。单击菜单栏中的 exit debug mode。

5）清除断点。与设置的方法相同。

【例 2-20】调试器应用示例。

目标：定义一个随机向量，画出标识该随机向量的均值、标准差的频数直方图。

1）创建两个 M 文件。

创建第一个 M 文件，命名为 example1. m，代码如下：

```
function [xn,xx,xmu,xstd]=example1(x)
xmu=mean(x);
xstd=std(x);
[xn,xx]=hist(x);
ifnargout==0
    example2(xn,xx,xmu,xstd)
end
```

创建第二个 M 文件，命名为 example2. m，代码如下：

```
function example2(xn,xx,xmu,xstd)
clf,
bar(xx,xn);hold on
Ylimit=get(gca,'YLim');
yy=0:Ylimit(2);
xxmu=xmu*size(yy);
xxL=xxmu/xmu*(xmu-xstd);
xxR=xxmu/xmu*(xmu+xstd);
plot(xxmu,yy,'r','Linewidth',4)
plot(xxL,yy,'rx','MarkerSize',6)
plot(xxR,yy,'rx','MarkerSize',6),hold off
```

2）运行的代码和得到的结果如下，直方图如图 2-11 所示。

```
>>randn('seed',1),x=randn(1,100);
>>example1(x);
Error using plot
Vectors must be the same lengths.
Error in example2 (line 10)
plot(xxmu,yy,'r','Linewidth',4)
Error in example1 (line 7)
    example2(xn,xx,xmu,xstd)
```

3）对图像进行分析。通过错误提示可知，错误发生在 example2. m 文件中的第十行，对 xxmu 和 yy 两个向量的定义长度不一样，因此将使用调试器进行调试。

4）对断点进行设置。单击 example1. m 文件代码的第五行“断点位置条”中的“短线条”，就会出现断点标注 ●（红点），如图 2-12 所示。在 example2. m 文件代码的第十行，进行类似的操作，实现断点设置。

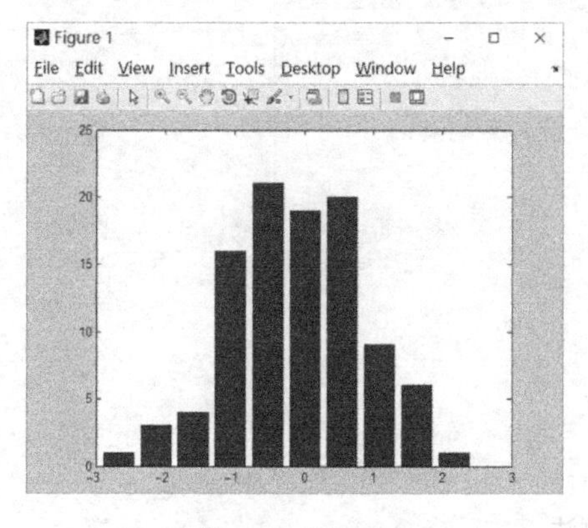

图 2-11　直方图

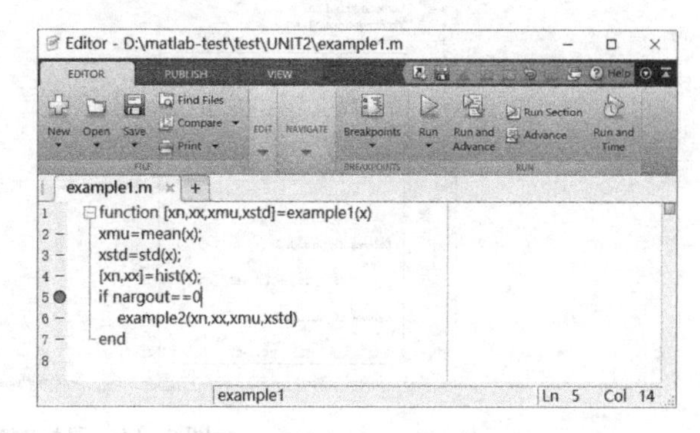

图 2-12　断点标记

5）调试状态的进入。在“Command Window”窗口中输入以下指令，进入动态调试的状态。

```
>>randn('seed',1),x=randn(1,100);
>>example1(x);
```

上述指令将会使两个窗口发生变化：

① 指令窗口的控制权将转给键盘的提示符“K>>”，并把控制权交给键盘，等待用户的输入，如图 2-13 所示。

② 图 2-13 中出现了绿色箭头，这表明运行中断在此行之前。

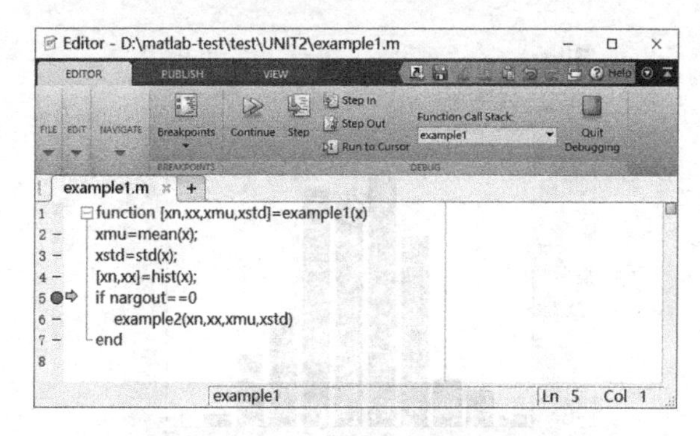

图 2-13　进入调试状态的指令窗口

6）进入 example2. m 文件的函数内部。单击“Continue”按钮进入 example2. m 文件，发现绿色箭头停止在第九行代码处。

7）观察运行后产生的中间结果，确定错误的准确位置。观察 example2. m 文件中的“yy”变量。观测所生成的变量有三种方法。

① 鼠标观测法（适合较小规模的观察）。将鼠标指针移动到变量“yy”上即可实现观测，如图 2-14 所示。

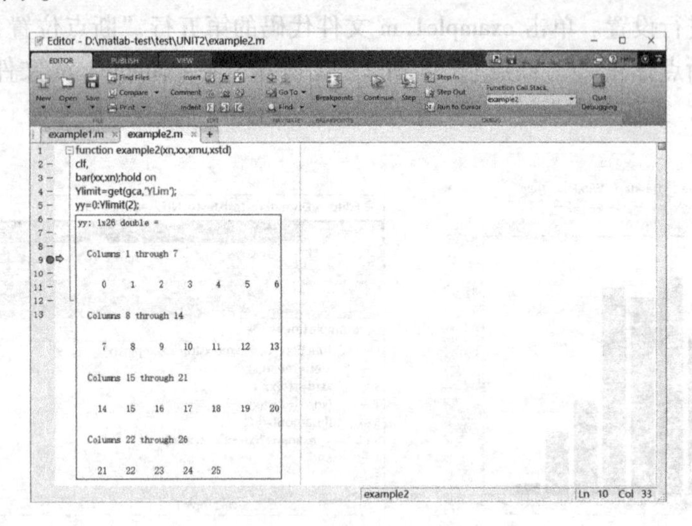

图 2-14　鼠标观测法

② 指令观察法（适合较大规模的观察）。在提示符 K 后输入变量名便显示出相应的变量值。

③ 变量编辑器观察法（适合大规模的观察）。在 MATLAB 操作界面上的“工作空间浏览器”中，展现 example2. m 函数内存空间中的所有变量，双击待观察的变量进行观察。

通过观察可知这个错误发生在第七行，该指令的原意是产生一个与“yy”长度相同的“xxmu”向量，用于绘制垂直于横轴的直线，但是该指令写错了，因此产生错误。修改后的指令为“xxmu=xmu＊ones(size(yy))”。

8）修改后重新运行。退出调试器，重新输入步骤 2）中的代码，获得正确的结果，如图 2-15 所示。

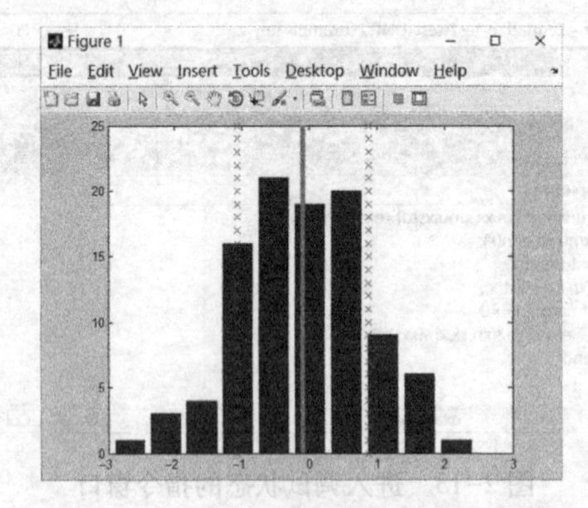

图 2-15　均值、标准差的频数直方图

2.5　本章小结

MATLAB 不仅自身具有强大的、大量的、易懂易用的命令，还提供扩展开发的功能，M

文件正是 MATLAB 根据使用者的需求编写相应功能的程序代码文件。本章对 MATLAB 的基础知识进行了较为全面的介绍，包括 M 文件的概述、程序控制结构的分析、MATLAB 函数的构造和对出现问题的函数进行调试的方法介绍。

本章设计的 M 文件的命令文件与函数文件、各种程序控制结构（顺序控制、分支和循环）、四种函数（主函数、子函数、嵌套函数和重载函数）以及最后的文件调试都搭配了许多精心设计的示例，使用者可以直接将这些示例输入到 M 文本编辑器中进行实践。将基础知识概念和实际案例相结合，可以加深读者对这些知识的掌握与理解。

2.6 习题

1）简述 M 命令文件和 M 函数文件的不同点。

2）n 是 1~50 的正整数，y 是 1 到（$2n-1$）的奇数的倒数之和，求 y 的值。

3）输入 x，根据函数 $y=\begin{cases}x^3+2x+1 & x\geqslant 1\\ -x^2+3 & x<1\end{cases}$ 计算 y 的值。

4）找出 1~100 之间 6 的倍数和尾数是 6 的数，并分别按降序进行排列。

5）用循环求解法求最小的 m，满足条件为 $\sum\limits_{i=1}^{m} i > 1000$。

6）画出 $p(x_1,x_2)=\begin{cases}0.5457\mathrm{e}^{-0.75x_2^2-3.75x_1^2-1.5x_1} & x_1+x_2>1\\ 0.7575\mathrm{e}^{-x_2^2-6x_1^2} & -1<x_1+x_2\leqslant 1\\ 0.5457\mathrm{e}^{-0.75x_2^2-3.75x_1^2+1.5x_1} & x_1+x_2\leqslant -1\end{cases}$ 的图像。

第3章　数值计算的通用函数

本章介绍数值计算中的一些通用函数，其中包括符号计算的基础知识与计算函数、基本的数值统计函数、数值积分函数以及图形绘制等。

3.1　符号计算基础

符号计算与数值计算一样，都是科学研究中的重要内容，且两者之间有着密切的关系。运用符号计算可以轻松地解决许多公式和关系式的推导，学好符号计算的基础知识有利于更好地运用数值计算。

符号计算是指在运算时，无须事先对变量进行赋值，而是将所有得到的结果以标准的符号形式进行表示。符号计算以符号对象和符号表达式作为运算对象的表达形式，最终给出的是解析解；在运算过程中不会受到计算误差累积问题的影响，其计算指令较为简单，但占用的资源较多，计算的耗时长。

3.1.1　创建符号对象

MATLAB 中提供了两种建立符号对象的函数：sym 和 syms，两种函数的使用方法是不同的，下面将分别进行介绍。

1. sym

在 MATLAB 中，sym 函数是用来创建单个符号变量的，也可以用于创建符号表达式或符号矩阵，其调用格式如下：

```
符号变量名+sym('符号字符串')
```

通常，该函数可以建立一个符号变量，符号字符串可以是常量、变量、函数或者表达式。

【例3-1】 使用符号运算解方程组$\begin{cases}ax-by=1\\ax+by=4\end{cases}$，其中 a、b、x、y 均为符号运算量。

```
>>a=sym('a');b=sym('b');
>>x=sym('x');
>>y=sym('y');
>>[x,y]=solve(a*x-b*y-1,a*x+b*y-4,x,y)
x=
5/(2*a)
y=
3/(2*b)
```

2. syms

在 MATLAB 中，syms 函数与 sym 函数类似，但可以用来定义一条语句中的多个符号变量，其调用格式如下：

```
syms 符号变量名1 符号变量名2 … 符号变量名n
```

当使用这种格式定义符号变量时，不需要在变量名上加字符串分界符，变量之间使用空格进行分隔。

3.1.2　表达式创建

符号表达式在 MATLAB 中调用时正确的写法见表 3-1。

表 3-1　对照表

符号表达式	MATLAB 表达式
$y=\frac{1}{\sqrt{2x}}$	y='1/sqrt(2*x)'
$y=\frac{1}{3x^n}$	y='1/(3*x^n)'
$y=e^x$	y='exp(x)'
$\cos x+\sin x$	'cos(x)+sin(x)'

通常有两种创建符号表达式的方法：

1）若符号常量是不含有变量的符号表达式，则可以使用 sym 函数建立符号表达式，创建时无须在前面进行说明。

2）按普通书写形式进行符号表达式的创建，但此方法在创建符号表达式之前，需要把符号表达式中所包含的全部符号变量创建完毕。

3.1.3　运算符及运算

1. 运算符

在 MATLAB 中，为符号计算提供了多种多样的运算符，具体见表 3-2。

表 3-2　运算符

符号	说　明	符号	说　明
+和-	加和减	* 和 .*	矩阵相乘和点乘
^和.^	矩阵求幂和点幂	/和./	右除和点右除
\和.\	左除和点左除	,	分隔符
[ ]	创建数组、向量、矩阵或字符串	{ }	创建单元矩阵或结构
%	注释符	…	表达式换行标记
=	赋值符号	==	等于关系运算符
<和>	小于和大于关系运算符	.'	转置
&	逻辑与	|	逻辑或
~	逻辑非	xor	逻辑异或
;	写在表达式后面时，运算后不显示计算结果；在创建矩阵的语句中指示一行元素的结束	'	定义字符串；向量或矩阵的共轭转置符
:	创建向量的表达式分隔符；a(:,j)表示j列的所有行元素；a(i,:)表示i行的所有列元素	kron	矩阵积

2. 运算

符号表达式同样可以进行多种运算，如提取分子和分母的运算、基本的四则运算、表达式的替换求值运算等。

(1) 提取分子和分母

若表达式是一个有理分式或者可以展开为一个有理分式，则在 MATLAB 中可以使用 numden 函数进行符号表达式中的分子或分母的提取。其格式为：[n,d]=numden(s)，其中表达式 s 中的分子和分母分别存在 n 和 d 中。

【例 3-2】 提取分子和分母的示例。

```
>>syms x y;
>>f=x/2 * y+2 * y/x;
>>[n,d]=numden(f)
n=
y * (x^2+4)
d=
2 * x
```

(2) 四则运算

在 MATLAB 中，符号表达式的加、减、乘、除运算分别使用函数 symadd、symsub、symmul 和 symdiv 进行实现，幂运算可由 sympw 函数进行实现。

(3) 替换求值

在 MATLAB 中使用 subs 函数可以实现变量间的替换功能，这样可以使复杂的函数方程式在计算上变得简单。subs 函数的基本格式介绍如下。

1) subs(X,old,new)：在变量 X 中使用 new 变量替换 old 变量，old 必须是 X 中的符号变量。

2) subs(X,new)：用 new 变量替换 X 中的自变量。

【例 3-3】 变量替换。

```
>>syms x x1 x2 x3;
>>y=1+2 * x+3^x;
>>subs(y,'x','x1+2 * x2+3 * x3')
ans=
2 * x1+4 * x2+6 * x3+3^(x1+2 * x2+3 * x3)+1
```

(4) 因式分解和展开

在 MATLAB 中提供了多种函数以实现对符号表达式的因式分解和展开操作，如 factor（因式分解）、horner（多项式分解）和 expand（展开表达式函数），其格式和说明见表 3-3。

表 3-3　函数格式与说明

函　　数	说　　明
factor(s)	对符号表达式 s 进行分解因式
horner(s)	将符号多项式 s 转换成嵌套形式
expand(s)	对符号表达式 s 进行展开

为了便于读者理解，下面将通过一个示例对这三个函数进行功能展示。

【例 3-4】 已知表达式 $y1=x^2+2x+1$、$y2=x^3+2x^2+4$、$y3=(x+2y)^3$，对 $y1$ 使用 factor 函

数、对 $y2$ 使用 horner 函数并对 $y3$ 使用 expand 函数。

```
>>syms x y
>>y1=x^2+2*x+1;
>>y2=x^3+2*x^2+4;
>>y3=(x+2*y)^3;
>>factor(y1)
ans=
(x+1)^2
>>horner(y2)
ans=
x^2*(x+2)+4
>>expand(y3)
ans=
x^3+6*x^2*y+12*x*y^2+8*y^3
```

（5）化简

在 MATLAB 中提供了两种化简表达式的方法，即 simplify 函数和 simple 函数，其格式介绍如下。

1）simplify(s)：对 s 进行简化，s 既可以是多项式，也可以是符号表达式矩阵。

2）simple(s)：使用 MATLAB 的其他函数对表达式进行综合化简，并显示化简的具体过程。

【例 3-5】 使用上述两种化简方法对函数 $y=2\sin x\cos x$ 进行化简。

```
>>syms x
>>y=2*sin(x)*cos(x);
>>%直接实现化简,得出最终表达式
>>simplify(y)
ans=
sin(2*x)
>>%实现化简,并将化简过程显示出来
>>simple(y)
simplify:
sin(2*x)
radsimp:
2*cos(x)*sin(x)
simplify(Steps=100):
sin(2*x)
combine(sincos):
sin(2*x)
combine(sinhcosh):
2*cos(x)*sin(x)
combine(ln):
2*cos(x)*sin(x)
factor:
2*cos(x)*sin(x)
expand:
2*cos(x)*sin(x)
combine:
2*cos(x)*sin(x)
rewrite(exp):
2*(exp(-x*i)/2+exp(x*i)/2)*((exp(-x*i)*i)/2-(exp(x*i)*i)/2)
rewrite(sincos):
2*cos(x)*sin(x)
rewrite(sinhcosh):
```

```
-cosh(x*i)*sinh(x*i)*2*i
rewrite(tan):
-(4*tan(x/2)*(tan(x/2)^2-1))/(tan(x/2)^2+1)^2
mwcos2sin:
-2*sin(x)*(2*sin(x/2)^2-1)
collect(x):
2*cos(x)*sin(x)
ans=
sin(2*x)
```

3.2 符号矩阵运算函数

在进行符号矩阵运算时，其形式与数值计算十分相似，无须重新学习一套关于符号运算的新规则。

3.2.1 代数运算函数

在 MATLAB 中，符号对象的代数运算和双精度运算从形式上看是一样的，用于双精度运算的运算符同样也适用于符号对象。

【例 3-6】计算符号矩阵的三次方和指数。

```
>>A=sym('[1 2 3;4 5 6;7 8 9]');
>>%实现矩阵三次方
>>A^3
ans=
[ 468,  576,  684]
[ 1062,1305,1548]
[ 1656,2034,2412]
>>%实现指数
>>exp(A)
ans=
[ exp(1),exp(2),exp(3)]
[ exp(4),exp(5),exp(6)]
[ exp(7),exp(8),exp(9)]
```

3.2.2 线性运算函数

符号对象的线性代数运算和双精度的线性代数运算一样，具体见表 3-4。

表 3-4 线性运算函数

函数名称	功能
inv	矩阵求逆
det	计算行列式的值
rank	计算矩阵的秩
diag	对角矩阵抽取
triu	抽取矩阵的上三角部分
tril	抽取矩阵的下三角部分
rref	返回矩阵的最简行阶梯矩阵

（续）

函数名称	功　能
transpose	返回矩阵的转置
null	返回零空间的正交基
colspace	返回矩阵列空间的基
eig	特征值分解
jordan	若尔当标准型变换
svd	奇异值分解

为了便于读者理解，下面先介绍几个较为全面的例子，让读者初步了解线性代数中的部分基础运算函数，如 inv、det、rank、diag 等，接着会对 rref 函数、null 函数、eig 函数、jordan 函数和 svd 函数进行较为深入的解析。

【例 3-7】 已知三阶魔方矩阵 $\boldsymbol{A}$，求该矩阵的逆、行列式、秩、列空间的基和转置。

```
>>A=magic(3)
A=
     8     1     6
     3     5     7
     4     9     2
>>A=sym(A);
>>%求矩阵的逆
>>inv(A)
ans=
[   53/360,-13/90,  23/360]
[-11/180,    1/45,  19/180]
[   -7/360,  17/90,-37/360]
>>%求行列式
>>det(A)
ans=
-360
>>%求秩
>>rank(A)
ans=
3
>>%求列空间的基
>>colspace(A)
ans=
[ 1,0,0]
[ 0,1,0]
[ 0,0,1]
>>%转置
>>transpose(A)
ans=
[ 8,3,4]
[ 1,5,9]
[ 6,7,2]
```

【例 3-8】 已知五阶希尔伯特矩阵 $\boldsymbol{B}$，求矩阵的第二条对角线；抽取矩阵 $\boldsymbol{B}$ 的第 k 条对角线以上的三角部分重新组成一个新的矩阵 $\boldsymbol{C}$，其余的用 0 填充；抽取矩阵 $\boldsymbol{B}$ 的第 k 条对角线以下的三角部分重新组成一个新的矩阵 $\boldsymbol{D}$，其余的用 0 填充。其中 $k=1$。

```
>>B=hilb(5)
B=
    1.0000    0.5000    0.3333    0.2500    0.2000
    0.5000    0.3333    0.2500    0.2000    0.1667
    0.3333    0.2500    0.2000    0.1667    0.1429
    0.2500    0.2000    0.1667    0.1429    0.1250
    0.2000    0.1667    0.1429    0.1250    0.1111
>>B=sym(B);
>>%求矩阵的第二条对角线
>>diag(B,2)
ans=
  1/3
  1/5
  1/7
>>%求矩阵 C
>>C=triu(B,1)
C=
[ 0,1/2,1/3,1/4,1/5]
[ 0,   0,1/4,1/5,1/6]
[ 0,   0,   0,1/6,1/7]
[ 0,   0,   0,   0,1/8]
[ 0,   0,   0,   0,   0]
>>%求矩阵 D
>>D=tril(B,1)
D=
[ 1,1/2,   0,   0,   0]
[ 1/2,1/3,1/4,   0,   0]
[ 1/3,1/4,1/5,1/6,   0]
[ 1/4,1/5,1/6,1/7,1/8]
[ 1/5,1/6,1/7,1/8,1/9]
```

思考：若 $k=-2$，形成的矩阵是什么样子的？

1. rref 函数

矩阵的简化行阶梯式是指使用高斯-若尔当消元法求解线性方程组的结果，其一般形式为

$$\begin{pmatrix} 1 & \cdots & 0 & * \\ \vdots & \ddots & \vdots & * \\ 0 & \cdots & 1 & * \end{pmatrix}$$

而在 MATLAB 中使用 rref 函数，可以得到符号矩阵的简化行阶梯矩阵，其格式介绍如下。

1）X=rref(A)：在计算的过程中使用高斯-若尔当消元法和行主元素法，并获得最终的简化行阶梯矩阵 X。

2）[X,ib]=rref(A)：返回矩阵的简化行阶梯矩阵 X 和矢量 ib。矩阵 A 的秩为 r=length(ib)。

【例 3-9】 使用 rref 函数返回四阶随机矩阵 $\boldsymbol{A}$ 的简化行阶梯矩阵。

```
>>A=rand(4)
A=
    0.8147    0.6324    0.9575    0.9572
    0.9058    0.0975    0.9649    0.4854
    0.1270    0.2785    0.1576    0.8003
```

```
    0.9134      0.5469      0.9706      0.1419
>>A=sym(A);
>>X=rref(A)
X=
[ 1,0,0,0]
[ 0,1,0,0]
[ 0,0,1,0]
[ 0,0,0,1]
```

2. null 函数

值域和零空间是与线性系统有关的两个子空间。若$\boldsymbol{A}$为$m \times n$的矩阵，且它的秩为r，则$\boldsymbol{A}$的向量空间就是由$\boldsymbol{A}$的列划分的线性空间，且这个线性空间的维数等于$\boldsymbol{A}$的秩。当$r=n$时，则$\boldsymbol{A}$的列线性无关。在 MATLAB 中可以使用 null 函数来求零空间的正交基，其具体用法如下。

1）N=null(A)：计算矩阵 A 的零空间的正交基，运算依赖于矩阵 A 的奇异值分解。

2）N=null(A,'r')：计算矩阵 A 的零空间的正交基，运算依赖于矩阵 A 的简化行阶梯矩阵。

【例 3-10】使用 null 函数返回矩阵$\boldsymbol{A}$的零空间正交基。

```
>>A=[1,2,3;4,5,6;7 8 9];
>>A=sym(A);
>>N=null(A)
N=
  1
-2
  1
```

3. eig 函数

在 MATLAB 中，eig 函数用于对符号进行特征值的分解，即计算矩阵的特征值和特征向量，其格式介绍如下。

1）E=eig(A)：返回由矩阵 A 的特征值组成的矩阵。

2）[V,D]=eig(A)：返回矩阵 A 的特征值矩阵 D 和特征矢量矩阵 V，其中 V、D 和 A 之间满足的关系式为：AV=VD。

【例 3-11】使用 eig 函数计算四阶随机矩阵$\boldsymbol{A}$的特征值和特征向量。

```
>>A=magic(4)
A=
    16     2     3    13
     5    11    10     8
     9     7     6    12
     4    14    15     1
>>A=sym(A);
>>E=eig(A)
E=
          0
          34
-4 * 5^(1/2)
  4 * 5^(1/2)
>>[V,D]=eig(A)
V=
[-1,1,(12 * 5^(1/2))/31-41/31,-(12 * 5^(1/2))/31-41/31]
```

```
[-3,1,  17/31-(8*5^(1/2))/31,     (8*5^(1/2))/31+17/31]
[  3,1,-(4*5^(1/2))/31-7/31,      (4*5^(1/2))/31-7/31]
[  1,1,                        1,                    1]
D=
[ 0,  0,           0,          0]
[ 0,34,            0,          0]
[ 0,  0,-4*5^(1/2),            0]
[ 0,  0,           0,4*5^(1/2)]
```

4. jordan 函数

在 MATLAB 中，jordan 函数用来将矩阵变换为若尔当标准型，这就意味着需要找一个非奇异矩阵 ***B***，使 ***C***=***B***/***A***×***B*** 最接近对角矩阵，其中称 ***B*** 为转换矩阵。使用矩阵分块可以简化矩阵的证明和计算，且任何矩阵都可以通过相似变换，将其变为若尔当标准型。其函数的格式介绍如下。

1）C=jordan(A)：返回矩阵 A 的若尔当标准型。

2）[B,C]=jordan(A)：返回矩阵 A 的若尔当标准型，同时给出变换矩阵 B，该矩阵满足 C=B/A * B。

【例 3-12】已知四阶魔方矩阵 ***A***，求该矩阵的特征值和特征向量。

```
>>A=magic(4)
A=
     16     2     3    13
      5    11    10     8
      9     7     6    12
      4    14    15     1
>>A=sym(A);
>>[B,C]=jordan(A)
B=
[-1,1,(12*5^(1/2))/31-41/31,-(12*5^(1/2))/31-41/31]
[-3,1,  17/31-(8*5^(1/2))/31,     (8*5^(1/2))/31+17/31]
[  3,1,-(4*5^(1/2))/31-7/31,      (4*5^(1/2))/31-7/31]
[  1,1,                        1,                    1]
C=
[ 0,  0,           0,          0]
[ 0,34,            0,          0]
[ 0,  0,-4*5^(1/2),            0]
[ 0,  0,           0,4*5^(1/2)]
```

5. svd 函数

奇异值分解在矩阵分解中占有极其重要的地位，而在 MATLAB 中用于计算矩阵的奇异值分解的函数为 svd 函数，其格式介绍如下。

1）[A,B,C]=svd(X)：返回一个与 X 相同大小的对角矩阵 A，且矩阵 A、B、C 和 X 满足 X=A * B * C'。

2）[A,B,C]=svd (X,0)：得到一个"有效大小"的分解，只计算出矩阵 A 的前 n 列。

【例 3-13】对矩阵 ***X*** 进行奇异值的分析。

```
>>X=[1 2 3 4;5 6 7 8;9 10 11 12;13 14 15 16]
X=
      1     2     3     4
      5     6     7     8
```

```
     9      10      11      12
    13      14      15      16
>>digits(30)
>>[A B C]=svd(X)
A=
   -0.1347   -0.8257    0.3725   -0.4015
   -0.3408   -0.4288   -0.1974    0.8130
   -0.5468   -0.0319   -0.7228   -0.4214
   -0.7528    0.3650    0.5476    0.0099
B=
   38.6227         0         0         0
         0    2.0713         0         0
         0         0    0.0000         0
         0         0         0    0.0000
C=
   -0.4284    0.7187   -0.5468   -0.0316
   -0.4744    0.2738    0.7526   -0.3655
   -0.5203   -0.1710    0.1352    0.8257
   -0.5663   -0.6159   -0.3410   -0.4286
```

3.2.3 科学运算函数

在微积分的学习中，极限、微分和微积分的学习是其核心和基础知识，MATLAB 中提供了强大的函数指令对其进行计算和使用。

1. 极限

极限是高等数学中最先接触到的基础知识，也是该门功课学习的出发点和基础，在 MATLAB 中将使用 limit 函数实现对极限的运算，极限调用函数具体见表 3-5。

表 3-5 极限调用函数

函　数	说　明
limit(f,x,a)	当变量 x 趋于常数 a 时，计算 f(x) 的极限
limit(f,a)	当变量 x 趋于 a 时，计算 f(x) 的极限
limit(f)	当变量趋于 0 时，计算 f(x) 的极限
limit(f,x,a,'right')	当变量 x 从右边趋于 a 时，计算 f(x) 的极限
limit(f,x,a,'left')	当变量 x 从左边趋于 a 时，计算 f(x) 的极限

【例 3-14】 计算$\lim\limits_{x\to 1}\dfrac{x^2-x+1}{(x-1)^2}$。

```
>>syms x;
>>f=(x^2-x+1)/(x-1)^2;
>>limit(f,x,1)
ans=
Inf
```

【例 3-15】 求$\lim\limits_{x\to 0}\left(\dfrac{a^x+b^x+c^x}{4}\right)^{\frac{1}{x}}$。

```
>>syms a b c x;
>>f=((a^x+b^x+c^x)/4)^(1/x);
```

```
>>limit(f,a)
ans=
1/2^(2/a)*(a^a+b^a+c^a)^(1/a)
```

【例 3-16】计算$f=\lim\limits_{x\to 1}\dfrac{\tan x-\sin x}{(x-1)^3}$的极限，并求出其左右极限。

```
>>syms x;
>>f=(tan(x)-sin(x))/(x-1)^3;
>>limit(f,x,1)
ans=
NaN
>>limit(f,x,1,'left')
ans=
-Inf
>>limit(f,x,1,'right')
ans=
Inf
```

2. 微分

在 MATLAB 中使用 diff 函数可以实现表达式的微分，其调用格式介绍如下。

1）diff(s)：无指定的变量和导数的阶数，系统按 findsym 函数指定的默认变量对表达式 s 进行一阶微分。

2）diff(s,'a')：以 a 为自变量，对表达式 s 进行一阶微分。

3）diff(s,n)：对表达式 s 求 n 阶微分，且 n 为正整数。

4）diff(s,'a',n)：以 a 为自变量，对符号表达式 s 求 n 阶微分，且 n 为正整数。

【例 3-17】计算$y=\dfrac{x^2+3x+1}{4x^3}$的一阶微分和二阶微分。

```
>>y=sym('(x^2+3*x+1)/4*x^3');
>>dy=diff(y)
dy=
x^3*(x/2+3/4)+3*x^2*(x^2/4+(3*x)/4+1/4)
>>dy=diff(y,2)
dy=
6*x*(x^2/4+(3*x)/4+1/4)+6*x^2*(x/2+3/4)+x^3/2
```

【例 3-18】计算$y=5+4ax^3+3a^2x^2+2a^3x+a^4$关于 a 的一阶微分和三阶微分。

```
>>f=sym('5+4*a*x^3+3*a^2*x^2+2*a^3*x+a^4');
>>dy=diff(f,'a')
dy=
4*a^3+6*a^2*x+6*a*x^2+4*x^3
>>dy=diff(f,'a',3)
dy=
24*a+12*x
```

3. 积分

积分是微积分学与数学分析里的一个核心概念，通常分为定积分和不定积分两种。积分运算是微分运算的逆运算，在 MATLAB 中使用 int 函数可以实现积分的运算。其格式介绍如下。

1）int(f)：无指定的积分变量和积分阶数，系统使用默认的变量对被积函数或表达式 f

进行不定积分计算。

2）int(f,a)：以 a 为自变量，对被积函数或表达式 f 进行不定积分计算。

3）int(f,a,b)；计算表达式 f 的定积分。已知函数的区间为[a,b]，a 和 b 分别是定积分的下限和上限。a 和 b 既可以是具体的数，也可以是符号表达式或无穷（inf）；当 a 和 b 有一个或两个是无穷时，则该函数返回一个广义积分；若 a 和 b 中有一个是符号表达式，则函数返回一个符号函数。若表达式 f 是符号矩阵，则对矩阵的各个元素分别进行积分。

4）int(f,v,a,b)：计算表达式 f 的定积分。该表达式采用的符号标量为 v，求 v 从 a 变到 b 时，符号表达式 f 的定积分值，规则与上一个函数的规则一致。

【例 3-19】 计算 $\int \frac{x^4}{1+x^2}dx$ 关于 x 的不定积分。

```
>>f=sym('x^4/(1+x^2)');
>>int(f)
ans=
atan(x)-x+x^3/3
```

【例 3-20】 计算 $f=x^2+a\cos x+a\sin^2 x$ 关于 a 的不定积分。

```
>>f=sym('x^2+a*cos(x)+a*(sin(x)^2)');
>>int(f,'a')
ans=
a^2*(cos(x)/2-cos(x)^2/2+1/2)+a*x^2
```

【例 3-21】 计算 $\int_1^5\left(2a^2x^2 + 3a^3x + \frac{a^4}{4x}\right)dx$ 和 $\int_1^5\left(2a^2x^2 + 3a^3x + \frac{a^4}{4x}\right)da$ 。

```
>>syms x a
>>f=2*a^2*x^2+3*a^3*x+(a^4)/4*x;
>>int(f,x,1,5)
ans=
a^2*(3*a^2+36*a+248/3)
>>int(f,a,1,5)
ans=
(x*(1240*x+9363))/15
```

4. 级数求和

在 MATLAB 中，使用 symsum 函数可以进行表达式的级数求和，其调用格式介绍如下。

1）r=symsum(f)：自变量默认为 k，计算表达式 f 从 0 到 k-1 的和。

2）r=symsum(f,v)：计算表达式 f 从 0 到 v-1 的和。

3）r=symsum(f,a,b)：计算表达式 f，在默认变量的情况下从 a 到 b 的和。

4）r=symsum(f,v,a,b)：计算表达式 f，在变量为 v 的情况下从 a 到 b 的和。

【例 3-22】 对 ax^2+2bx 求级数和。

```
>>syms a b x;
>>f=a*x^2+2*b*x;
>>%当 x 从 1 变到 10 时
>>symsum(f,1,10)
ans=
385*a+110*b
>>%当 a 从 1 变到 10 时
>>symsum(f,a,1,10)
```

```
ans =
55 * x^2+20 * b * x
```

5. 泰勒级数

在 MATLAB 中，使用 taylor 函数可以进行表达式的泰勒级数展开，其调用格式介绍如下。

1）r=taylor(f)：f 为表达式，自变量为默认自变量，返回 f 在变量等于 0 处进行 5 阶泰勒展开时的展开式。

2）r=taylor(f,x,'Order',n)：f 为表达式，求在 x 处的（n−1）阶泰勒级数。

3）r=taylor(f,x,n,'Order',a)：f 为表达式，求在 x 取 a 值时的（n−1）阶泰勒级数。

【例 3-23】对 $f=a\sin x+\cos x$ 求 x 的 5 阶泰勒级数 $t1$、a 的 3 阶泰勒级数 $t2$ 和 $a=3$ 时的 8 阶泰勒级数 $t3$。

```
>>syms x a;
>>f=a * sin(x)+cos(x);
>>t1=taylor(f)
t1=
(a * x^5)/120+x^4/24-(a * x^3)/6-x^2/2+a * x+1
>>t2=taylor(f,a,'Order',4)
t2=
cos(x)+a * sin(x)
>>t3=taylor(f,a,9,'Order',3)
t3=
cos(x)+9 * sin(x)+sin(x) * (a-9)
```

3.3 数值统计函数

本节将主要介绍 MATLAB 在数值统计处理方面的应用，包括随机数的生成、最大（小）值的查找、和与积的运算、均（中）值的求解、标准方差、相关系数和排序等，希望通过本节的介绍可以使读者对 MATLAB 中的数值计算函数有一个初步的了解。

数值计算通常是以数组作为运算对象的，会给出数值的解；在计算过程中会产生误差累积的问题，对计算结果的准确性有一定的影响；但其计算速度快，占用的资源较少。

3.3.1 随机数

在连续型随机变量的分布中，单位均匀分布是最简单且最为基本的分布。由该分布抽取的简单样本称为随机数序列，其中的每一个个体称为随机数。在 MATLAB 中，有多种生成随机数的函数，具体见表 3-6。

表 3-6　随机数生成函数

函　数	说　明
unifrnd(A,B,m,n)	在[A,B]上均匀分布的（连续）随机数
unidrnd(N,m,n)	均匀分布的（离散）随机数
trnd(N,m,n)	t 分布随机数（自由度为 N）
frnd(N1,N2,m,n)	第一自由度为 N1，第二自由度为 N2 的 F 分布随机数

（续）

函　　数	说　明
chi2rnd(N,m,n)	卡方分布随机数（自由度为 N）
gamrnd(A,B,m,n)	*Γ* 分布随机数（参数为 A、B）
betarnd(A,B,m,n)	β 分布随机数（参数为 A、B）
exprnd(Lambda,m,n)	指数分布随机数（参数为 Lambda）
poissrnd(Lambda,m,n)	泊松分布随机数（参数为 Lambda）
normrnd(MU,SIGMA,m,n)	正态分布随机数（参数为 MU、SIGMA）
lognrnd(MU,SIGMA,m,n)	对数正态分布随机数（参数为 MU、SIGMA）
nctrnd(N,delta,m,n)	非中心 *t* 分布随机数（参数为 N、delta）
ncx2rnd(N,delta,m,n)	非中心卡方分布随机数（参数为 N、delta）
ncfrnd(N1,N2,delta,m,n)	非中心 *F* 分布随机数（参数为 N1、N2、delta）
nbinrnd(R,P,m,n)	负二项式分布随机数（参数为 R、P）
binornd(N,P,m,n)	二项分布随机数（参数为 N、p）
geornd(P,m,n)	几何分布随机数（参数为 P）
raylrnd(B,m,n)	瑞利分布随机数（参数为 B）
weibrnd(A,B,m,n)	韦伯分布随机数（参数为 A、B）
hygernd(M,K,N,m,n)	超几何分布随机数（参数为 M、K、N）

【例 3-24】生成区间［1，3］上均匀分布的 5×5 的随机数矩阵。

```
>>x=unifrnd(1,3,5,5)
x=
     2.6294     1.1951     1.3152     1.2838     2.3115
     2.8116     1.5570     2.9412     1.8435     1.0714
     1.2540     2.0938     2.9143     2.8315     2.6983
     2.8268     2.9150     1.9708     2.5844     2.8680
     2.2647     2.9298     2.6006     2.9190     2.3575
```

在 MATLAB 中提供了大量用于进行数据分析的函数，在逐一介绍这些函数之前，还需要给出如下约定：

1）当对一维数据进行分析时，数据是可以用行向量或者列向量表示的，但无论是哪种表达方法，函数的运算都是对整个向量进行整体运算的。

2）当对二维数据进行分析时，数据是可以用多个向量或者二维矩阵表示的，但在二维矩阵中，函数的运算都是按照列进行运算的。

MATLAB 提供了大量用于计算随机变量数字特征的函数，在后文中会详细介绍。

3.3.2　最大（小）值

在 MATLAB 中，用于计算最大值的函数是 max 函数，用于计算最小值的函数是 min 函数，其调用格式如下。

1）B=max(A)：该函数用于计算最大值，若 A 为向量，则计算并返回向量中的最大值；若 A 为矩阵，则计算并返回一个含有各列最大值的行向量。

2）B=min(A)：该函数用于计算最小值，若 A 为向量，则计算并返回向量中的最小值；若 A 为矩阵，则计算并返回一个含有各列最小值的行向量。

【例 3-25】计算最大值和最小值。

1）创建 test1. m 文件，输入以下代码，保存并运行。

```
x=1:25;
y=randn(1,25);
figure;
hold on;
plot(x,y);
[ymax,Imax]=max(y)              %求向量最大值及对应下标
plot(x(Imax),ymax,'r*');
[ymin,Imin]=min(y)              %求向量最小值及对应下标
plot(x(Imin),ymin,'go');
xlabel('x');
ylabel('y');
legend('初始数据','最大值','最小值');
```

2）示例代码结果如下，生成的图片如图 3-1 所示。

```
>>test1
ymax=
    1.8411
Imax=
    22
ymin=
   -1.8813
Imin=
    17
```

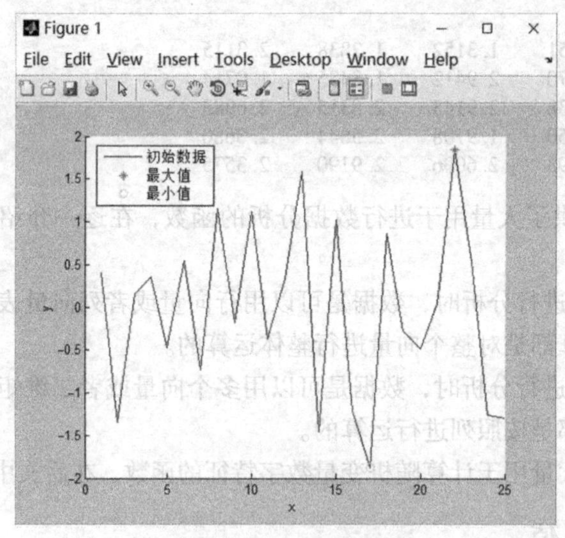

图 3-1　寻找最大值和最小值

3.3.3　和与积

在 MATLAB 中，用于计算求和的函数是 sum 函数，用于计算求积的函数是 prod 函数，

其调用格式如下。

1）B=sum(A)：该函数用来计算元素的和，若A为向量，则计算并返回向量A各元素之和；如果A为矩阵，则计算并返回各列元素之和的行向量。

2）B=prob(A)：该函数用来计算元素的积，若A为向量，则计算并返回向量A各元素的连乘积；如果A为矩阵，则计算并返回各列元素连乘积的行向量。

【例3-26】求和与求积。

```
>>x=1:30;
>>y=randn(1,40);
>>sum(y)
ans=
    -1.3377
>>prod(y)
ans=
    -5.5084e-10
```

3.3.4 均（中）值

均值是统计中的一个重要概念，计算均值也叫数学期望，也就是一组数据的和除以这组数据的个数所得的商。

中值（也称为中位数）是指将统计总体中的各个变量值按大小顺序进行排列，形成一个数列，处于该数列中间位置的变量值，称为中位数。

在MATLAB中，用于计算均值的函数是mean函数，用于计算中值的函数是median函数，其调用格式如下。

1）B=mean(A)：该函数用来计算元素的均值，若A为向量，则计算并返回向量A的平均值；若A为矩阵，则计算并返回含有各列平均值的行向量。

2）B=median(A)：该函数用来计算元素的中值，若A为向量，则计算并返回向量A的中值；若A为矩阵，则计算并返回含有各列中值的行向量。

【例3-27】计算均值和中值。

```
>>x=1:30;
>>y=randn(1,40);
>>mean(y)
ans=
    -0.1395
>>median(y)
ans=
    -0.1485
```

3.3.5 标准差和方差

x的标准差定义如下：

$$s=\left[\frac{1}{N-1}\sum_{k=1}^{N}(x_k-\bar{x})^2\right]^{\frac{1}{2}}$$

x的标准方差是标准差的二次方，即

$$s^2 = \frac{1}{N-1}\sum_{k=1}^{N}(x_k - \bar{x})^2$$

在 MATLAB 中，用于计算标准差的函数是 std 函数，用于计算方差的函数是 var 函数，其调用格式如下。

1）B=std(A)：该函数用来计算标准差，若 A 为向量，则计算并返回向量 A 的标准差；如果 A 为矩阵，则计算并返回含有各列标准差的行向量。

2）B=var(A)：该函数用来计算方差，若 A 为向量，则计算并返回向量 A 的方差；如果 A 为矩阵，则计算并返回含有各列方差的行向量。

【例 3-28】计算标准差和方差。

```
>>x=1:30;
>>t=mean(x);
>>r=0;
>>for i=1:30
r=r+(x(i)-t)^2;
end
>>r1=std(x)
r1=
    8.8034
>>r2=var(x)
r2=
   77.5000
```

3.3.6 协方差和相关系数

在概率论和统计学中，协方差用于衡量两个变量的总体误差，从直观上来看，协方差表示的是两个变量总体误差的期望，其公式为

$$\mathrm{Cov}(X,Y)=E[(X-EX)(Y-EY)]=E(XY)-EX\cdot EY$$

相关系数是研究变量之间线性相关程度的量，其公式为

$$r(X,Y)=\frac{\mathrm{Cov}(X,Y)}{\sqrt{\mathrm{Var}[X]\cdot \mathrm{Var}[Y]}}$$

在 MATLAB 中，用于计算协方差的函数是 cov 函数，用于计算相关系数的函数是 corrcoef 函数，其调用格式如下。

1）cov(X)：计算向量 X 的协方差。

2）cov(A)：计算矩阵 A 各列的协方差矩阵，该矩阵的对角线元素是 A 的各列的方差。

3）cov(X,Y)=cov([X,Y])。

4）corrcoef(X,Y)：计算列向量 X、Y 的相关系数。

5）corrcoef(A)：计算矩阵 A 的列向量的相关系数矩阵。

6）corrcoef(X,Y)=corrcoef([X,Y])。

【例 3-29】计算协方差和相关系数。

```
>>X=[1 2 4 6]';
>>Y=[3 6 9 4]';
>>A1=cov(X)
A1=
```

```
    4.9167
>>A2=cov(X,Y)
A2=
    4.9167    1.1667
    1.1667    7.0000
>>A3=corrcoef(X)
A3=
    1
>>A4=corrcoef(X,Y)
A4=
    1.0000    0.1989
    0.1989    1.0000
```

3.3.7 排序

在 MATLAB 中，用于实现数值排序的函数是 sort 函数，其调用格式如下。

1）B=sort(A)：该函数用来进行升序排列，若 A 是向量，则进行升序向量的排列；若 A 是矩阵，则升序排列各个列。

2）B=sort(A,mode)：该函数用来进行排列，其中 mode 为排列的方式，“ascend”表示进行升序排列，“descend”表示进行降序排列。

【例 3-30】对五阶魔方矩阵 ***A*** 进行升序排列和降序排列。

```
>>A=magic(5)
A=
    17    24     1     8    15
    23     5     7    14    16
     4     6    13    20    22
    10    12    19    21     3
    11    18    25     2     9
>>B1=sort(A)
B1=
     4     5     1     2     3
    10     6     7     8     9
    11    12    13    14    15
    17    18    19    20    16
    23    24    25    21    22
>>B2=sort(A,'descend')
B2=
    23    24    25    21    22
    17    18    19    20    16
    11    12    13    14    15
    10     6     7     8     9
     4     5     1     2     3
```

3.4 数值积分函数

数值积分是用来求解定积分的近似值的数值方法。积分是一种重要的数学工具，是微分方程、概率论等的基础；由于许多函数“积不出来”，就只能使用数值方法，如表示离散数据或图形的函数，就只能通过数值方法计算积分，可见数值积分在实际中有着广泛的应用。

MATLAB 中的数值积分函数见表 3-7。

表 3-7　数值积分函数

函 数 名	功　能
quad	一元函数的数值积分（使用自适应 Simpson 方法）
quadl	一元函数的数值积分（使用自适应 Lobatto 方法）
quadv	一元函数的矢量数值积分
dblquad	二重积分
triplequad	三重积分

3.4.1　一元函数

在一元函数积分中，MATLAB 主要提供了两种函数进行计算，分别是 quad 函数和 quadl 函数。quad 函数是使用低阶的自适应递归 Simpson 方法进行积分的，对于低精度或者不光滑函数的处理效率更高；quadl 函数是使用高阶的自适应 Lobatto 方法进行积分的，对于高精度或者光滑函数的处理效率更高。quad 和 quadl 函数的调用格式如下。

1）q=quad(f,a,b)：计算函数 f 在区间［a,b］内的定积分。其中 f 为函数句柄，a 和 b 都为标量，绝对误差容限为默认值。

2）q=quad(f,a,b,tol)：使用绝对误差容限 tol 计算函数 f 在区间［a,b］内的定积分，其中 f 为函数句柄，a 和 b 都为标量，绝对误差容限为 tol。

3）q=quad(f,a,b,tol,trace)：使用绝对误差容限 tol 计算函数 f 在区间［a,b］内的定积分，trace 控制是否展现积分过程，若取非 0 则展现积分过程，取 0 则不展现，缺省时取 trace=0。

4）q=quad(fun,a,b,…)：使用绝对误差容限 tol 计算函数 f 在区间［a,b］内的定积分，多返回一个输出变量 fcnt，表示计算定积分过程中计算函数值的次数。

quadl 函数的调用格式与 quad 函数相同，但在一维积分中，可能会出现表 3-8 中的三种警告信息。

表 3-8　警告信息

警 告 信 息	说　明	原　因
Minimum step size reached	子区间的长度与计算机舍入误差相当，无法计算	存在不可积的奇点
Maximum function count exceeded	积分递归计算超过了 10000 次	存在不可积的奇点
Infinite or Not-a-Number function value encountered	区间内出现浮点数溢出或者被零除的情况	数值太大，系统无法计算

【例 3-31】求归一化后的高斯函数在［-2,2］区间上的定积分。

1）创建一个 M 文件，文件名为 test10.m，输入以下代码：

```
y=@(x)1/sqrt(pi)*exp(-x.^2);
quad(y,-2,2,2e-6,1)                        %归一化高斯函数
fplot(y,[-2 2],'b');                       %求定积分
hold on;
```

2）得到结果，将其输入到 M 文件中，输入以下代码：

```
trace=[
        9     -2.0000000000    1.08632000e+00     0.0958096057;
        11    -2.0000000000    5.43160000e-01     0.0173467763;
        13    -1.4568400000    5.43160000e-01     0.0784689367;
        15    -1.4568400000    2.71580000e-01     0.0271627056;
        17    -1.1852600000    2.71580000e-01     0.0513061108;
        19    -0.9136800000    1.82736000e+00     0.8021018695;
        21    -0.9136800000    9.13680000e-01     0.4018461991;
        23    -0.9136800000    4.56840000e-01     0.1609627506;
        25    -0.4568400000    4.56840000e-01     0.2408826755;
        27    -0.4568400000    2.28420000e-01     0.1142172651;
        29    -0.2284200000    2.28420000e-01     0.1266655031;
        31     0.0000000000    9.13680000e-01     0.4018461991;
        33     0.0000000000    4.56840000e-01     0.2408826755;
        35     0.0000000000    2.28420000e-01     0.1266655031;
        37     0.2284200000    2.28420000e-01     0.1142172651;
        39     0.4568400000    4.56840000e-01     0.1609627506;
        41     0.9136800000    1.08632000e+00     0.0958096057;
        43     0.9136800000    5.43160000e-01     0.0784689367;
        45     0.9136800000    2.71580000e-01     0.0513061108;
        47     1.1852600000    2.71580000e-01     0.0271627056;
        49     1.4568400000    5.43160000e-01     0.0173467763];
x1=trace(:,2);
y1=y(x1);
plot(x1,y1,'ro');
xlabel('x');
ylabel('y');
legend('高斯函数','求中间结点');
```

3）最终得到的结果如下，生成的结果图如图 3-2 所示。

```
ans=
    0.9953
```

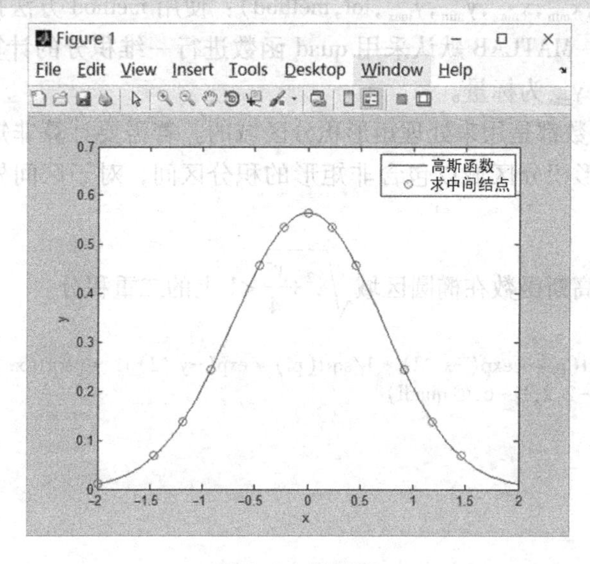

图 3-2　结果图

3.4.2 矢量积分

矢量积分相当于多个一元积分，矢量积分的结果是一个向量，其每一个元素的值都是一个一元函数定积分的值。

【例 3-32】求积分 $\int_{-2}^{2}(2\pi n)^{-\frac{1}{2}}\exp\left(-\frac{x^2}{2n^2}\right)\mathrm{d}x, n=1,2,3,4,5,6$。

```
>>y=@(x,n)1./(sqrt(2*pi).*(1:n)).*exp(-x.^2./(2*(1:n).^2));
>>quadv(@(x)y(x,6),-2,2)
ans=
    0.9545    0.6827    0.4950    0.3829    0.3108    0.2611
```

3.4.3 二元函数

二元函数的积分形式为

$$A=\iint_D f(x,y)\,\mathrm{d}x\mathrm{d}y=\int_{y_{\min}}^{y_{\max}}\int_{x_{\min}}^{x_{\max}}f(x,y)\,\mathrm{d}x\mathrm{d}y$$

在 MATLAB 中使用 dblquad 函数进行二重积分的计算。通常，该函数先进行内层积分的计算，接着使用内层积分所得值计算二重积分。其中，变量 x 称为内积分变量，变量 y 称为外积分变量。其格式介绍如下。

1） A=dblquad(f,x_{min},x_{max},y_{min},y_{max})：计算二元函数 f 在矩形区域上的二重积分，区域大小为［x_{min},x_{max},y_{min},y_{max}］，计算精度为默认值。其中 f 为函数句柄，x_{min}、x_{max}、y_{min}和 y_{max}为标量。

2） A=dblquad(f,x_{min},x_{max},y_{min},y_{max},tol)：计算二元函数 f 在矩形区域上的二重积分，区域大小为［x_{min},x_{max},y_{min},y_{max}］，计算精度为 tol 参数的值。其中 f 为函数句柄，x_{min}、x_{max}、y_{min}和 y_{max}为标量。

3） A=dblquad(f,x_{min},x_{max},y_{min},y_{max},tol,method)：使用 method 方法指定计算一维积分时将采用的函数。通常，MATLAB 默认采用 quad 函数进行一维积分的计算。其中 f 为函数句柄，x_{min}、x_{max}、y_{min}和 y_{max}为标量。

通常，dblquad 函数都是用来处理矩形积分区域的。若需要计算非矩形的积分区域，则需要使用一个大的矩形积分区域以包含非矩形的积分区间，对于区间外的区域则需要把值取零。

【例 3-33】计算高斯函数在椭圆区域$\sqrt{x^2+\frac{y^2}{4}}<1$ 上的二重积分。

```
>>f=@(x,y)(1/sqrt(pi)*exp(-x.^2)*1/sqrt(pi)*exp(-y.^2)).*(sqrt(x.^2+2*y.^2)<=1);
>>dblquad(y,-1,1,-2,2,1e-6,@quadl)
ans=
    0.8388
```

3.4.4 三元函数

三元函数的积分形式如下：

$$A = \int_{z_{min}}^{z_{max}} \int_{y_{min}}^{y_{max}} \int_{x_{min}}^{x_{max}} f(x, y, z) \mathrm{d}x\mathrm{d}y\mathrm{d}z$$

在 MATLAB 中使用 triplequad 函数进行三重积分的计算，其调用格式如下。

1）A=triplequad(f,x_{min},x_{max},y_{min},y_{max},z_{min},z_{max})：计算三元函数 f 在矩形区域上的三重积分，区域大小为［x_{min},x_{max},y_{min},y_{max},z_{min},z_{max}］，计算精度为默认值。其中 f 为函数句柄，x_{min}、x_{max}、y_{min}、y_{max}、z_{min}和 z_{max}为标量。

2）A=triplequad(f,x_{min},x_{max},y_{min},y_{max},z_{min},z_{max},tol)：计算三元函数 f 在矩形区域上的三重积分，区域大小为［x_{min},x_{max},y_{min},y_{max},z_{min},z_{max}］，计算精度为 tol 参数的值。其中 f 为函数句柄，x_{min}、x_{max}、y_{min}、y_{max}、z_{min}和 z_{max}为标量。

3）A=triplequad(f,x_{min},x_{max},y_{min},y_{max},z_{min},z_{max},tol,method)：使用 method 方法指定计算一维积分时将采用的函数。通常，MATLAB 默认采用 quad 函数进行一维积分的计算。其中 f 为函数句柄，x_{min}、x_{max}、y_{min}、y_{max}、z_{min}和 z_{max}为标量。

【例 3-34】 求三重积分 $\int_0^2\int_0^2\int_0^2 x^2 + y^2 + z^2 \mathrm{d}x\mathrm{d}y\mathrm{d}z$ 。

```
>>f=@(x,y,z)(x.^2+y.^2+z.^2);
>>triplequad(f,0,2,0,2,0,2)
ans=
    32
```

3.5　图形绘制函数

MATLAB 不仅提供了大量解决代数问题的函数，还提供了大量的图形绘制函数。本节将对图形绘制函数进行简单的介绍。

3.5.1　二维曲线绘制

在 MATLAB 中使用 ezplot 函数进行二维曲线的绘制，该函数可以绘制显函数图形、隐函数图形和参数方程图形，调用格式如下。

1）ezplot(f,[min,max])：用于绘制显函数 y=f(x)的图形，函数区间为［min,max］。

2）ezplot(f,[x_{min},x_{max},y_{min},y_{max}])：用于绘制隐函数 f(x,y)=0 的图形，函数区间为 x_{min}<x<x_{max}、y_{min}<y<y_{max}。

3）ezplot(x,y,[t_{min},t_{max}])：用于绘制参数方程 x=x(t)、y=y(t)的图形，函数区间为［t_{min},t_{max}］。

【例 3-35】 绘制显函数 cos$x$ 的二维曲线；绘制隐函数 $f(x,y)=x^2\sin(x+y^2)+y^2\mathrm{e}^x+6\cos(x^2+y)=0$ 的二维曲线。

1）输入以下代码，生成显函数的图像，如图 3-3 所示。

```
>>syms x;
>>f=cos(x);
>>ezplot(f);
>>xlabel('x');
>>ylabel('y');
>>title('cosx 函数图像')
```

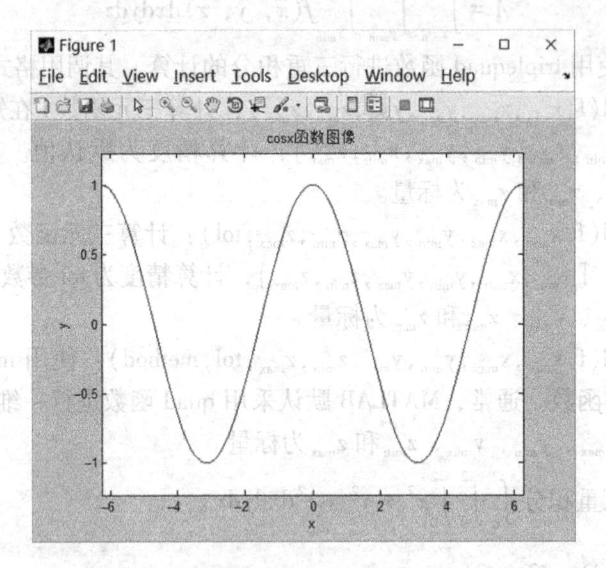

图 3-3　显函数图像

2）输入以下代码，生成隐函数的图像，如图 3-4 所示。

```
>>syms x;
>>syms y;
>>f=x^2 * sin(x+y^2)+y^2 * exp(x)+6 * cos(x^2+y);
>>T=ezplot(f);
>>set(T,'Color','k')
>>xlabel('x');
>>ylabel('y');
>>title('隐函数图像')
```

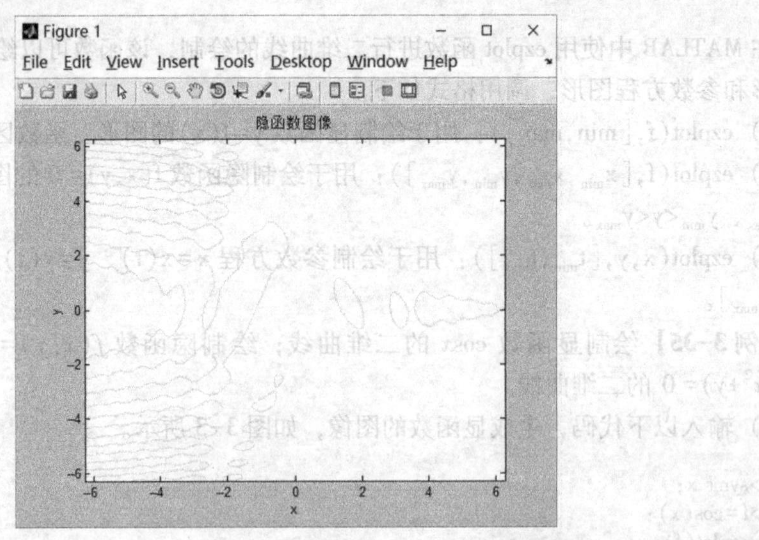

图 3-4　隐函数图像

3.5.2 三维曲线绘制

在 MATLAB 中使用 ezplot3 函数进行三维曲线的绘制，调用格式如下。

1）ezplot3(x,y,z)：绘制参数方程 x=x(t)、y=y(t)、z=z(t)的三维曲线图，t 的取值范围为［0,2］。

2）ezplot3(x,y,z,[t_{min},t_{max}])：绘制参数方程 x=x(t)、y=y(t)、z=z(t)的三维曲线图，t 的取值范围为［t_{min},t_{max}］。

3）ezplot3(x,y,z,[t_{min},t_{max}],'animate')：绘制参数方程 x=x(t)、y=y(t)、z=z(t)的空间曲线的动态轨迹，t 的取值范围为［t_{min},t_{max}］。

【例 3-36】 绘制 $x=\sin t$、$y=\cos t$ 和 $z=t$ 的空间曲线动态轨迹，$t\in[0,10\pi]$。

输入以下代码，即可生成图 3-5 所示的运动轨迹。

```
>>syms t;
>>x=sin(t);
>>y=cos(t);
>>z=t;
>>ezplot3(x,y,z,[0,10*pi],'animate');
```

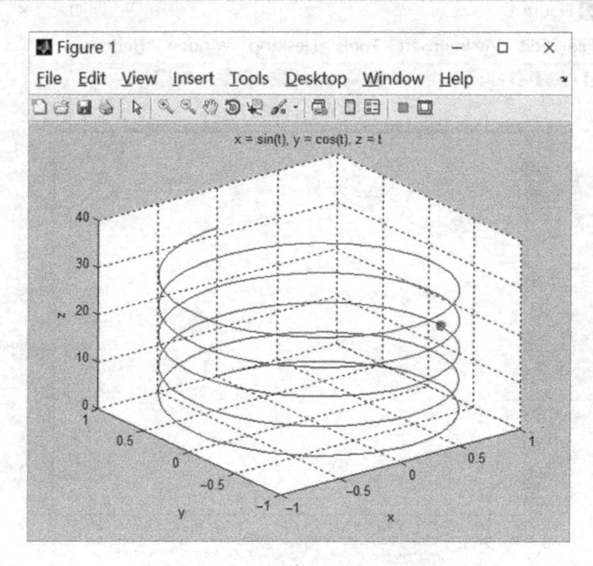

图 3-5　空间曲线运动轨迹

3.5.3 等值线绘制

在 MATLAB 中使用 ezcontour 函数和 ezcontourf 函数进行等值线的绘制，其调用格式如下。

1）ezcontour(f)：绘制二元函数 f(x,y)在默认区域的等值线。

2）ezcontour(f,[x_{min},x_{max}],[y_{min},y_{max}])：绘制二元函数 f(x,y)在指定区域的等值线，其中 x 和 y 的区间分别为［x_{min},x_{max}］和［y_{min},y_{max}］。

3）ezcontour(f,[x_{min},x_{max}],[y_{min},y_{max}],n)：绘制等值线图，并指定等值线的条数为 n，其中 x 和 y 的区间分别为［x_{min},x_{max}］和［y_{min},y_{max}］。

4）ezcontourf(f)：绘制二元函数 f(x,y)在默认区域的带有填充颜色的等值线。

5）ezcontourf(f,[x_{min},x_{max}],[y_{min},y_{max}])：绘制二元函数 f(x,y)在指定区域内的带有填充颜色的等值线，其中 x 和 y 的区间分别为［x_{min},x_{max}］和[y_{min},y_{max}]。

6）ezcontourf(f,[x_{min},x_{max}],[y_{min},y_{max}],n)：绘制带有填充颜色的等值线图，并指定等值线的条数为 n，其中 x 和 y 的区间分别为［x_{min},x_{max}］和［y_{min},y_{max}］。

ezcontour 函数和 ezcontourf 函数的使用方法是相似的，但 ezcontour 函数只能实现等值线的绘制，而 ezcontourf 函数可以实现带有填充颜色的等值线绘制。

【例 3-37】 绘制 $x\sin t$ 在区间［-5,5］内的等值线和带填充色的等值线。

1）输入以下代码，获得无填充色的等值线，如图 3-6 所示。

```
>>syms x;
>>syms t;
>>f=x * sin(t);
>>ezcontour(f,[-5,5]);
>>xlabel('x');
>>ylabel('y');
>>title('无填充色等值线')
```

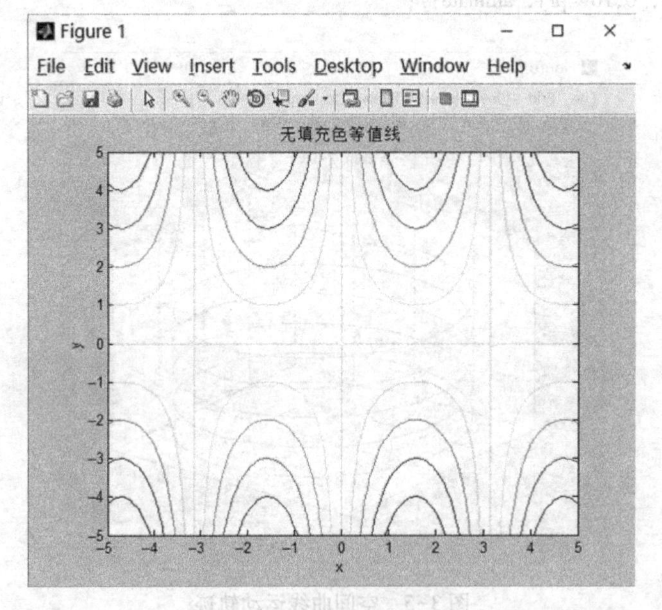

图 3-6　无填充色等值线

2）输入以下代码，获得有填充色的等值线，如图 3-7 所示。

```
>>syms x;
>>syms t;
>>f=x * sin(t);
>>f=x * sin(t);
>>ezcontourf(f,[-5,5]);
>>xlabel('x');
>>ylabel('y');
>>title('有填充色等值线')
```

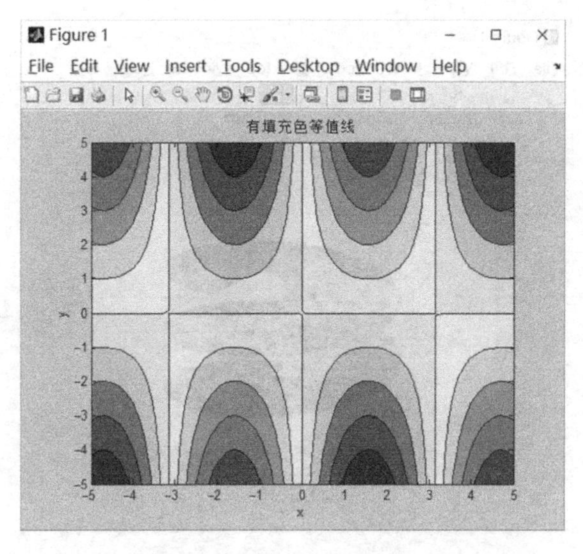

图 3-7 有填充色等值线

3.5.4 表面图绘制

在 MATLAB 中使用 ezsurf 函数和 ezsurfc 函数进行表面图的绘制，其调用格式如下。

1) ezsurf(f)：绘制二元函数 f(x,y)在默认区域的表面图。

2) ezsurf(f,[x_{min},x_{max}],[y_{min},y_{max}])：绘制二元函数 f(x,y)在指定区域的表面图，其中 x 和 y 的区间分别为［x_{min},x_{max}］和［y_{min},y_{max}］。

3) ezsurf(x,y,z)：在默认区域内绘制三维参数方程的表面图。

4) ezsurf(x,y,z,[s_{min},s_{max},t_{min},t_{max}])或 ezsurf(x,y,z,[min,max])：在指定区域内绘制三维参数方程的表面图。

5) ezsurfc(f)：绘制二元函数 f(x,y)在默认区域内带有等值线的表面图。

6) ezsurfc(f,[x_{min},x_{max}],[y_{min},y_{max}])：绘制二元函数 f(x,y)在指定区域内带有等值线的表面图，其中 x 和 y 的区间分别为［x_{min},x_{max}］和［y_{min},y_{max}］。

7) ezsurfc(x,y,z)：在默认区域内绘制带有等值线的三维参数方程表面图。

8) ezsurfc(x,y,z,[s_{min},s_{max},t_{min},t_{max}])或 ezsurfc(x,y,z,[min,max])：在指定区域内绘制带有等值线的三维参数方程表面图。

ezsurf 函数和 ezsurfc 函数都可以进行三维表面图的绘制，但 ezsurfc 函数在绘制三维表面图时还可以进行等值线的绘制。

【例 3-38】 分别使用 ezsurf 函数和 ezsurfc 函数绘制三维表面图。

1) 输入以下代码，获得无等值线表面图，如图 3-8 所示。

```
>>syms t;
>>syms x;
>>f1=x*sin(t);
>>f2=x*cos(t);
>>f3=t;
>>ezsurf(f1,f2,f3,[0,5*pi])
>>title('无等值线表面图')
```

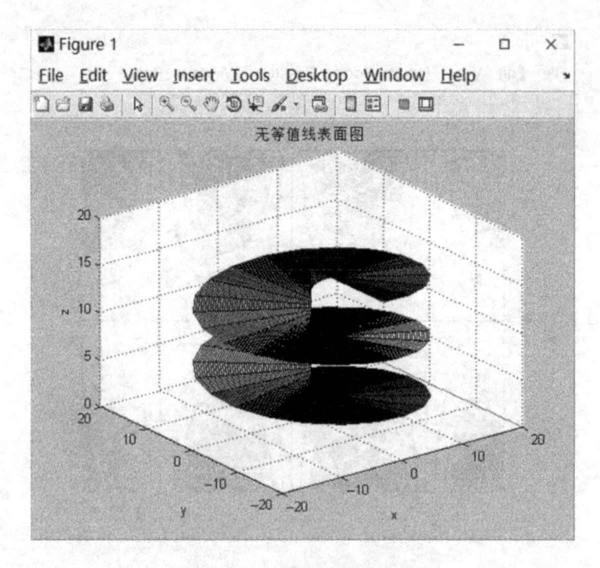

图 3-8　无等值线表面图

2）输入以下代码，获得有等值线表面图，如图 3-9 所示。

```
>>syms t;
>>syms x;
>>f1=x * sin(t);
>>f2=x * cos(t);
>>f3=t;
>>ezsurfc(f1,f2,f3,[0,5 * pi])
>>title('有等值线表面图')
```

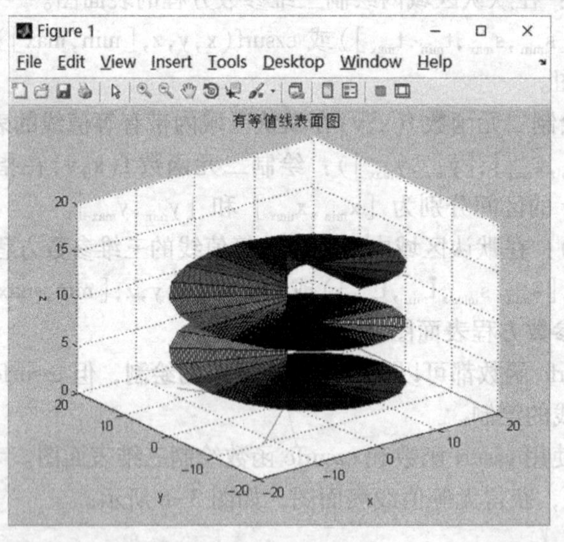

图 3-9　有等值线表面图

3.5.5　曲面图绘制

在 MATLAB 中使用 ezmesh 函数和 ezmeshc 函数进行曲面图的绘制，其调用格式如下。

1）ezmesh(f)：绘制二元函数 f(x,y)在默认区域的曲面图。

2）ezmesh(f,[x_{min},x_{max}],[y_{min},y_{max}])：绘制二元函数 f(x,y)在指定区域的曲面图，其中 x 和 y 的区间分别为［x_{min},x_{max}］和［y_{min},y_{max}］。

3）ezmesh(x,y,z)：在默认区域内绘制三维参数方程的曲面图。

4）ezmesh(x,y,z,[s_{min},s_{max},t_{min},t_{max}])或 ezmesh(x,y,z,[min,max])：在指定区域内绘制三维参数方程的曲面图。

5）ezmeshc(f)：绘制二元函数 f(x,y)在默认区域内带有等值线的曲面图。

6）ezmeshc(f,[x_{min},x_{max}],[y_{min},y_{max}])：绘制二元函数 f(x,y)在指定区域内带有等值线的曲面图，其中 x 和 y 的区间分别为［x_{min},x_{max}］和［y_{min},y_{max}］。

7）ezmeshc(x,y,z)：在默认区域内绘制带有等值线的三维参数方程的曲面图。

8）ezmeshc(x,y,z,[s_{min},s_{max},t_{min},t_{max}])或 ezmeshc(x,y,z,[min,max])：在指定区域内绘制带有等值线的三维参数方程的曲面图。

ezmesh 函数和 ezmeshc 函数都可以进行三维曲面图的绘制，但 ezmeshc 函数在绘制三维曲面图时还可以进行等值线的绘制。

【例 3-39】 分别使用 ezmesh 函数和 ezmeshc 函数绘制三维曲面图。

1）输入以下代码，获得无等值线曲面图，如图 3-10 所示。

```
>>syms x;
>>syms t;
>>f=x * sin(t);
>>ezmesh(f,[-pi,pi]);
>>title('无等值线曲面图')
```

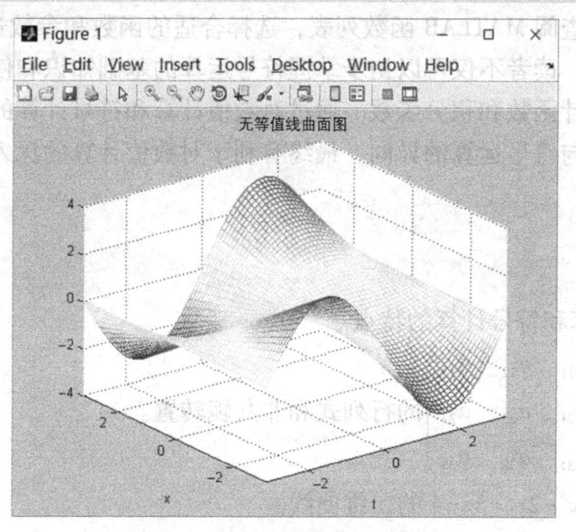

图 3-10　无等值线曲面图

2）输入以下代码，获得有等值线曲面图，如图 3-11 所示。

```
>>syms x;
>>syms t;
>>f=x * sin(t);
>>ezmeshc(f,[-pi,pi]);
>>title('有等值线曲面图')
```

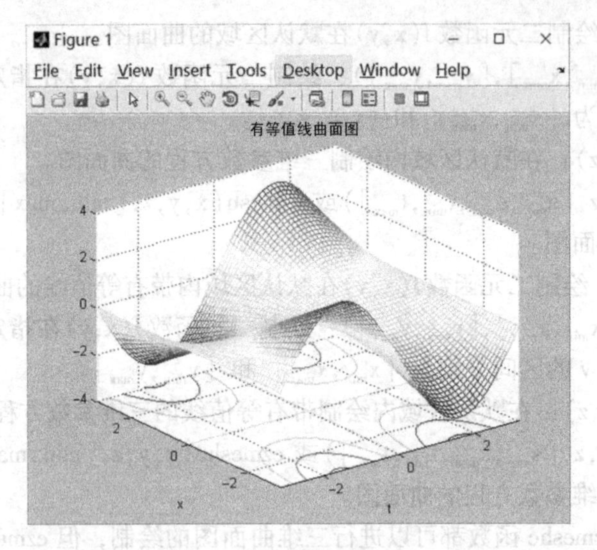

图 3-11　有等值线曲面图

3.6　本章小结

本章首先介绍了符号计算的基础知识和相关运算函数；接着介绍了数值的统计函数和数值的积分函数；最后对图形的绘制函数进行了介绍。通过例题的形式对一些常用的数值计算和符号计算问题进行了解答，以便读者熟悉 MATLAB 中的计算指令。对于具体的应用环境，还需要根据实际情况查阅 MATLAB 函数列表，选择合适的函数和参数进行处理。

通过本章的学习，读者不仅可以初步掌握符号运算的基础知识和使用方法，还可以学习数值计算中的相关统计函数和积分函数。通过对数值计算和符号计算的对比学习，读者可以更好地理解数值计算与符号运算的异同，最终有利于对数值计算的深入学习。

3.7　习题

1）简述数值计算和符号计算的特点。

2）求矩阵 $\boldsymbol{A}=\begin{pmatrix} a_{11} & a_{12} & a_{13} \\ a_{21} & a_{22} & a_{23} \\ a_{31} & a_{32} & a_{33} \end{pmatrix}$ 的行列式和非共轭转置。

3）绘制函数 $y=x^3-2x^2+3x-4$ 的二维曲线。

4）求积分 $\int_0^{10} \mathrm{e}^{-0.8|x|\sin|x|}\,\mathrm{d}x$ 。

5）求 $\lim\limits_{x\to\infty}\dfrac{3x^3+4x^2+2}{7x^3+5x^2-3}$。

6）求 $y=x\mathrm{e}^{x^3+y^3}+1$ 在区间［-3，3］上的带等值线的三维曲面图和三维表面图。

第4章　数据分析的关键技术

数据分析在许多领域中有着广泛的应用，尤其是在数学、物理等科学领域和工程领域的实际应用中，都需要进行大量的数据分析。

数据预处理是为了保障输入数据的正确性，提高数据处理的能力；插值是指在已知给定的基准数据的情况下，对如何平滑地估算出基准数据之间其他点的函数数值进行研究，当其他点上的函数数值获取代价很高时，就会进行插值；曲线拟合与插值有着密切的联系，两者都是为了降低误差，但插值是从具体的一个点进行误差处理，而曲线拟合是从整体出发，实现整体误差的降低。

本章将主要介绍数据预处理、一维插值、二维插值、三维插值、曲线拟合等 MATLAB 内置函数。同时，还将根据不同的插值方法、数据优化方法编写 M 文件，实现不同的插值运算和曲线拟合。

4.1　数据预处理

数据在传输或者处理过程中可能会引入一些随机的错误，使数据出现部分缺失或异常等现象，这对后续更深入和细致的数据分析是非常不利的。然而，在正常的数据中，数据的平滑性对数据的分析也起到了非常重要的作用，一个平滑的数据序列通常意味着数据中的“噪声”较少，使用该组数据得到的最终结果也更加准确。因此，本节将对待分析的数据序列进行相应的数据预处理，不同的实际问题所使用的数据预处理方法是不同的。

4.1.1　处理缺失数据

在数据处理问题中，缺失数据的处理难度非常大，不同的问题导致的数据缺失需要使用不同的处理方法。在 MATLAB 中，对于缺失数据用 NaN（Not a Number）表示。MATLAB 还规定所有与 NaN 进行数学运算的结果均为 NaN。通常，对于缺失数据的最常规的处理方法就是去除错误数据，表 4-1 中介绍了处理缺失数据的函数。

表 4-1　缺失数据处理的函数

函　数	说　明
i=find(~isnan(x));x=x(i)	搜索不是 NaN 的数据并对这些数据进行保存
x=x(find(~isnan(x)))	保留不是 NaN 的数据向量
x=x(~isnan(x))	保留 NaN 的数据向量
x(isnan(x))=[ ]	去除 NaN 的数据向量
A(any(isnan(x)'),:)=[ ]	去除矩阵 A 中含有 NaN 的列

📖 **注意：** 不能使用“==”运算符判断该数据是否为 NaN，只能使用 isnan 函数进行辨别。

【例 4-1】对缺失数据进行处理。

```
>>A=[1 2 3;NaN NaN NaN;4 5 6]
A=
     1     2     3
   NaN   NaN   NaN
     4     5     6
>>A(any(isnan(A)'),:)=[]
A=
     1     2     3
     4     5     6
>>A=A(~isnan(A))
A=
     1
     4
     2
     5
     3
     6
```

4.1.2 处理异常值

数据异常的发生通常是在数据的传输或处理中出现的。对异常数据的处理方法与对缺失数据的处理方法是非常相似的，即去除异常数据。而对异常数据的标准，仍需要对具体问题进行具体分析，一般在实际问题中的异常数据标准为：标准数据与平均值的距离大于 3 倍标准差。

【例 4-2】处理异常数据。

1）生成一个 1×50 的零均值高斯分布随机向量，并将 $n=25$ 处设置为异常数据，生成的异常数据图如图 4-1 所示。输入以下代码：

```
>>a=normrnd(0,1,1,50);
>>a(25)=25;
>>plot(a);
```

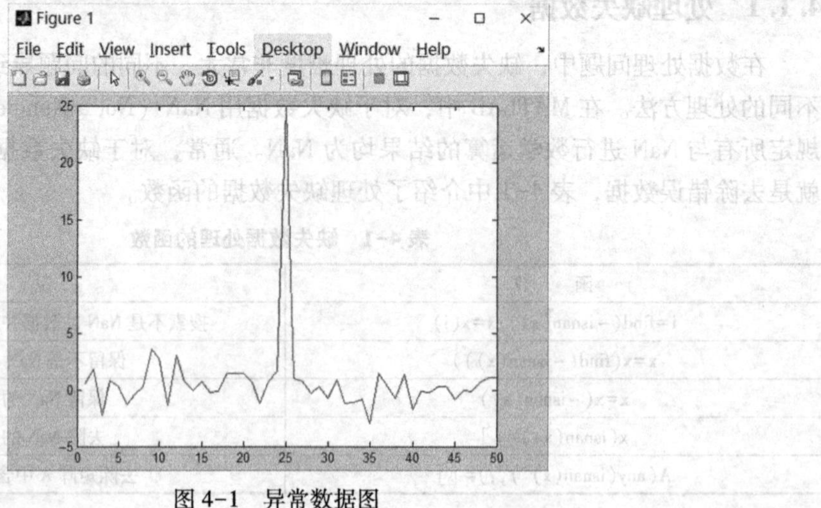

图 4-1　异常数据图

2）计算异常数据均值 b 和标准差 c，并去除 $n=25$ 处的异常数据，生成的正常数据图如图 4-2 所示。输入以下代码：

```
>>figure;
>>b=mean(a)
b=
    0.7743
>>c=std(a)
c=
    3.7168
>>a=a(abs(a-b)<=3*c);
>>plot(a);
>>ylim([-5,25]);
```

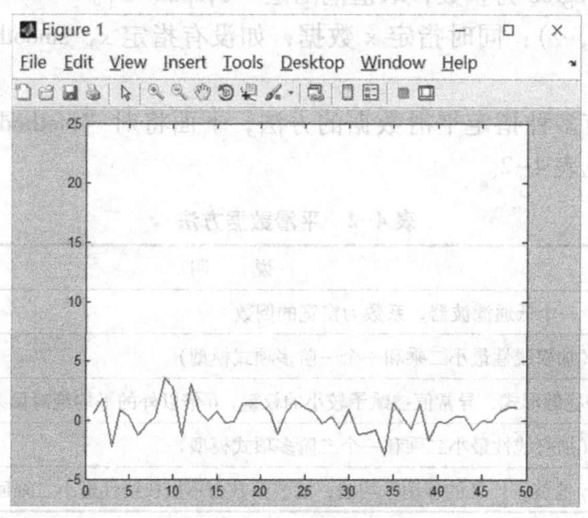

图4-2　正常数据图

3）计算正常数据的均值 d 和标准差 e。

```
>>d=mean(a)
d=
   -0.0230
>>e=std(a)
e=
    1.0461
```

4.1.3　数据平滑处理

对于一组测量数据，如果想直接求出拟合多项式的线性参数是非常困难的，需要先对数据进行平滑处理，去掉“噪声”。数据的平滑处理在科学研究中有着广泛的应用，它可以减少测量中因统计误差带来的影响。在 MATLAB 中，提供了多种用于数据平滑处理的函数，且在不同的应用中有着不同的函数，分别是在曲线拟合中的数据平滑、在金融中的数据平滑和在信号处理中的数据平滑。本小结只对曲线拟合中的数据平滑进行较为深入的研究，对其他两种方法只做简单介绍。

1）在曲线拟合工具箱中的数据平滑调用格式如下。

① y_i=smooth(y)：使用移动平均滤波器对列向量 y 进行平滑处理，返回与 y 等长的列向量 y_i，滤波器默认宽度为 5。

② y_i=smooth(y,span)：使用移动平均滤波器对列向量 y 进行平滑处理，其中滤波器为指定宽度，span 为奇数。

③ y_i=smooth(y,method)：使用指定的平滑数据方法“method”进行平滑处理，其中滤波器宽度为默认值。

④ y_i=smooth(y,span,method)：使用指定的平滑数据方法“method”进行平滑处理，其中滤波器为指定宽度。

⑤ y_i=smooth(y,'sgolay',degree)：使用Savitzky-Golay方法平滑数据，此时用degree参数指定多项式模型阶数，degree为整数，取值范围是［0,span-1］。

⑥ y_i=smooth(y,span,'sgolay',degree)：使用span参数指定Savitzky-Golay滤波器宽度，其中span为正奇数，degree为整数，取值范围是［0,span-1］。

⑦ y_i=smooth(x,y,…)：同时指定x数据，如没有指定x，smooth函数会自动令x=1:length(y)。

在平滑数据中，有多种指定平滑数据的方法，下面将对“method”中这些指定的数据平滑方法进行介绍，见表4-2。

表4-2　平滑数据方法

方　法	说　明
moving	移动平均法，一个低通滤波器，系数为窗宽的倒数
lowess	局部回归法（加权线性最小二乘和一个一阶多项式模型）
rlowess	lowess方法的稳健形式，异常值被赋予较小的权重，6倍以外的平均绝对偏差数据权重为0
loess	局部回归法（加权线性最小二乘和一个二阶多项式模型）
sgolay	Savitzky-Golay滤波，广义的移动平均法，滤波系数由不加权线性最小二乘回归和一个多项式模型确定

2）在金融工具箱中的数据平滑调用格式如下：

① output=smooths(input)。

② output=smooths(input,'b',wsize)。

③ output=smooths(input,'g',wsize,std)。

④ output=smooths(input,'e',n)。

输入的参数是input输入的数据，“b”“g”和“e”表示采用不同的数据平滑方法。“b”为默认的方法（即盒子法），“g”为高斯窗方法，“e”为指数法。“wsize”表示每种数据平滑方法的窗宽，其默认值为5。“std”为标准差，其默认值为0.65。

3）在信号处理工具箱中的数据平滑调用格式如下：

① y=medfilt(x,n)：对向量x进行一维中值滤波，返回与x等长的y向量。其中，n为窗宽参数，默认值为3。

② y=medfilt1(x,n,blksz)：当x为矩阵时，通过循环对x的各列进行一维中值滤波，返回与x具有相同行数和列数的矩阵y，其中blksz的默认值为length(x)。

③ y=medfilt1(x,n,blksz,dim)：使用dim参数沿着指定的x的某一维进行滤波。

【例4-3】采用不同的方法对数据进行平滑处理。

首先，产生一列余弦波信号并加入噪声信号，生成的噪声数据图如图4-3所示。输入以下代码：

```
>>x=linspace(0,2*pi,500)';
>>y=100*cos(x);
```

```
>>noise=normrnd(0,15,500,1);
>>y=y+noise;
>>figure;
>>plot(x,y);
>>xlabel('窗口');
>>ylabel('数据');
>>title('原始数据')
```

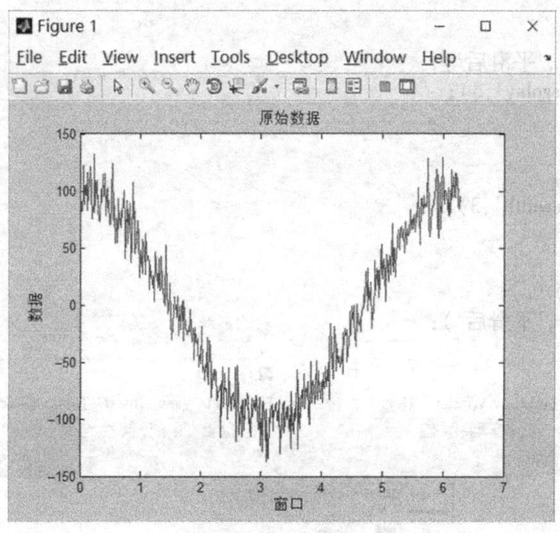

图 4-3　噪声数据图

接着，使用不同的方法对该数据进行平滑处理。输入以下代码。生成图如图 4-4 所示。

```
>>y1=smooth(y,30);
>>figure;
>>plot(x,y,'k:');
>>hold on;
>>plot(x,y1,'k','linewidth',3);
>>xlabel('窗口');
>>ylabel('数据');
>>title('移动平均法')
>>legend('加噪波形','平滑后');
>>y2=smooth(y,30,'lowess');
>>figure;
>>plot(x,y,'k:');
>>hold on;
>>plot(x,y2,'k','linewidth',3);
>>xlabel('窗口');
>>ylabel('数据');
>>title('lowess 方法')
>>legend('加噪波形','平滑后');
>>y3=smooth(y,30,'rlowess');
>>figure;
>>plot(x,y,'k:');
>>hold on;
>>plot(x,y3,'k','linewidth',3);
>>xlabel('窗口');
>>ylabel('数据');
>>title('rlowess 方法')
```

```
>>legend('加噪波形','平滑后');
>>y4=smooth(y,30,'loess');
>>figure;
>>plot(x,y,'k:');
>>hold on;
>>plot(x,y4,'k','linewidth',3);
>>xlabel('窗口');
>>ylabel('数据');
>>title('loess 方法')
>>legend('加噪波形','平滑后');
>>y5=smooth(y,30,'sgolay',3);
>>figure;
>>plot(x,y,'k:');
>>hold on;
>>plot(x,y5,'k','linewidth',3);
>>xlabel('窗口');
>>ylabel('数据');
>>title('sgolay 方法')
>>legend('加噪波形','平滑后');
```

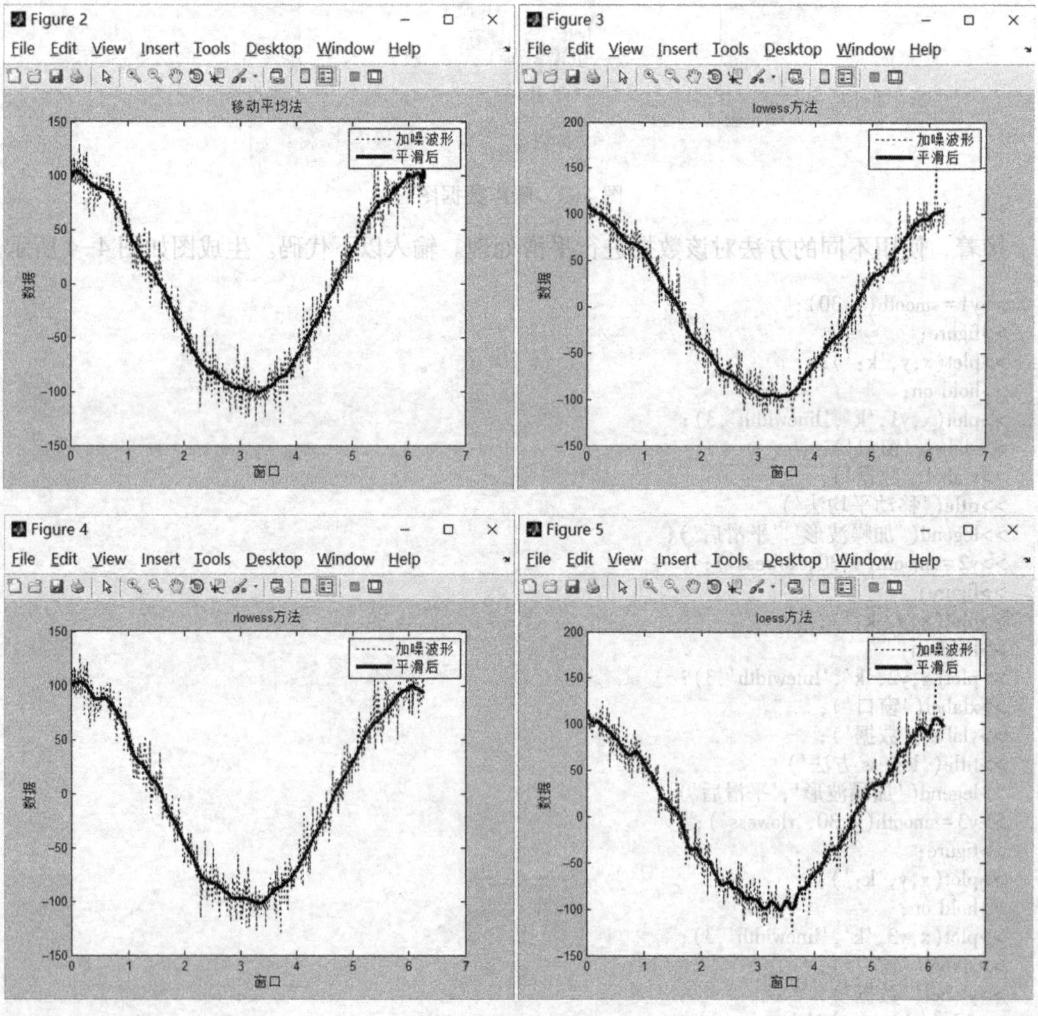

图 4-4　不同方法的平滑处理结果图

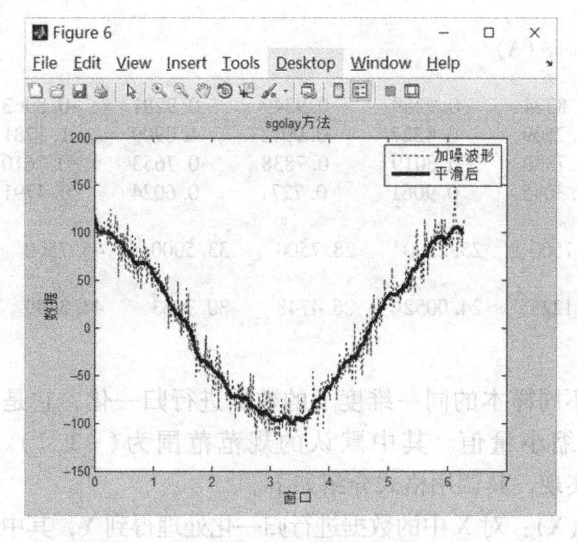

图 4-4　不同方法的平滑处理结果图（续）

4.1.4　数据标准化处理与归一化处理

通常，在数值计算和数据分析之前还需要对数据进行标准化和归一化处理，利用处理后的数据进行分析会更加方便。

1. 数据标准化

z-score 标准化是基于原始数据的均值和标准差进行的数据标准化。其中，标准化的数据均值为 0，标准差为 1。其核心思想为

新数据=(原始数据-均值)/标准差

$$\begin{cases} y_i = \dfrac{x_i - \bar{x}}{s} \\ \bar{x} = \dfrac{1}{n}\sum\limits_{i=1}^{n} x_i \\ s = \sqrt{\dfrac{1}{n-1}\sum\limits_{i=1}^{n} (x_i - \bar{x})^2} \end{cases}$$

在 MATLAB 中使用 zscore 函数进行实现，其调用格式介绍如下。

1）Z=zscore(X)：对 X 中的数据进行标准化处理，形成 Z。

2）[Z,mu,sigma]=zscore(X)：对矩阵 X 中的数据进行标准化处理，并算出每一列的均值“mu”和标准差“sigma”。

【例 4-4】 对矩阵 ***A*** 进行标准化处理，并算出每一列的均值和标准差。

```
>>A=[1 2 3 4 5 6;21 24 45 55 67 98;2 4 6 8 10 12;43 45 47 48 52 67]
A=
    1     2     3     4     5     6
    21    24    45    55    67    98
    2     4     6     8     10    12
    43    45    47    48    52    67
```

```
>>[Z,mu,sigma]=zscore(A)
Z=
     -0.7966    -0.8324    -0.9269    -0.9349    -0.9281    -0.8963
      0.2150     0.2609     0.8227     0.9915     1.0909     1.1781
     -0.7460    -0.7330    -0.8019    -0.7838    -0.7653    -0.7610
      1.3277     1.3045     0.9061     0.7271     0.6024     0.4791
mu=
     16.7500    18.7500    25.2500    28.7500    33.5000    45.7500
sigma=
     19.7716    20.1225    24.0052    26.4748    30.7083    44.3499
```

2. 数据归一化

数据归一化是将不同样本的同一维度下的数据进行归一化，它是一种无量纲的处理手段，可以简化计算并缩小量值。其中默认的规范范围为(-1,1)。在 MATLAB 中使用 mapminmax 函数进行实现，其调用格式介绍如下。

① Y=mapminmax(X)：对 X 中的数据进行归一化处理得到 Y，其中规范范围为(-1,1)。

② Y=mapminmax(X,min,max)：对 X 中的数据进行归一化处理得到 Y，其中规范范围为(min,max)。注意，若 X 为矩阵，则此函数是对每一行进行规整得出该行中的最大/最小值，矩阵的每一行为一个维度，每一列是一个样本。

【例 4-5】对矩阵 *A* 进行归一化处理，规范范围为(-2,2)。

```
>>  A=[1 2 3 4 5 6;21 24 45 55 67 58;48 45 47 48 52 67]
A=
      1     2     3     4     5     6
     21    24    45    55    67    58
     48    45    47    48    52    67
>>Y=mapminmax(A,-2,2)
Y=
    -2.0000   -1.2000   -0.4000    0.4000    1.2000    2.0000
    -2.0000   -1.7391    0.0870    0.9565    2.0000    1.2174
    -1.4545   -2.0000   -1.6364   -1.4545   -0.7273    2.0000
```

4.2 一维插值

在 MATLAB 中提供了大量用于获取时间复杂度、空间复杂度及平滑度等的插值函数，这些函数都保存在 polyfun 工具箱中，见表 4-3。

表 4-3 插值函数

函 数 名	功 能 介 绍	函 数 名	功 能 介 绍
interp1	一维插值	interp2	二维插值
interp3	三维插值	interpn	n 维插值
interp1q	一维快速插值	interpft	一维快速傅里叶插值
griddata	栅格数据插值	griddata3	三维栅格数据插值
griddatan	n 维栅格数据插值	pchip	分段三次埃尔米特多项式插值
spline	三次样条插值	ppval	分段多项式求值

4.2.1 方法介绍

一维插值是指对一维函数进行插值。已知 $n+1$ 个结点(x_j,y_j)，其中 x_j互不相同$(j=0,1,2,\cdots)$，求任意插值点的横坐标 x^* 处的插值 y^*。

求解一维插值问题的主要思想是：设结点由未知的函数 $g(x)$产生，函数 $g(x)$为连续函数且 $g(x_j)=y_j(j=0,1,2,\cdots,n)$；接着构造相对简单且容易实现的函数 $f(x)$来逼近函数 $g(x)$，使 $f(x)$可以经过 $n+1$ 个结点，即 $f(x_j)=y_j(j=0,1,2,\cdots,n)$，再使用函数 $f(x)$计算插值点的横坐标 x^* 处的插值，即 $y^*=f(x^*)$。

在 MATLAB 中，使用 interp1 函数可以实现一维插值，该函数利用多项式插值函数，将被插值的函数近似为一个多项式函数，其调用格式介绍如下。

1） y_i=interp1(x,y,x_i,method)：该函数表示对数据向量 x 和 y 选用合适的方法进行插值函数的构造。其中：x，y 为插值点的横纵坐标，y_i 为在被插值点横坐标 x_i 处的插值结果；x，y 为向量，“method” 表示采用的插值方法，MATLAB 提供的插值方法有几种：nearest 是临近插值，linear 是线性插值，spline 是样条插值，pchip 是立方插值，默认为线性插值。注意：所有的插值方法都要求 x 是单调的，并且 x_i 不能够超过 x 的范围。

2） y_i=interp1(x,y,x_i,method,'extrap')：该函数表示对数据向量 x 和 y 依次选用合适的方法进行插值函数的构造，并计算 x_i处的函数值，返回给 y_i，“method” 为指定的插值方法，并对超出数据范围的插值数据指定外推方法。

3） y_i=interp1(x,y,x_i,method,extrapval)：该函数表示对数据向量 x 和 y 依次选用合适的方法进行插值函数的构造，并计算 x_i处的函数值，返回给 y_i，“method” 为指定的插值方法，并对超出数据范围的插值数据返回 extrapval 值，一般设为 NaN 或者 0。

4） y_i=interp1(x,y,x_i,'pp')：该函数表示对数据向量 x 和 y 依次选用合适的方法进行插值函数的构造，并计算 x_i处的函数值，返回给 y_i，“method” 为指定的插值方法，返回值 pp 为数据 y 的分段多项式形式。

5） y_i=interp1(y,x_i)：x 和 method 均为默认设置，即 x=1:N，其中 N=size(Y)；method=linear。

此外，若数据点是不等间距分布式，则 interp1q 函数比 interp1 函数执行的速度快，因为前者不检查已知数据点是否等间距，但 interp1q 函数要求 x 必须是单调递增的。

在一维插值方法中，有多种指定插值方法，每种插值方法在速度、平滑性、内存使用方面都是不同的，下面将对这些方法进行介绍。

（1） 邻近插值(nearest)

在已知数据的最邻近点设置插值点，对插值点的数进行四舍五入，对超出范围的点将返回 NaN，该插值方法速度最快，结果平滑性差。

（2） 线性插值(linear)

对未指定插值方法时所采用的方法，直接连接相邻的两点，对超出范围的点将返回 NaN，占用的内存比邻近插值多，运行时间略长，生成的结果是连续的且在顶点处存在坡度变化。

（3） 样条插值(spline)

使用三次样条函数获取插值点。在已知点为端点的情况下，插值函数至少具有相同的一阶和二阶导数，是一种非常有用的插值方法。该方法处理速度最慢，占用内存小于分段三次埃尔米特多项式插值，产生最光滑的结果，但输入的数据分布不均匀或数据点间距过近时将产生错误。

（4）立方插值(cubic)

也称三次插值。该参数取值的特点可参考帮助文档，此方法需要更多内存，运行时间比邻近插值和线性插值要长；需要插值的函数及其导数都是连续的。

（5）三次多项式样条插值(v5cubic)

该参数取值的特点可参考帮助文档，相比线性插值，此方法的处理速度慢、内存消耗较多，使用三次多项式函数对已知数据进行拟合。

（6）分段三次埃尔米特多项式插值(pchip)

该参数取值的特点可参考帮助文档，此方法在处理速度和内存消耗方面比线性插值差，插值得到的函数和一阶导数是连续的。

而在 MATLAB 中常用的四种插值方法是邻近插值法、线性插值法、样条插值法和立方插值法，对比见表 4-4。

表 4-4　一维插值方法对比

项目 / 插值方法	运算时间	占用计算机内存	光滑程度
邻近插值（nearest）	快	少	差
线性插值（linear）	稍长	较多	稍好
样条插值（spline）	最长	较多	最好
立方插值（cubic）	较长	多	较好

通常，插值运算又分为内插值和外插值两种：

1）内插值是指只对已知数据点集内部的点进行插值，且该插值方法可以根据已知的数据点分布，构建可以代表分布特性的函数关系，可以较为准确地估计插值点上的函数值。

2）外插值是指对已知数据点集外部的点进行插值。想要较为准确地估计外插函数值是很难的。

4.2.2　实例应用

【例 4-6】使用不同的方法对 cos 函数进行插值。

输入以下代码，生成的结果如图 4-5 所示。

```
>>x=0:10;
>>y=cos(x);
>>xi=0:.25:10;
>>yi=interp1(x,y,xi);
>>subplot(221);
>>plot(x,y,'o',xi,yi);
>>xlabel('a)linear 插值算法');
>>yi=interp1(x,y,xi,'nearest');
```

```
>>subplot(222);
>>plot(x,y,'o',xi,yi);
>>xlabel('b)nearest 插值算法');
>>yi=interp1(x,y,xi,'v5cubic');
>>subplot(223);
>>plot(x,y,'o',xi,yi);
>>xlabel('c)v5cubic 插值算法');
>>yi=interp1(x,y,xi,'spline');
>>subplot(224);
>>plot(x,y,'o',xi,yi);
>>xlabel('d)spline 插值算法');
```

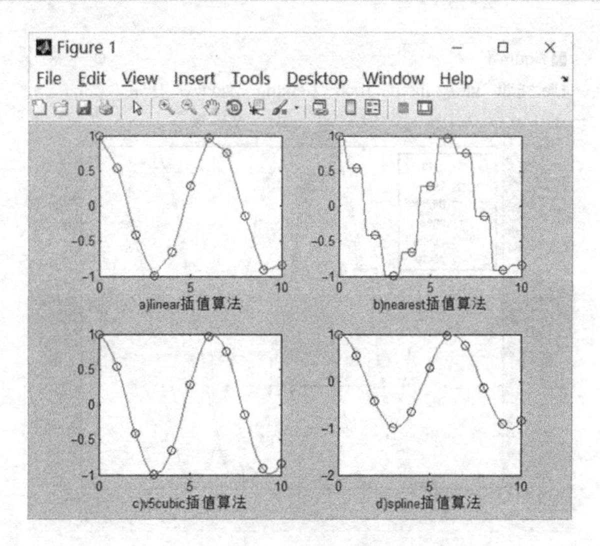

图 4-5　一维插值效果

【例 4-7】比较同一个数据插值，interp1 和 interp1q 函数的执行速度。

```
>>x=(0:10)';
>>y=cos(x);
>>xi=(0:.25:10)';
>>tic
>>yi=interp1q(x,y,xi);
>>toc
Elapsed time is 27.360644 seconds.
>>tic
>>yi=interp1(x,y,xi);
>>toc
Elapsed time is 12.693916 seconds.
```

可以看出，在同样的数据中，使用 interp1 函数得出结果的速度远远快于 interp1q 函数的速度。

【例 4-8】外插运算的方法。

输入以下代码，生成的结果如图 4-6 所示。

```
>>x=0:15;
>>y=cos(x);
```

```
>>xi=0:.25:15;
>>yi=sin(xi);
>>y1=interp1(x,y,xi,'nearest','extrap');
>>y2=interp1(x,y,xi,'linear','extrap');
>>y3=interp1(x,y,xi,'spline','extrap');
>>y4=interp1(x,y,xi,'v5cubic','extrap');
>>y4=interp1(x,y,xi,'pchip','extrap');
>>plot(x,y,'o',xi,yi,xi,y1,xi,y2,xi,y3,xi,y4);
>>legend('data','cos','nearest','linear','spline','phcip',2);
>>xlabel('x');
>>ylabel('y');
```

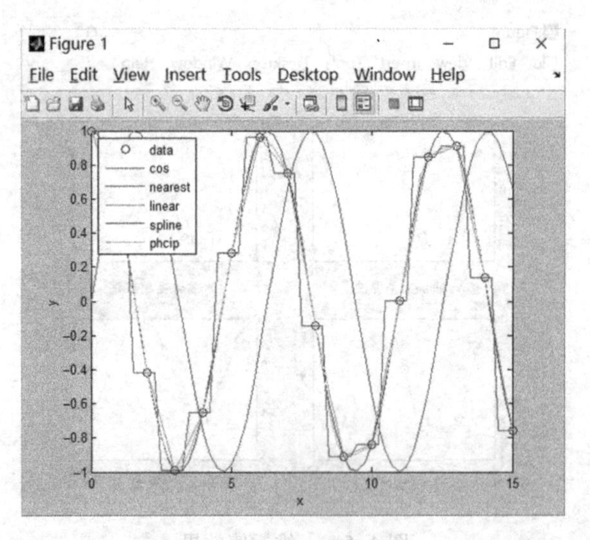

图 4-6 cos 函数外插图

一维快速傅里叶插值使用 interpft 函数实现，该函数使用傅里叶变换把输入数据变换到频域上，然后使用更多点的傅里叶逆变换，变换回时域，其结果是对数据进行增采样。其调用格式介绍如下。

1）y=interpft(x,n)：对 x 进行傅里叶变换，然后采用 n 点傅里叶逆变换变回到时域。若 x 是一个向量，数据 x 的长度为 m，采样间隔为 dx，则数据的采样间隔为 m×dx/n，n>m；若 x 是矩阵，函数操作在 x 的列上，返回结果与 x 具有相同的列数，其行数为 n。

2）y=interpft(x,n,dim)：在指定的维度上对 x 进行傅里叶变换，然后采用 n 点傅里叶逆变换变回到时域。

【例 4-9】构建一维快速傅里叶插值函数。

输入以下代码，生成的结果如图 4-7 所示。

```
>>x=0:1.2:10; y=cos(x);
>>n=2*length(x);
>>yi=interpft(y,n);xi=0:0.6:10.4;
>>hold on;
>>plot(x,y,'r*'); plot(xi,yi,'b.-');
>>title('一维快速傅里叶插值'); legend('原始数据','插值结果');
```

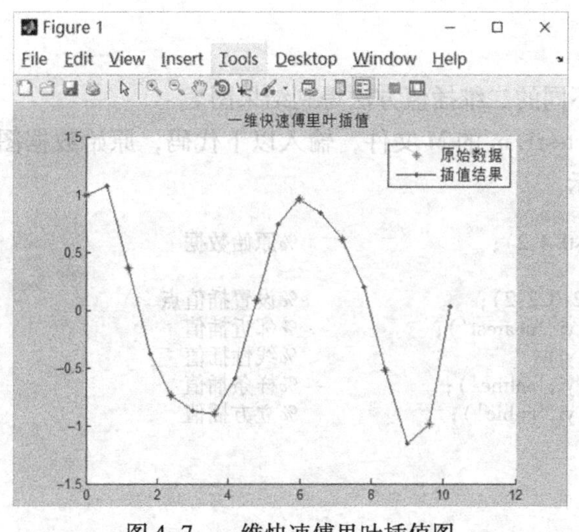

图 4-7　一维快速傅里叶插值图

4.3　二维插值

4.3.1　方法介绍

二维插值在图像处理和数据可视化方面得到了大量的应用，二维插值的基本原理与一维插值一样，但二维插值是对两个变量进行函数的插值。在 MATLAB 中主要使用 interp2 函数实现二维插值，其调用格式如下。

1）z_i=interp2(z,xi,yi)：表示若 z=m×n，则 x=1，y=1:m。

2）z_i=interp2(z,ntimes)：在两点之间递归地插值 ntimes 次。

3）z_i=interp2(x,y,z,x_i,y_i)：对原始数据 x，y，z 决定插值函数，返回值 z_i 为(x_i,y_i)在函数 f(x,y)上的值。

4）z_i=interp2(x,y,z,x_i,y_i,method)：采用不同的插值方法进行插值。

5）z_i=interp2(method,extrapval)：若数据超过原始数据的范围，则输入“extrapval”来指定一种外推方法。

在二维插值中，“method”为选取插值的方法。插值的方法有四种，分别是邻近插值、线性插值、样条插值和立方插值，对比见表 4-5。

表 4-5　二维插值方法对比

插值方法	说　明	特　点
邻近插值（nearest）	将插值点周围的 4 个数据点中离该插值点最近的数据点函数值作为该插值点的函数值估计	速度最快，但平滑效果较差
线性插值（linear）	将插值点周围的 4 个数据点函数值的线性组合作为该插值点的函数值估计	是 interp2 函数中的默认选项
样条插值（spline）	使用三次样条函数获取插值点	在实际应用中最为频繁，得到的曲面光滑，效率高
立方插值（cublic）	利用插值点周围的 16 个数据点进行插值	曲面更加光滑，但消耗的内存和时间都非常多

4.3.2 实例应用

【例 4-10】使用不同的二维插值方法得到结果图。

1）创建文件名为 test1.m 的 M 文件，输入以下代码，原始数据图和二维插值四种方法的结果图如图 4-8 所示。

```
[x,y]=meshgrid(-2:0.4:2);                          %原始数据
z=peaks(x,y);
[xi,yi]=meshgrid(-2:0.2:2);                        %设置插值点
z1=interp2(x,y,z,xi,yi,'nearest');                 %邻近插值
z2=interp2(x,y,z,xi,yi);                           %线性插值
z3=interp2(x,y,z,xi,yi,'spline');                  %样条插值
z4=interp2(x,y,z,xi,yi,'cubic');                   %立方插值
hold on;
subplot(2,3,1);
surf(x,y,z);
title('原始数据');
subplot(2,3,2);
surf(xi,yi,z1);
title('邻近插值');
subplot(2,3,3);
surf(xi,yi,z2);
title('线性插值');
subplot(2,3,4);
surf(xi,yi,z3);
title('样条插值');
subplot(2,3,5);
surf(xi,yi,z4);
title('立方插值');
```

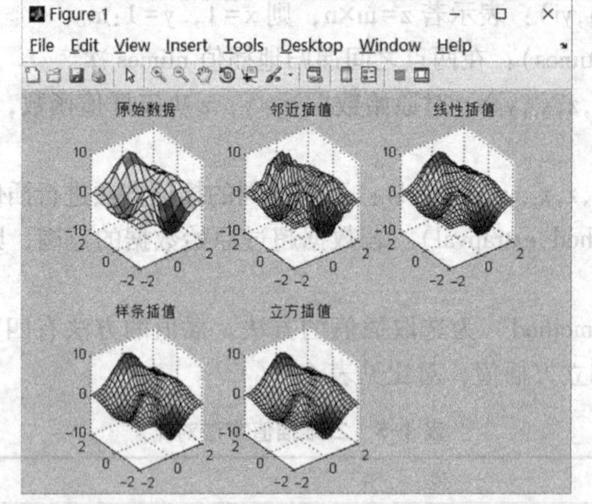

图 4-8 二维插值结果图

2）输入以下代码，实现插值结果等高线的绘制，如图 4-9 所示。

```
figure;
subplot(2,2,1);                                    %绘制等高线
contour(xi,yi,z1);
title('邻近插值');
subplot(2,2,2);
```

```
contour(xi,yi,z2);
title('线性插值');
subplot(2,2,3);
contour(xi,yi,z3);
title('样条插值');
subplot(2,2,4);
contour(xi,yi,z4);
title('立方插值');
```

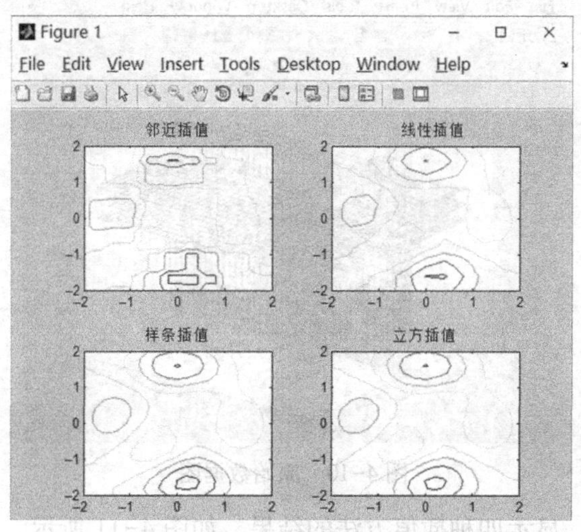

图 4-9　等高线绘制

4.4　三维插值

4.4.1　方法介绍

MATLAB 支持三维及三维以上的高维插值。三维插值的基本原理与一维插值和二维插值是一样的，但三维插值是对三维函数进行的插值。在 MATLAB 中使用 interp3 函数实现插值，其调用格式如下。

1）v_i = interp3(x,y,z,v,x_i,y_i,z_i)：返回值 v_i 是三维插值网格(xi,yi,zi)上的函数值估计，其中 xi、yi、zi、vi 具有相同维数。

2）v_i = interp3(x,y,z,v,x_i,y_i,z_i,method)：采用不同的插值方法进行插值。

3）v_i = interp3(x,y,z,v,x_i,y_i,z_i,method,extrapval)：若数据超过原始数据的范围，则输入"extrapval"来指定一种外推方法。

在三维插值中，"method"为选取插值的方法。插值的方法有四种，分别是邻近插值、双线性插值、样条插值和立方插值。与二维插值方法中的"method"相同，不再赘述。

4.4.2　实例应用

【例 4-11】 三维插值示例。

1）创建 M 文件 test2. m，输入以下代码得到原始数据图，如图 4-10 所示。

```
[x,y,z,v]=flow(20); [xi,yi,zi]=meshgrid(1:2:5,[0 1],[1 2]);
vi1=interp3(x,y,z,v,xi,yi,zi,'nearest');
```

```
vi2=interp3(x,y,z,v,xi,yi,zi,'linear');
vi3=interp3(x,y,z,v,xi,yi,zi,'spline');
vi4=interp3(x,y,z,v,xi,yi,zi,'cubic');
figure
slice(x,y,z,v,2.5,[0.2 0.5],[1 1.5 2]);
title('原始数据');
```

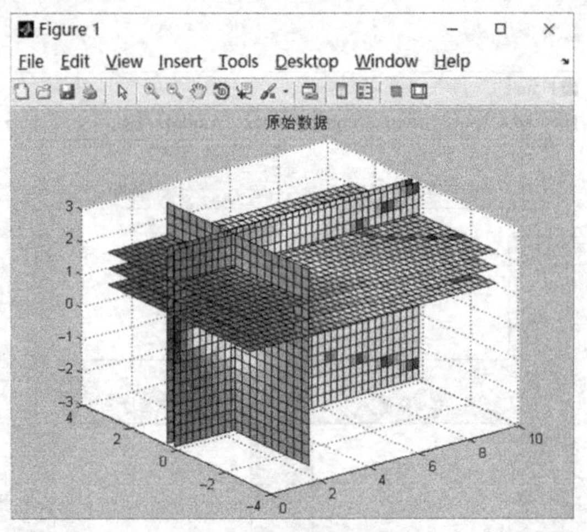

图 4-10　原始数据图

2）输入以下代码，显示四种插值方法的结果，如图 4-11 所示。

```
figure
hold on;
subplot(2,2,1);
slice(xi,yi,zi,vi1,2.5,[0.2 0.5],[1 1.5 2]); title('邻近插值');
subplot(2,2,2);
slice(xi,yi,zi,vi2,2.5,[0.2 0.5],[1 1.5 2]); title('线性插值');
subplot(2,2,3);
slice(xi,yi,zi,vi3,2.5,[0.2 0.5],[1 1.5 2]); title('样条插值');
subplot(2,2,4);
slice(xi,yi,zi,vi4,2.5,[0.2 0.5],[1 1.5 2]); title('立方插值');
colormap hsv
```

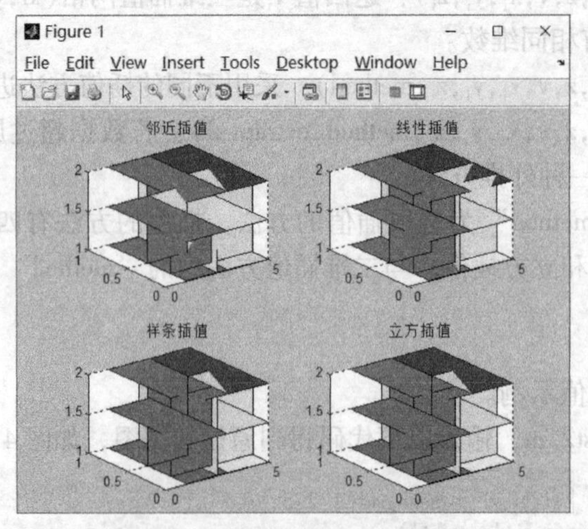

图 4-11　四种插值方法的结果图

4.5 样条插值

4.5.1 方法介绍

MATLAB 不仅提供了一维插值、二维插值和三维插值方法，还提供了样条插值方法。其主要思想是：假定有一组已知的数据点，希望找到该组数据的拟合多项式。在多项式的拟合过程中，对于每组相邻的样本数点，均存在一条曲线，该曲线都需要用一个三次多项式拟合样本数据点。为了保证拟合结果的唯一性，在三次多项式样点处的一阶、二阶导数需要进行约束，以保证样本点之间的数据和区间两端的数据是连续的一阶、二阶导数。

在 MATLAB 中，spline 和 ppval 函数用于样条插值，pchip 函数则用于三次多项式的插值，其调用格式介绍如下。

1）y_i=spline(x,y,x_i)：与 y_i=interp1(x,y,x_i,'spline') 功能一致。

2）y_i=spline(x,y)：返回分段样条插值函数。

3）y_i=ppval(method,x_i)：使用“method”为插值函数计算 x_i上的函数插值结果。

4）y_i=pchip(x,y,x_i)：与 y_i=interp1(x,y,x_i,'cubic')功能一致。

5）y_i=pchip(x,y)：返回分段三次埃尔米特多项式插值函数。

4.5.2 实例应用

【例 4-12】样条插值示例。

1）创建 M 文件 test3. m，输入以下代码：

```
x=-5:5;
y=[-1 -1 -1 -1 -1 0 1 1 1 1 1];
t=-5:.1:5;
p=pchip(x,y,t);
s=spline(x,y,t);
plot(x,y,'*',t,p,'o',t,s,'-');
legend('原始数据','pchip 样条插值','spline 样条插值',4);
ppol=spline(x,y);
```

2）运行程序，输出如下，得到的样条插值图如图 4-12 所示。

```
ppol=
      form:'pp'
    breaks:[-5 -4 -3 -2 -1 0 1 2 3 4 5]
     coefs:[10x4 double]
    pieces:10
     order:4
       dim:1
```

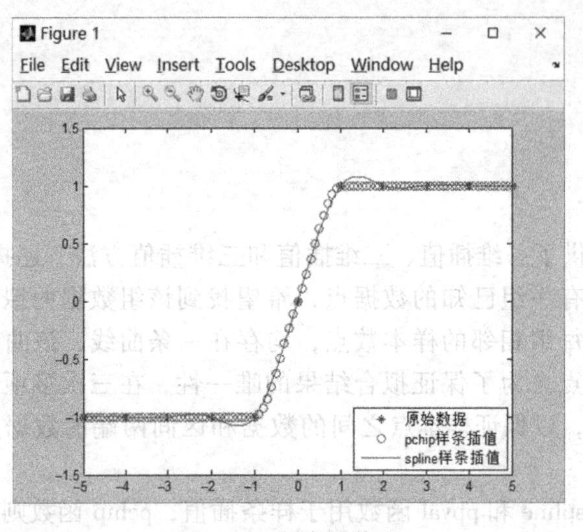

图 4-12　样条插值图

4.6　拉格朗日插值

插值是工程科学中的重要研究内容，在实践中可直接选择 MATLAB 中的内置插值函数，也可以自定义创建插值函数。

4.6.1　方法介绍

在结点上给出结点基函数，接着做该基函数的线性组合，组合的系数为结点的函数值，这种插值多项式称为拉格朗日插值公式。通俗地说就是通过平面上的两个点确定一条直线。此插值方法是一种较为基础的方法，同时该方法也较为容易理解与实现。

拉格朗日插值多项式的表达式为

$$L(x) = \sum_{i=0}^{n} y_i l_i(x)$$

式中，$l_i(x)$ 称为 i 次的基函数，且 $l_i(x)$ 的表达式为

$$l_i(x)=\frac{(x-x_n)(x-x_{n-1})\cdots(x-x_0)}{(x_i-x_n)(x_i-x_{n-1})\cdots(x_i-x_0)}$$

结合以上两式可得拉格朗日插值多项式的表达式为

$$L(x) = \sum_{i=0}^{n} y_i l_i(x) = \sum_{i=0}^{n} y_i \frac{(x-x_n)(x-x_{n-1})\cdots(x-x_0)}{(x_i-x_n)(x_i-x_{n-1})\cdots(x_i-x_0)}$$

4.6.2　实例应用

在 MATLAB 中没有可以实现拉格朗日插值的专门函数，根据以上对拉格朗日插值公式的介绍，可以自行创建该插值函数。

【例 4-13】拉格朗日插值函数的编写与实现。

1）创建 M 文件 test4. m，输入以下代码并保存。

```
function yh=test4(x,y,xh)
n=length(x);
m=length(xh);
yh=zeros(1,m);
c1=ones(n-1,1);
c2=ones(1,m);
for i=1:n
  xp=x([1:i-1 i+1:n]);
  yh=yh+y(i) * prod((c1 * xh-xp ' * c2)./(x(i)-xp ' * c2));
end
```

2）输入以下代码，即可实现插值。

```
>>x=[1 2 3 4 5 6];
>>y=[24 45 67 168 310 412];
>>xh=4.5;
>>test4(x,y,xh)
ans=
  238.7852
```

4.7 拟合

由上面几小节的介绍可知，插值法是一种使用简单函数来近似代替较为复杂函数的方法，它具有近似标准差在插值点处误差为零的特点。但插值法也有一定的不足，如在以对数形式表示的函数中，需要考虑的数据很多，若将每个点都作为插值结点，则取得的插值函数是一个次数很高的多项式，且插值运算非常困难。

在实际的应用中，很多时候并不需要其固定的某一点误差为零，只是要求函数的一段或整体的误差尽可能小，因此引入了拟合的概念。

直线拟合是指给定一组测定的离散数据$(x_i,y_i)(i=1,2,\cdots,N)$，要求自变量$x$和因变量$y$的近似表达式为$y=\varphi(x)$。影响因变量$y$的只有一个自变量$x$。

直线拟合最常用的近似标准是最小二乘原理，也是使用频率最高的数据处理方法之一。

4.7.1 多项式最小二乘曲线拟合

多项式最小二乘曲线拟合是指数据点的最小误差平方和，且所有曲线限定为多项式。

例如，测量数据$\{(x_i,y_i),i=0,1,\cdots,m\}$的曲线拟合，已知$y_i=f(x_i),i=0,1,\cdots,m$。求一函数$y=f^*(x)$与所给的数据$\{(x_i,y_i),i=0,1,\cdots,m\}$拟合，误差为$\delta_i=f^*(x_i)-f(x_i),i=0,1,\cdots,m$，$\delta=(\delta_0,\delta_1,\cdots,\delta_m)^{\mathrm{T}}$，设$\varphi_0,\varphi_1,\cdots,\varphi_n$为$C[a,b]$上的线性无关函数簇，在$\varphi=\mathrm{span}\{\varphi_0(x),\varphi_1(x),\cdots,\varphi_n(x)\}$中找到函数$f^*(x)$，使误差平方和为

$$\|\delta\|^2=\sum_{i=0}^{m}\delta_i^2=\sum_{i=0}^{m}\left[f^*(x_i)-f(x_i)\right]^2$$

式中：

$$f(x)=a_0\varphi_0(x)+a_1\varphi_1(x)+\cdots+a_n\varphi_n(x)\ (n<m)$$

在 MATLAB 中使用 polyfit 函数可以实现曲线拟合，其调用格式介绍如下。

1）p=polyfit(x,y,n)：对 x 和 y 进行 n 维多项式曲线拟合，p 为输出结果，输出结果为 n+1 个元素的行向量，并以维数递减的形式给出拟合多项式系数。

2）[p,S]=polyfit(x,y,n)：S 包括 R、df 与 normr，分别表示对 x 进行或分解的三角元素、自由度和残差。

3）[p,S,mu]=polyfit(x,y,n)：为了消除量纲的影响，先对 x 进行数据的标准化处理，mu 中含有两个元素，分别是均值和标准差。

【例 4-14】 多项式最小二乘曲线拟合示例。

1）创建 M 文件 test5. m，输入以下代码：

```
x=0:0.5:25;
y=polyval([2,3,1,4],x)+randn(size(x));   %设置多项式 y=4+x+3x^2+2x^3+随机误差
p1=polyfit(x,y,1)
y1=polyval(p1,x);
p2=polyfit(x,y,2)
y2=polyval(p2,x);
p3=polyfit(x,y,3)
y3=polyval(p3,x);
plot(x,y,'-.',x,y1,'r.',x,y2,'--',x,y3,'*');
legend('原始数据','一阶拟合 ','二阶拟合','三阶拟合');
title('多项式的曲线拟合');
```

2）保存并运行，得到以下结果，拟合图如图 4-13 所示。

```
>>test5
p1=
     1.0e+03 *
     1.2084    -6.4887
p2=
     1.0e+03 *
     0.0780    -0.7416     1.4740
p3=
     1.9998      3.0109     0.8747      4.1904
```

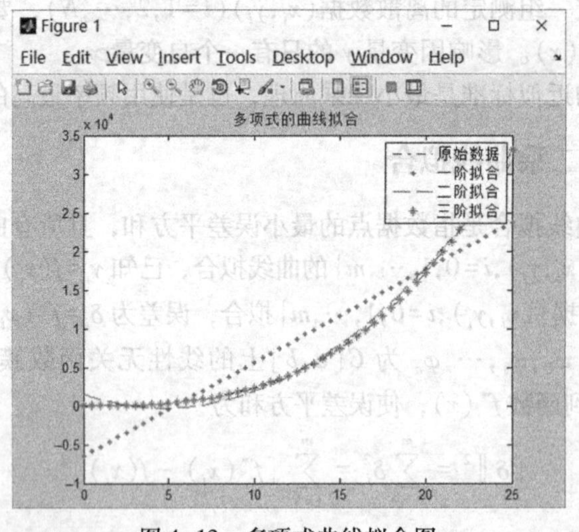

图 4-13　多项式曲线拟合图

4.7.2　正交最小二乘拟合

正交最小二乘拟合是指选择一组在已经给定的点上正交的多项式函数 $\{A_i(x)\}$ 作为基函数，进行最小二乘的拟合，其格式为

$$\begin{cases} p(x) = a_0A_0(x) + a_1A_1(x) + \cdots + a_mA_m(x) \\ a_j = \dfrac{\sum\limits_{i=0}^{n} y_iA_j(x_i)}{\sum\limits_{i=0}^{n} A_j^2(x_i)} \end{cases}$$

基函数的构造公式为

$$\alpha_i = \frac{\sum\limits_{k=0}^{n} x_kA_i^2(x_k)}{\sum\limits_{k=0}^{n} B_i^2(x_k)},\quad \beta_i = \frac{\sum\limits_{k=0}^{n} A_i^2(x_k)}{\sum\limits_{k=0}^{n} B_{i-1}^2(x_k)}$$

对已知给定的数据点$(x_i,y_i)(i=1,2,\cdots,N)$，构造 m 次正交多项式最小二乘拟合的步骤如下：

1）令 $A_0(x)=0$，递推公式为

$$\begin{cases} a_0 = \dfrac{\sum\limits_{k=0}^{n} y_k}{n+1} \\ b_0 = \dfrac{\sum\limits_{k=0}^{n} x_k}{n+1} \end{cases}$$

可知 $a_0=b_0$。

2）$A_1(x)=c_0+c_1x$，通过递推公式可知 $c_0=-a_0$，$c_1=1$，$a_1=a_{j=1}$，$\alpha_1=\alpha_{i=1}$，$\beta_1=\beta_{i=1}$。对逼近多项式的系数进行更新：$a_0=a_0+b_1c_0$，$a_1=b_1c_1$。

3）对于 $t=2,3,\cdots,m$，$A_t(x)=r_0+r_1x+\cdots+r_tx^t$，$A_{t-1}(x)=s_0+s_1x+\cdots+s_{t-1}x^{t-1}$，$A_{t-2}(x)=w_0+w_1x+,\cdots,+w_{t-2}x^{t-2}$，通过递推公式

$$\begin{cases} r_t=s_{t-1} \\ r_{t-1}=-\alpha_0s_{t-1}+s_{t-2} \\ r_i=-\alpha_{l-1}s_i+s_{i-1}-\beta_{t-1}w_i \\ r_0=-\alpha_{l-1}s_0-\alpha_{l-1}w_0 \end{cases}$$

对逼近多项式的系数进行更新

$$\begin{cases} b_k=b_k+a_tr_k \\ b_t=a_tr_t \end{cases}$$

【例 4-15】正交最小二乘拟合示例。

在 MATLAB 中并没有提供专门的函数可以实现正交最小二乘的拟合，下面通过创建 test6. m 文件进行实现，其代码如下：

```
function a=test6(x,y,m)
if(length(x)= =length(y))
    n=length(x);
else
disp('输入错误,x 和 y 维数不同！');
```

```
        return;
    end
    syms v;
    b=zeros(1,m+1);
    c=zeros(1,m+1);
    test=zeros(1,m+1);
    for k=0:m
        px(k+1)=power(v,k);
    end
    B2=[1];
    b(1)=n;
    for l=1:n
        c(1)=c(1)+y(l);
        test(1)=test(1)+x(l);
    end
    c(1)=c(1)/b(1);
    test(1)=test(1)/b(1);
    a(1)=c(1);
    B1=[-test(1)1];
    for l=1:n
        b(2)=b(2)+(x(l)-test(1))^2;
        c(2)=c(2)+y(l) * (x(l)-test(1));
        test(2)=test(2)+x(l) * (x(l)-test(1))^2;
    end
    c(2)=c(2)/b(2);
    test(2)=test(2)/b(2);
    a(1)=a(1)+c(2) * (-test(1));
    a(2)=c(2);
    beta=b(2)/b(1);
    for i=3:(m+1)
        B=zeros(1,i);
        B(i)=B1(i-1);
        B(i-1)=-test(i-1) * B1(i-1)+B1(i-2);
        for j=2:i-2
            B(j)=-test(i-1) * B1(j)+B1(j-1)-beta * B2(j);
        end
        B(1)=-test(i-1) * B1(1)-beta * B2(1);
        BF=B * transpose(px(1:i));
        for l=1:n
            Qx=subs(BF,'v',x(l));
            b(i)=b(i)+(Qx)^2;
            c(i)=c(i)+y(l) * Qx;
            test(i)=test(i)+x(l) * (Qx)^2;
        end
        test(i)=test(i)/b(i);
        c(i)=c(i)/b(i);
        beta=b(i)/b(i-1);
        for k=1:i-1
            a(k)=a(k)+c(i) * B(k);
        end
        a(i)=c(i) * B(i);
        B2=B1;
        B1=B;
    end
```

接着输入 x 和 y 的值：

```
>>x=1:5;y=[15 18 42 34];
>>a=test6(x,y,4)
输入错误,x 和 y 的维数不同!
>>x=1:5;y=[15 18 42 34 48];
>>a=test6(x,y,4)
a=
   193.0000 -348.5833   219.5417   -53.4167     4.4583
```

通过输入 x 和 y 值可以发现，若 x 和 y 的维度不同，则函数会报错；若维度相同，则可以计算出最小二乘拟合多项式为：$y=193-348.5833x+219.5417x^2-53.4167x^3+4.4583x^4$。

4.7.3 拟合界面

在 MATLAB 中不仅可以通过其内置函数与自行编写的函数实现曲线拟合，MATLAB 还提供了一个交互式的工具进行曲线拟合，即 Basic Fitting Interface。通过使用该工具，用户可以免去编写代码的烦恼，从而实现一些常规的常用曲线拟合。

工具使用步骤如下：

1）选取 MATLAB 中自带的 census data 数据进行拟合，读取 census data 数据，输入以下代码：

```
>>load census
>>whos
  Name        Size        Bytes  Class     Attributes
  cdate       21x1        168    double
  pop         21x1        168    double
```

此时生成了两个 double 型的列向量 cdate 和 pop，其中 cdate 表示从 1790 年至 1990 年内每 10 年为一个分段点的共 21 个数据；pop 为对应的某国人口数量。

2）作点图，代码如下，人口数量图如图 4-14 所示。

```
>>plot(cdate,pop,'r*');
>>xlabel('x'); ylabel('y');title('某国人口数量图');
```

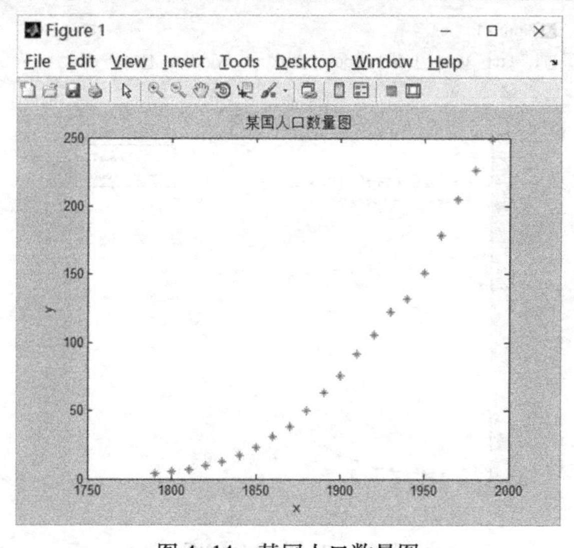

图 4-14　某国人口数量图

3）在 Figure1 中执行“Tools”→“Basic fitting”命令，进入 Basic Fitting 窗口，如图 4-15 所示。

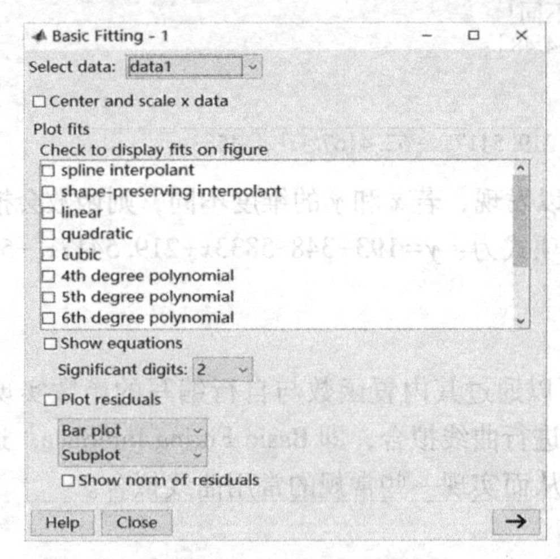

图 4-15　Basic Fitting 窗口

在此窗口中用户可以选择不同的曲线拟合方式进行拟合，若选择的拟合方式形成的拟合效果很差，MATLAB 会自动报警，提醒用户勾选“Center and scale x data”，如图 4-16 所示。

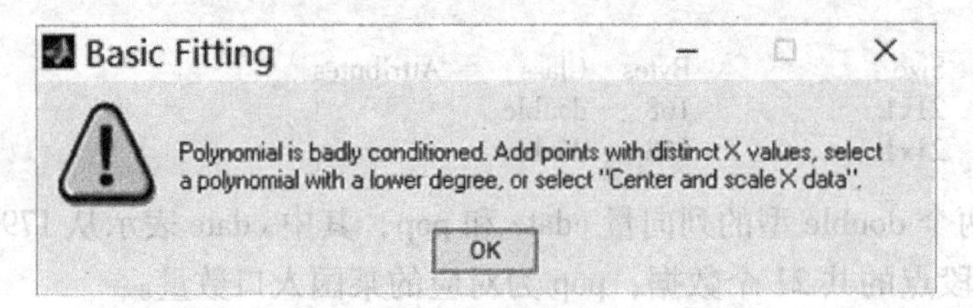

图 4-16　警告提示

4）单击“OK”按钮并勾选 Basic Fitting 窗口中的“Center and scale x data”和“Show equations”，在图中将会显示拟合的方程，如图 4-17 所示。

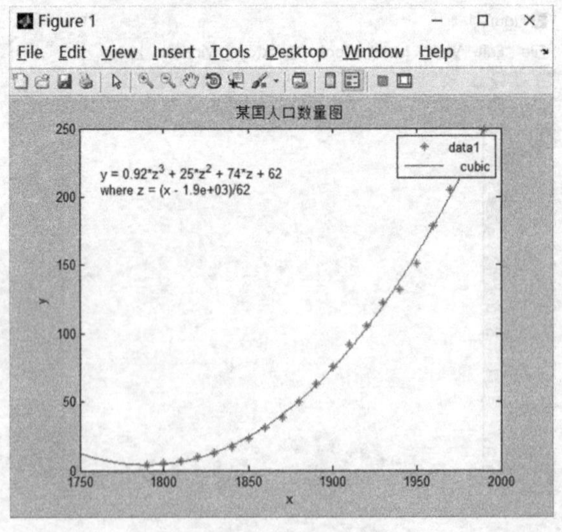

图 4-17　生成公式图

5）勾选“Plot residuals”，图中将会显示残差且可以根据需要选择不同的显示类型，如“Bar plot”（直方图）、“Scatter plot”（散点图）和“Line plot”（线图）；同时，还可以选择图像显示的方式，如“Subplot”（在原图中生成）和“Separate figure”（生成另一张图像）。勾选“Show norm of residuals”，那么在残差图中将会显示残差的范数。这里选择生成“Line plot”并在一张图中生成，生成的残差图如图 4-18 所示。

6）在图 4-15 中，单击“→”按钮，得到如图 4-19 的窗口，用户可以在该窗口上看到拟合后的数值结果，单击“Save to workspace”按钮即可保存到 MATLAB 的基本空间中。

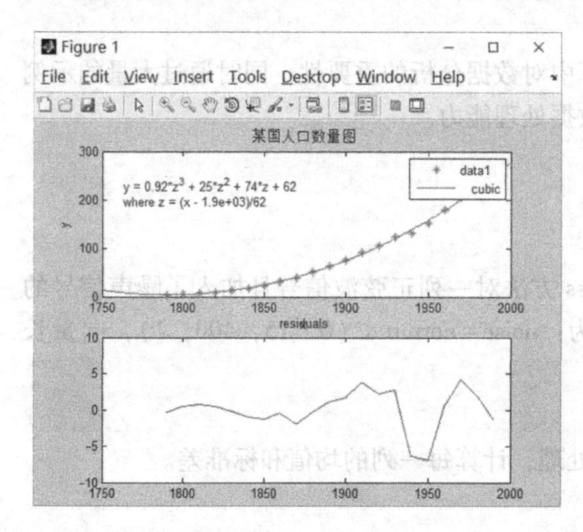

图 4-18　残差图

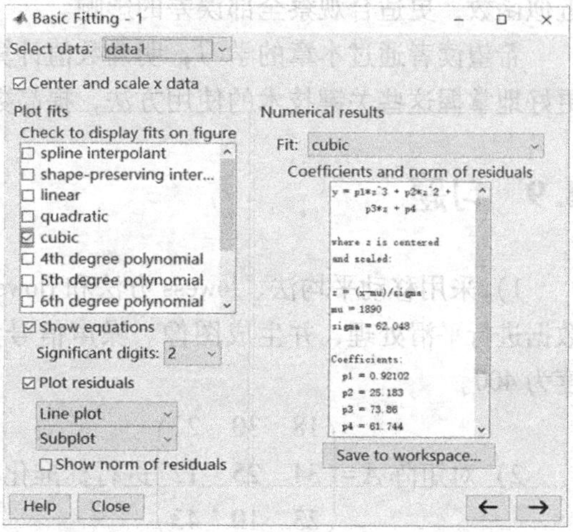

图 4-19　查看结果及保存

7）再次单击“→”按钮，生成图 4-20。在最右侧的面板中，用户可以输入任意点处拟合函数的值，输入 2000:20:2040，单击“Evaluate”按钮就可以实现计算。

8）若想在图中显示该点的预测值，勾选“Plot evaluated results”即可显示，预测值生成图如图 4-21 所示。

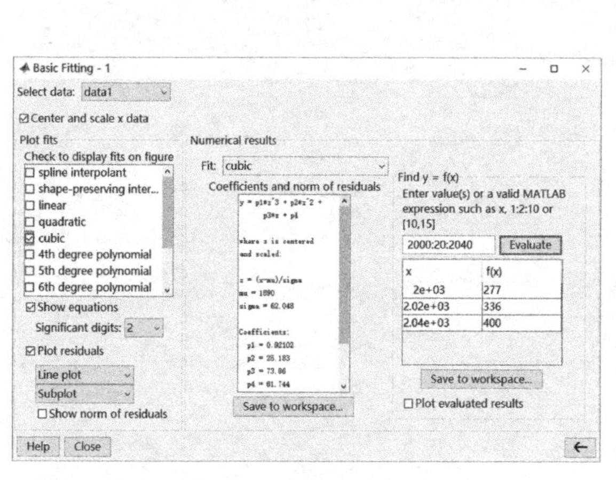

图 4-20　预测拟合函数值

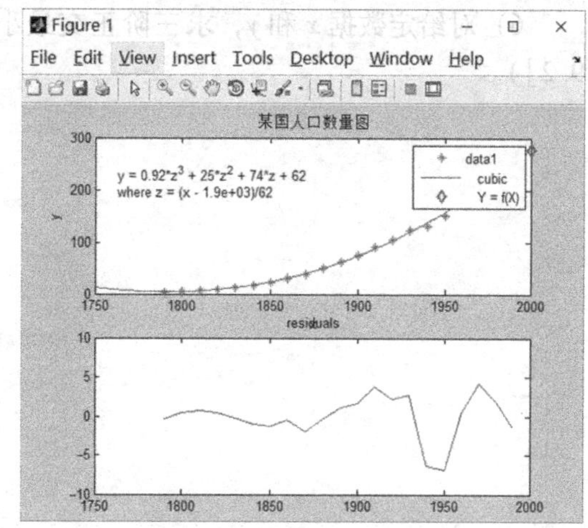

图 4-21　预测值生成图

4.8 本章小结

本章对数据分析中的关键技术（数据预处理、插值和拟合）进行了单独的介绍，其中数据预处理是为了防止数据在传输或者处理过程中出现的随机错误问题，如数据出现了部分缺失或异常等现象；数据插值和数据拟合同样都希望使用简单函数来近似代替较为复杂的函数，但数据拟合方法适用于反映原函数整体的变化趋势，而插值可以求出通过所有数据点的近似函数，更适合观察全部误差的影响。

希望读者通过本章的学习，明确数值计算中对数据分析的重要性，同时通过大量的示例更好地掌握这些关键技术的使用方法，提高数据处理能力。

4.9 习题

1）采用移动平均法、lowess 方法和 rlowess 方法对一列正弦波信号且加入了噪声信号的数据进行平滑处理，并生成图像。噪声信号为：noise = normrnd（0，15，400，1），向量长度为 400。

2）对矩阵 $\boldsymbol{A}=\begin{pmatrix}18 & 30 & 22\\34 & 25 & 12\\23 & 10 & 43\end{pmatrix}$ 进行标准化处理，计算每一列的均值和标准差。

3）使用邻近插值法、线性插值法和样条插值法对 $y=\cos x+\sin x$ 进行插值。规定 x 长度为 20。

4）使用拉格朗日插值法计算 $x=2.5$ 时的 y 值（$x=1:0.5:4;y=0\ 1.5\ 2.8\ 3.4\ 5.3\ 4.6\ 3.2$）。

5）使用 polyfit 函数进行四次拟合，并分别生成图像（$x=[-3.0\ -2.0\ -1.0\ 0\ 1.0\ 2.0\ 3.0]'$；$y=[-0.2585\ 0.8712\ -2.3621\ 4.6732\ 3.2382\ 5.8568\ 3.9003]'$）。

6）对给定数据 x 和 y，求三阶正交最小二乘拟合多项式（$x=[1:4];y=[3.2\ 4.6\ 7.8\ 9.2]$）。

第5章　高等数学中的数值计算

高等数学是理工科院校一门重要的基础学科，同时也是非数学专业理工科专业学生的必修数学课，也是其他一些专业的必修课。作为一门基础科学，高等数学具有高度的抽象性，并且逻辑严密性应用广泛的。高等数学是由微积分学，较深入的代数学、几何学以及它们之间的交叉内容所形成的一门基础学科，主要的研究内容包括极限、微积分、空间解析几何与线性代数、级数、常微分方程。由于 MATLAB 提供了大量便捷的用于进行高等数学数值计算的函数，因此使用 MATLAB 可以将枯燥、抽象、难以理解的高等数学学习变得直观、有趣、易于理解。

5.1　极限

极限是高等数学中最为基础的一部分，很多重要的概念都是通过极限定义的，很多重要的计算方法也都会涉及极限运算。使用 MATLAB 中的极限制图工具，可以更好地学习与理解极限。

5.1.1　数列极限

数列极限是高等数学中最为基本的概念之一，本小节只是对数列极限做一些简单的解释，便于读者对 MATLAB 中使用较多的函数极限进行理解。

1）数列极限的定义：设$\{x_n\}$为一个数列，若存在常数 a，对于任意给定的正数 ε（无论 ε 有多么小），总存在一个正整数 N，使得 $n>N$ 时，不等式

$$|x_n-a|<\varepsilon$$

都成立，那么就称常数 a 是数列$\{x_n\}$的极限，或者称数列$\{x_n\}$收敛于 a，记为

$$\lim_{n\to\infty}x_n=a \text{ 或 } x_n\to a(n\to\infty)$$

2）数列极限的唯一性：如果数列$\{x_n\}$收敛，那么它的极限唯一。

3）收敛数列的有限性：如果数列$\{x_n\}$收敛，那么数列$\{x_n\}$一定有界。

4）收敛数列的保号性：如果$\lim\limits_{n\to\infty}x_n=a$，且 $a>0$（或<0），那么存在正整数 $N>0$，当 $n>N$ 时，都有 $x_n>0$（或 $x_n<0$）。

5）收敛数列与子数列间的关系：如果数列$\{x_n\}$收敛于 a，那么它的任一子数列也收敛，且极限也同为 a。

【例 5-1】 $\lim\limits_{n\to\infty}\dfrac{n+(-1)^{n-1}}{n}=1$ 的几何解释。

输入以下源程序，生成图 5-1。

```
clf
subplot(1,2,1)
hold on
grid on
n=1:50;
m=1+(-1).^(n-1)./n;
plot(n,m,'.')
fplot('0.25',[0,50])
fplot('1.5',[0,50])
axis([0,50,0,2])
title('a 图')
subplot(1,2,2)
hold on
grid on
plot(n,m,'.')
fplot('0.9',[0,40])
fplot('1.1',[0,40])
title('b 图')
```

已知图 5-1 中共描述了 40 个点，取 $\varepsilon=0.5$ 时，如 a 图所示，n 可以取大于或等于 2 的正整数，当 $n>2$ 时，$\frac{n+(-1)^{n-1}}{n}$的值落在区间［0.5,1.5］内；取 $\varepsilon=0.1$ 时，如 b 图所示，n 可以取 20，当 $n>20$ 时，$\frac{n+(-1)^{n-1}}{n}$的值落在区间［0.9,1.1］内。因此 n 的取值依赖于 ε 的取值，且不唯一。

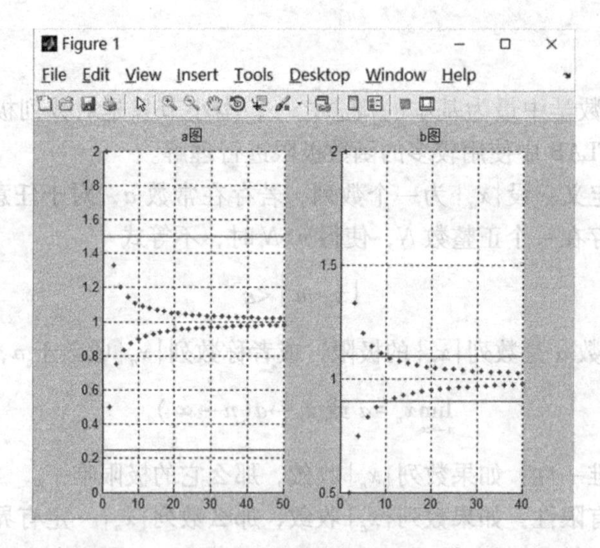

图 5-1　数列的几何解释

5.1.2　函数极限

1. 函数极限的定义

当自变量趋于有限数 a 时，函数的极限定义：

$\lim\limits_{x\to a}f(x)=A\Leftrightarrow\forall\varepsilon>0,\exists\delta>0$，当 $0<|x-a|<\delta$ 时，有 $|f(x)-A|<\varepsilon$ 成立。

左极限定义：

$\lim\limits_{x\to a-0} f(x)=A \Leftrightarrow \forall \varepsilon>0, \exists \delta>0$，当 $a-\delta<x<a$ 时，有 $|f(x)-A|<\varepsilon$ 成立。

右极限定义：

$\lim\limits_{x\to a+0} f(x)=A \Leftrightarrow \forall \varepsilon>0, \exists \delta>0$，当 $a<x<a+\delta$ 时，有 $|f(x)-A|<\varepsilon$ 成立。

综上，得到极限存在的充要条件是左右极限相等，即

$$\lim_{x\to a} f(x)=A \Leftrightarrow \lim_{x\to a+0} f(x)=\lim_{x\to a-0} f(x)$$

同理，当自变量趋于无穷大时函数的极限定义：

$\lim\limits_{x\to\infty} f(x)=A \Leftrightarrow \forall \varepsilon>0, \exists X>0$，当 $|x|>X$ 时，有 $|f(x)-A|<\varepsilon$ 成立。

若 $\lim\limits_{x\to\infty} f(x)=c$，则称直线 $y=c$ 是函数 $y=f(x)$ 的图形的水平渐近线。

【例 5-2】 已知函数 $f(x)=\begin{cases} x-2, x<0 \\ 0, x=0 \\ x+2, x>0 \end{cases}$，当 x 趋于 0 时，$f(x)$ 的极限不存在。

输入以下代码，生成图 5-2。

```
hold on
fplot('x-2',[-5,0])
fplot('x+2',[0,5])
plot(0,0,'.')
axis([-6,6,-8,8])
grid on
plot(0,2,'*')
plot(0,-2,'*')
```

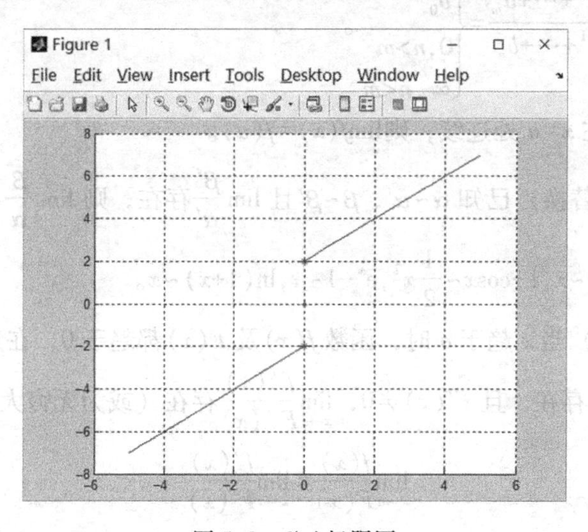

图 5-2 $f(x)$ 极限图

观察图 5-2，发现当 x 趋于 0 时，$f(x)$ 的左极限为 -2，右极限为 2，左极限不等于右极限，所以当 x 趋于 0 时，$f(x)$ 的极限不存在。

2. 函数极限的性质

1）函数极限的唯一性：如果 $\lim\limits_{x\to a} f(x)$ 存在，那么此极限唯一。

2）函数极限的局部有界性：如果$\lim\limits_{x\to a}f(x)=A$，那么存在常数$M>0$和$\delta>0$，使得$0<|x-a|<\delta$时，有$|f(x)|\leqslant M$。

3）函数极限的局部保号性：如果$\lim\limits_{x\to a}f(x)=A$，且$A>0$（或$A<0$），那么存在常数$\delta>0$，使得$0<|x-a|<\delta$时，有$f(x)>0$（或$f(x)<0$）。

4）函数极限与数列极限的关系：如果$\lim\limits_{x\to a}f(x)$存在，$\{x_n\}$为函数$f(x)$的定义域内任一收敛于a的数列，且满足$x_n\neq a(n\in\mathbf{N}_+)$，那么相应的函数值数列$\{f(x_n)\}$必收敛，且$\lim\limits_{n\to\infty}f(x_n)=\lim\limits_{x\to a}f(x)$。

3. 函数极限的计算准则

1）已知$\lim f(x)=A$，$\lim g(x)=B$，c为常数，n为正整数，则

$\lim[f(x)\pm g(x)]=A\pm B$；

$\lim[f(x)\cdot g(x)]=\lim f(x)\cdot\lim g(x)=A\cdot B$；

$\lim f(x)/g(x)=A/B(B\neq0)$；

$\lim[cf(x)]=c\lim f(x)$；

$\lim[f(x)]^n=[\lim f(x)]^n$。

2）$\lim\limits_{x\to0}\dfrac{\sin x}{x}=1,\lim\limits_{x\to\infty}\dfrac{\sin x}{x}=0$。

3）$\lim\limits_{x\to0}(1+x)^{\frac{1}{x}}=\lim\limits_{x\to\infty}\left(1+\dfrac{1}{x}\right)^x=\mathrm{e}$。

4）$\lim\limits_{x\to\infty}\dfrac{a_0x^m+a_1x^{m-1}+\cdots+a_m}{b_0x^n+b_1x^{n-1}+\cdots+b_n}=\begin{cases}\dfrac{a_0}{b_0},n=m\\0,n>m\\\infty,n<m\end{cases}$。

5）若函数$f(x)$在$x=a$处连续，则$\lim\limits_{x\to a}f(x)=f(a)$。

6）（等价无穷小替换）已知$\alpha\sim\alpha'$，$\beta\sim\beta'$且$\lim\dfrac{\beta'}{\alpha'}$存在，则$\lim\dfrac{\beta}{\alpha}=\lim\dfrac{\beta'}{\alpha'}$，当$x$趋于0时，可得$\sin x\sim x,\tan x\sim x,1-\cos x\sim\dfrac{1}{2}x^2,\mathrm{e}^x-1\sim x,\ln(1+x)\sim x$。

7）（洛必达法则）当x趋于a时，函数$f(x)$及$F(x)$都趋于0，在点a的某个去心邻域内，$f'(x)$及$F'(x)$都存在，且$F'(x)\neq0$，$\lim\limits_{x\to a}\dfrac{f'(x)}{F'(x)}$存在（或为无穷大），那么

$$\lim_{x\to a}\frac{f(x)}{F(x)}=\lim_{x\to a}\frac{f'(x)}{F'(x)}$$

【例5-3】通过图像观察$\lim\limits_{x\to0}\dfrac{\sin x}{x}=1$和$\lim\limits_{x\to0}(1+x)^{\frac{1}{x}}=\mathrm{e}$。

输入以下代码，生成图5-3。

```
clf
subplot(1,2,1)
grid on
fplot('sin(x)./x',[-2,2])
```

```
title('a')
subplot(1,2,2)
grid on
fplot('(1+x).^(1./x)',[-0.02,0.02])
title('b')
```

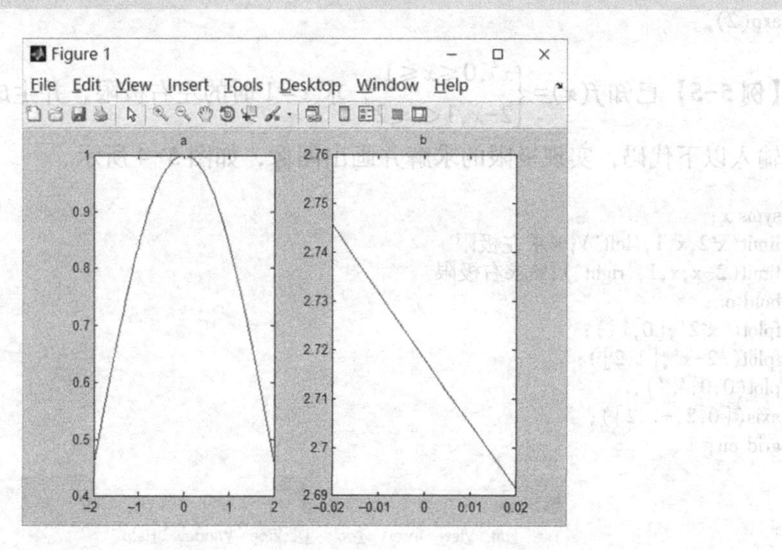

图 5-3　函数生成图

观察 a 图时可以发现，当 x 趋于 0 时，$\sin x/x$ 的值是趋向于 1 的；观察 b 图时可以发现，当 x 趋于 0 时，$(1+x)^{1/x}$是趋向于 2.718 的。

5.1.3　极限的实现

在 MATLAB 中，使用 limit 函数可以进行极限的求解，其调用格式介绍如下。

1）limit(f,x,a)：求符号变量 x 趋于 a 的极限，执行后返回函数 f。

2）limit(f,a)：求符号变量 findsym(f)趋于 a 的极限，执行后返回函数 f。

3）limit(f)：求符号变量 findsym(f)趋于 0 的极限，执行后返回函数 f。

4）limit(f,x,a,'left')：求符号变量 x 趋于 a 的左极限，执行后返回函数 f。

5）limit(f,x,a,'right')：求符号变量 x 趋于 a 的右极限，执行后返回函数 f。

注意：使用 limit 命令前，需要使用 syms 做相应符号的变量说明。

5.1.4　实例应用

【例 5-4】 求$\lim\limits_{x\to 0}\dfrac{x^3-1}{x^2-5x+3}$和$\lim\limits_{x\to\infty}\left(\dfrac{1+x}{x}\right)^{2x}$。

输入以下代码，分别求两个函数的极限。

```
>>syms x
>> f1=(x^3-1)/(x^2-5*x+3);
>> limit(f1) %计算第一个函数极限
```

```
ans =
-1/3
>> f2 = ((1+x)/x)^(2 * x);
>> limit(f2,x,inf) %计算第二个函数极限
ans =
exp(2)
```

【例 5-5】 已知$f(x)=\begin{cases}x^2,0\leqslant x\leqslant 1\\2-x,1<x\leqslant 2\end{cases}$，求 $x=1$ 时的左右极限，并生成该图像。

输入以下代码，实现极限的求解并画出图像，如图 5-4 所示。

```
syms x;
limit(x^2,x,1,'left');%求左极限
limit(2-x,x,1,'right');%求右极限
hold on;
fplot('x^2',[0,1]);
fplot('2-x',[1,2]);
plot(0,0,'.');
axis([0,2,-2,2]);
grid on;
```

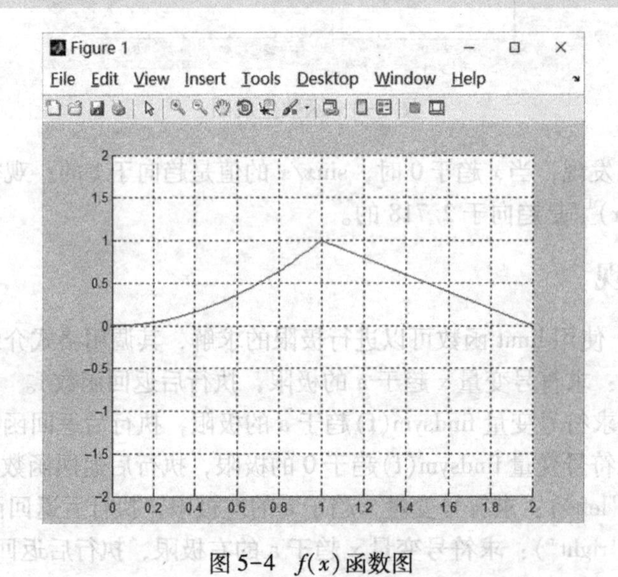

图 5-4 $f(x)$函数图

5.2 导数

在高等数学中，函数的导数判断需要进行大量的计算才可求出，而在 MATLAB 中可以使用其自带函数轻松实现求导。

5.2.1 意义与性质

1）函数$f(x)$在 $x=a$ 处的导数定义为

$$f'(a)=\lim_{\Delta x\to 0}\frac{\Delta y}{\Delta x}=\frac{\mathrm{d}f(x)}{\mathrm{d}x}\bigg|_{x=a}=\lim_{x\to a}\frac{f(x)-f(a)}{x-a}$$

2）几何意义：若函数$f(x)$在$x=a$处可导，则函数图形在$x=a$处的切线是存在的，且$f'(a)$为该切线的斜率。$y=f(x)$在点$A(a,f(a))$处的切线方程为

$$y-f(a)=f'(a)(x-a)$$

3）函数$f(x)$在$x=a$处连续是函数$f(x)$在$x=a$处可导的必要条件。

4）若函数$f(x)$在定义域内存在一阶导数和二阶导数，则$f'(x)>0$可以得出函数$f(x)$为单调递增函数；$f'(x)<0$可以得出函数$f(x)$为单调递减函数；$f''(x)>0$可以得出函数$f(x)$为凹函数；$f''(x)<0$可以得出函数$f(x)$为凸函数；函数$f(x)$在$x=a$处取到极值，则$f''(x)=0$。

5）表5-1中介绍了一些常数和基本初等函数的导数公式。

表5-1　常用导数公式

序　号	导　　数	序　号	导　　数
1	$(C)'=0$	8	$(\mathrm{e}^x)'=\mathrm{e}^x$
2	$(x^u)'=ux^{u-1}$	9	$(\log_a x)'=\dfrac{1}{x\ln a}$
3	$(\sin x)'=\cos x$	10	$(\ln x)'=\dfrac{1}{x}$
4	$(\cos x)'=-\sin x$	11	$(\arcsin x)'=\dfrac{1}{\sqrt{1-x^2}}$
5	$(\tan x)'=\sec^2 x$	12	$(\arccos x)'=-\dfrac{1}{\sqrt{1-x^2}}$
6	$(\cot x)'=-\csc^2 x$	13	$(\arctan x)'=\dfrac{1}{1+x^2}$
7	$(a^x)'=a^x\ln a$	14	$(\mathrm{arccot} x)'=-\dfrac{1}{1+x^2}$

6）若函数$u=u(x)$和$v=v(x)$都在点x处具有导数，那么它们的和、差、积、商都在点x处具有导数（分母不为0），可得

$$(u(x)\pm v(x))'=u'(x)\pm v'(x)$$

$$[u(x)v(x)]'=u'(x)v(x)+u(x)v'(x)$$

$$\left(\frac{u(x)}{v(x)}\right)'=\frac{u'(x)v(x)-u(x)v'(x)}{v^2(x)},\ v(x)\neq 0$$

7）若$u=\varphi(x)$在点x处可导，且$y=f(u)$在相应的点处可导，则复合函数$y=f(\varphi(x))$在点x处可导，可得$\dfrac{\mathrm{d}y}{\mathrm{d}x}=f'(u)\varphi'(x)$。

5.2.2　导数与极值的实现

在MATLAB中，使用diff函数可以进行函数的求导，其调用格式介绍如下。

1）diff(f,x)：表示对表达式f中的符号变量x求一阶导数，表达式f中可以含有其他符号变量，若x缺省，则表示对命令syms定义的变量求一阶导数。

2）diff(f,x,n)：表示对表达式f中的符号变量x求n阶导数。

当对函数进行求导后，可使用 solve 函数求出极值点，其调用格式介绍如下。

1）xz=solve(df)：对一元函数进行极值点求解，其中“df”表示对函数 f 求的一阶导数。

2）[x,y]=solve(dfx,dfy,'x','y')：对二元函进行极值点求解，其中“dfx”和“dfy”分别表示对函数 f 求 x 的偏导数和对函数 f 求 y 的偏导数。

5.2.3 实例应用

【例 5-6】 求 $y=\arcsin(1-2x)$ 的一阶导数。

```
>>syms x
>> f=asin(1-2*x);
>> diff(f,x)
ans=
-2/(1-(2*x-1)^2)^(1/2)
```

【例 5-7】 已知 $u=(x-3y)^z$，$z=2x^2+y^2$，求$\frac{\partial u}{\partial x}$、$\frac{\partial u}{\partial y}$、$\frac{\partial^2 u}{\partial x\,\partial y}$（复合函数求偏导数）。

```
>>syms x y z u
>> u=(x-3*y)^z;
>> z=2*x^2+y^2;
>> diff(u,x)
ans=
z*(x-3*y)^(z-1)
>> diff(u,y)
ans=
-3*z*(x-3*y)^(z-1)
>> diff(diff(u,x),y)
ans=
-3*z*(x-3*y)^(z-2)*(z-1)
```

【例 5-8】 求函数 $f(x)=\frac{3x^2+4x+4}{x^2+x+1}$ 的极值点，并生成极值图。

输入以下代码，极值图如图 5-5 所示。

```
>>syms x
>> f=(3*x^2+4*x+4)/(x^2+x+1);
>> df=diff(f)
df=
(6*x + 4)/(x^2 + x + 1)-((2*x + 1)*(3*x^2 + 4*x + 4))/(x^2 + x + 1)^2
>> xz=solve(df)
xz=
  0
-2
>>ezplot(f)
>> title('f(x)')
```

通过计算可知该函数有两个驻点，即 $x_1=0$、$x_2=-2$，通过观察图 5-5 可知 x_1 为极大值点，x_2 为极小值点。

【例 5-9】 已知函数 $z=x^4-8xy+2y^2-3$，求函数的极值点与极值并生成极值图。

1）输入以下代码求出关于 x、y 的偏导数。

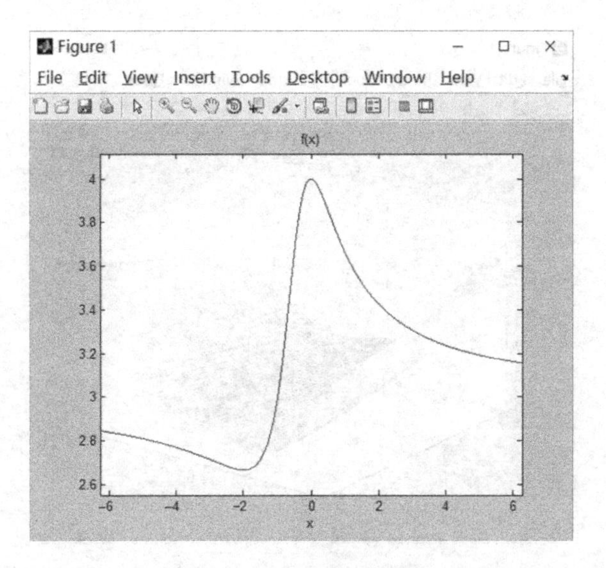

图 5-5　一元函数极值图

```
>>syms x y;
>> z=x^4-8 * x * y+2 * y^2-3;
>> dx=diff(z,x)
dx=
4 * x^3-8 * y
>> dy=diff(z,y)
dy=
4 * y-8 * x
```

2）使用 solve 命令，求解驻点。

```
>> [x,y]=solve(dx,dy,'x','y')
x=
  0
  2
-2
y=
  0
  4
-4
```

结果有三个驻点，分别是 $A(0,0)$、$B(2,4)$和 $C(-2,-4)$。

3）根据 solve 命令求得的驻点，确定 x 和 y 的范围，都是［-5,5］。输入以下代码，生成图 5-6。

```
>> X=-5:0.2:5;
>> Y=-5:0.2:5;
>> [x,y]=meshgrid(X,Y);
>> z=x.^4-8 * x. * y+2 * y.^2-3;
>> mesh(x,y,z)
>>xlabel('x');
>>ylabel('y');
>>zlabel('z');
>> title('二元函数极值图');
```

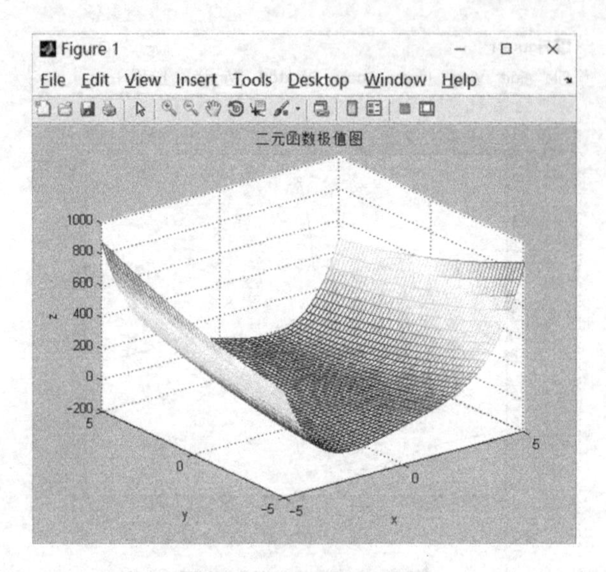

图 5-6　二元函数极值图

在图 5-6 中无法轻易地观测到极值点，主要是由于 z 的取值范围为 $[-500,100]$，是一幅远景图，细节信息丢失较多，无法观测图像的细节，因此需使用等值线来进行极值点的观测。输入以下代码，生成图 5-7。

```
>> contour(x,y,z,600)
>>xlabel('x');ylabel('y');
>> title('等值线图');
```

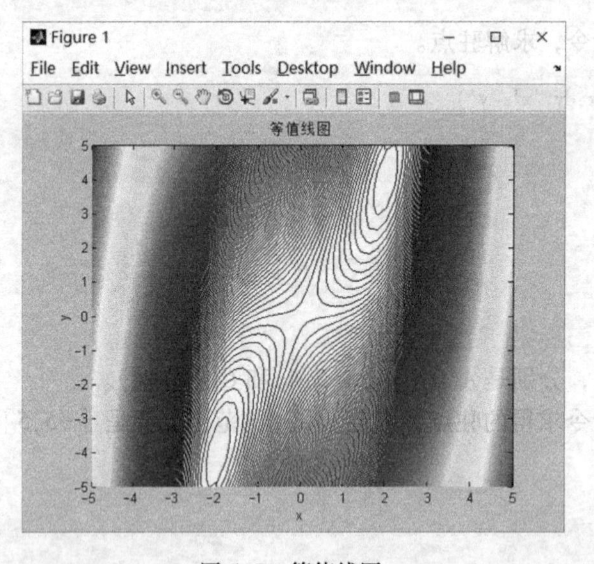

图 5-7　等值线图

观察图 5-7，随着图形灰度的逐渐变浅，函数值是逐渐变小的，图形中存在两个明显的极小值点，即 $B(2,4)$ 和 $C(-2,-4)$。根据梯度和等高线之间的关系，梯度的方向是等高线的法方向，且指向函数增加的方向。由此可知极值点应有等高线环绕，而点 $A(0,0)$ 周围无等高线，所以不是极值点，是鞍点。

最终得出函数 z 有两个极小值点，即当取值点为 $B(2,4)$ 和 $C(-2,-4)$ 时，$z=-19$，为最小值。

5.3 不定积分

在上一节中主要讨论了如何求一个函数的导函数问题，本节将讨论它的反问题——不定积分，即寻找一个可导函数，使它的导函数等于已知函数。这是积分学中的基本问题之一。

5.3.1 定义与性质

1）定义：在区间 I 上，函数 $f(x)$ 的带有任意常数项的原函数称为 $f(x)$（或 $f(x)\mathrm{d}x$）在区间 I 上的不定积分，记为

$$\int f(x)\mathrm{d}x$$

其中，记号 $\int$ 称为积分号；$f(x)$ 称为被积函数；$f(x)\mathrm{d}x$ 称为被积表达式；x 称为积分变量。

2）若 $f(x)$ 的原函数存在，则

$$\int kf(x)\mathrm{d}x = k\int f(x)\mathrm{d}x$$

3）若 $f(x)$ 和 $g(x)$ 的原函数是存在的，则

$$\int[f(x)+g(x)]\mathrm{d}x = \int f(x)\mathrm{d}x + \int g(x)\mathrm{d}x$$

4）第一类换元法——设 $f(u)$ 具有原函数，$u=\varphi(x)$ 可导，则有换元公式

$$\int f[\varphi(x)]\varphi'(x)\mathrm{d}x = \left[\int f(u)\mathrm{d}u\right]_{u=\varphi(x)} = F(u)+C$$

5）第二类换元法——设 $x=\phi(t)$ 是单调的、可导的函数，且 $\phi'(t)\neq 0$。又设 $f[\phi(t)]\phi'(t)$ 具有原函数，则有换元公式

$$\int f(x)\mathrm{d}x = \left[\int f[\phi(t)]\phi'(t)\mathrm{d}t\right]_{t=\phi^{-1}(x)}$$

6）分部积分法：

$$\int uv'\mathrm{d}x = uv - \int u'v\mathrm{d}x$$

7）基本积分表：

$$\int k\mathrm{d}x = kx + C \ (k\text{ 是常数})$$

$$\int x^a\mathrm{d}x = \frac{x^{a+1}}{a+1} + C \ (a\neq 1)$$

$$\int \frac{1}{x}\mathrm{d}x = \ln|x| + C$$

$$\int \frac{1}{1+x^2}\mathrm{d}x = \arctan x + C$$

$$\int \frac{1}{\sqrt{1-x^2}}\mathrm{d}x = \arcsin x + C$$

$$\int \cos x \mathrm{d}x = \sin x + C$$

$$\int \sin x \mathrm{d}x = -\cos x + C$$

$$\int \frac{1}{\cos^2 x}\mathrm{d}x = \int \sec^2 x \mathrm{d}x = \tan x + C$$

$$\int \frac{1}{\sin^2 x}\mathrm{d}x = \int \csc^2 x \mathrm{d}x = -\cot x + C$$

$$\int \sec x \tan x \mathrm{d}x = \sec x + C$$

$$\int \csc x \cot x \mathrm{d}x = -\csc x + C$$

$$\int \mathrm{e}^x \mathrm{d}x = \mathrm{e}^x + C$$

$$\int a^x \mathrm{d}x = \frac{a^x}{\ln a} + C$$

5.3.2 不定积分的实现

在 MATLAB 中，使用 int 函数实现不定积分的求解，其调用格式介绍如下。

1）int(f)：求函数 f 关于 syms 定义的符号变量的不定积分。

2）int(f,v)：求函数 f 关于变量 v 的不定积分。

注意：使用 MATLAB 进行不定积分运算时，积分常数 C 是不会自动添加的。

5.3.3 实例应用

【例 5-10】计算不定积分 $\int \frac{3x^4 + 3x^2 + 1}{x^2 + 1}\mathrm{d}x$。

```
>>syms x
>> f=(3*x^4+3*x^2+1)/(x^2+1);
>> int(f)
ans =
atan(x) + x^3
```

【例 5-11】计算 $\int \begin{pmatrix} \cos x & x\mathrm{e}^x \\ \frac{2x^2+3}{2x} & \tan x \end{pmatrix} \mathrm{d}x$。

```
>>syms x;
>> y=[cos(x),x*exp(x);(2*x^2+3)/2*x,tan(x)];
>> int(y,x)
ans =
[              sin(x), exp(x)*(x-1)]
[ (x^2*(x^2 + 3))/4,   -log(cos(x))]
```

【例 5-12】求不定积分 $\int\left(\sin^2\left(\frac{ax}{4}\right)+\frac{x^3}{5}\right)dx$，并取 $a=1$ 时绘制函数图像。x 的范围为 $[-2\pi,2\pi]$。

1）输入以下代码实现不定积分的求解，并进行简化。

```
>>syms x a C
>> F=int(sin(a*x/4))^2+(x^3)/5
F=
(16*cos((a*x)/4)^2)/a^2 + x^3/5
>> y=simple(F)+C
y=
C + (16*cos((a*x)/4)^2)/a^2 + x^3/5
```

2）当 a=1 时，画出函数图像，如图 5-8 所示。

```
>> x=-2*pi:0.01:2*pi;
>> a=1;
>>  for C=-28:28
y=C + (16*cos((a*x)/4).^2)/a.^2 + x.^3/5;
plot(x,y)
hold on
end
>> grid
>> hold off
>> axis([-2*pi,2*pi,-8,8])
>>xlabel('x')
>>ylabel('y')
>> title('函数 y=sin(a*x/4)^+(x^3)/5 的积分曲线')        %绘制其函数图像
>> legend('函数 y=sin(a*x/4)^+(x^3)/5 的积分曲线')
```

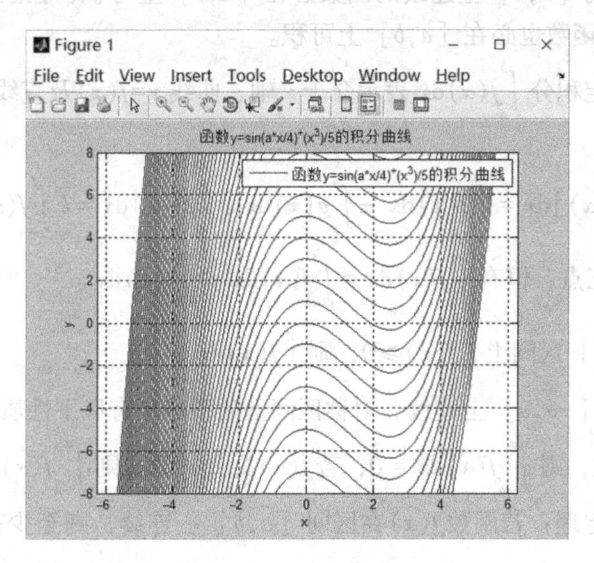

图 5-8　不定积分函数图

5.4 定积分

本节将讨论积分学的另一个基本问题——定积分。下面先从定积分的定义与性质开始讨论，接着利用 MATLAB 函数进行实现，可以更快地得到清晰的图像和计算结果。

5.4.1 定义与性质

1）定义：设函数$f(x)$在［a,b］上有界，在［a,b］中任意插入若干个分点

$$a=x_0<x_1<x_2<\cdots<x_{n-1}<x_n=b$$

将区间［a,b］分成n个小区间

$$[x_0,x_1],[x_1,x_2],\cdots,[x_{n-1},x_n]$$

使用$\Delta x_i=x_i-x_{i-1}$表示第i个小区间的长度，在［x_{i-1},x_i］上任取一点ξ_i，作乘积$f(\xi_i)\cdot\Delta x_i$，$i=1,2,\cdots,n$，并作出和

$$\sum_{i=1}^{n}f(\xi_i)\Delta x_i$$

当$\lambda=\max\limits_{1\leqslant i\leqslant n}\{\Delta x_i\}\to 0$时，若上式的极限存在，则称函数$f(x)$在区间［$a,b$］上可积，并称此极限值为$f(x)$在［$a,b$］上的定积分，记作$\int_a^b f(x)\mathrm{d}x$，即

$$\int_a^b f(x)\mathrm{d}x=\lim_{\lambda\to 0}\sum_{i=1}^{n}f(\xi_i)\Delta x_i$$

其中，$f(x)$叫作被积函数；$f(x)\mathrm{d}x$叫作被积表达式；x叫作积分变量；a叫作积分下限；b叫作积分上限；［a,b］叫作积分区间。

2）定理：在区间［a,b］上连续的函数必在［a,b］上可积；在区间［a,b］上有界且只有有限个间断点的函数也必在［a,b］上可积。

3）几何意义：定积分$\int_a^b f(x)\mathrm{d}x$表示介于x轴、曲线$y=f(x)$及直线$x=a$、$x=b$之间的各部分面积的代数和。

4）$\int_a^b[f(x)\pm g(x)]\mathrm{d}x=\int_a^b f(x)\mathrm{d}x\pm\int_a^b g(x)\mathrm{d}x$、$\int_a^b kf(x)\mathrm{d}x=k\int_a^b f(x)\mathrm{d}x$。

5）已知a、b、c三点，恒有$\int_a^c f(x)\mathrm{d}x=\int_a^b f(x)\mathrm{d}x+\int_b^c f(x)\mathrm{d}x$。

6）已知在［a,b］区间上，$f(x)\geqslant 0$，则$\int_a^b f(x)\mathrm{d}x\geqslant 0$。

7）已知$f(x)$在［$-a,a$］上连续，对称区间上的积分具有以下性质：

若$f(x)$为奇函数，则$\int_{-a}^{a}f(x)\mathrm{d}x=0$；若$f(x)$为偶函数，则$\int_{-a}^{a}f(x)\mathrm{d}x=2\int_0^a f(x)\mathrm{d}x$。

8）定积分中值定理：若函数$f(x)$在区间［a,b］上连续，则至少存在一点$\xi\in[a,b]$，使下式成立：$\int_a^b f(x)\mathrm{d}x=f(\xi)(b-a)$，$\xi\in[a,b]$。

9）表 5-2 中介绍了定积分中的三大计算公式。

表 5-2　定积分计算公式

名　称	公　式	说　明
牛顿-莱布尼茨公式	$\int_a^b f(x)\mathrm{d}x = F(b) - F(a)$	函数 $F(x)$ 是连续函数 $f(x)$ 在区间 $[a,b]$ 上的一个原函数
定积分换元法	$\int_a^b f(x)\mathrm{d}x = \int_\alpha^\beta f[\varphi(t)]\varphi'(t)\mathrm{d}t$	函数 $f(x)$ 在区间 $[a,b]$ 上连续，函数 $x=\varphi(t)$ 在区间 $[\alpha,\beta]$ 上连续且为不变号的导数，当 t 在 $[\alpha,\beta]$ 上变化时，$x=\varphi(t)$ 的值在 $[a,b]$ 上变化，且 $\phi(\alpha)=a,\phi(\beta)=b$
定积分分部积分法	$\int_a^b u\mathrm{d}v = (uv)\mid_a^b - \int_a^b v\mathrm{d}u$	函数 $u(x)$ 与 $v(x)$ 均在区间 $[a,b]$ 上有连续的导数

5.4.2　定积分的实现

在 MATLAB 中，使用 int 函数同样可以实现定积分的求解，其调用格式介绍如下。

1）int(f,a,b)：求函数 f 关于 syms 定义的符号变量的定积分，其中变量范围为［a,b］。

2）int(f,v,a,b)：求函数 f 关于变量 v 的定积分，其中变量范围为［a,b］。

5.4.3　实例应用

【例 5-13】 计算定积分 $\int_1^4(x^2+1)\mathrm{d}x$ 和 $\int_{\frac{\pi}{4}}^{\frac{5}{4}\pi}(1+\sin^2 x)\mathrm{d}x$。

```
>>syms x
>> f1=x^2+1;
>> f2=1+(sin(x))^2;
>> int(f1,1,4)
ans=
24
>> int(f2,(1/4)*pi,(5/4)*pi)
ans=
(3*pi)/2
```

【例 5-14】 使用 MATLAB 在 $\int_0^2(1-x^2+2x^3)\mathrm{d}x$ 中求解一个点 $\xi\in[0,2]$，同时满足以下条件：

$$\int_0^2(1-x^2+2x^3)\mathrm{d}x = f(\xi)(2-0) = 2(1-\xi^2+2\xi^3)$$

在 MATLAB 命令窗口中输入以下代码，即可得到结果。

```
>>syms x
>> y=1-x^2+2*(x^3)
y=
2*x^3-x^2 + 1
>> f=int(y,0,2)%计算定积分
f=
22/3
>> z=y-f;
>> zf=char(z);
>>fzero(zf,0.5)%求ξ
```

```
ans=
    1.6555
```

【例 5-15】计算函数 $\frac{d}{dx}\int_0^{x^2}\sqrt{1+t^2}\,dt$ 的导数，并计算当 $x=1$ 时函数的值。

```
>>syms x t
>> f=(1+t^2)^(1/2)
f=
(t^2 + 1)^(1/2)
%先求解定积分
>> y=int(f,t,0,x^2)
y=
asinh(x^2)/2 + (x^2 * (x^4 + 1)^(1/2))/2
%求导
>> y2=diff(y,x)
y2=
x/(x^4 + 1)^(1/2) + x * (x^4 + 1)^(1/2) + x^5/(x^4 + 1)^(1/2)
%化简 y2
>> simplify(y2)
ans=
2 * x * (x^4 + 1)^(1/2)
%取 x=1 时,求值
>> x=1;
>> y2=2 * x * (x^4 + 1)^(1/2)
y2=
    2.8284
```

5.5 数值积分

在求某函数的定积分时，大多数的情况下，被积函数的原函数难以使用初等函数进行表达，因此可以借助微积分学中的牛顿-莱布尼茨公式计算定积分的机会是不多的。此外，许多实际问题中的被积函数往往是列表函数或其他形式的非连续函数，对这类函数求定积分，也无法使用不定积分方法进行求解。本节将对数值积分中的矩形数值积分、梯形数值积分、抛物线形数值积分（辛普森积分）和近似函数方法进行介绍。

5.5.1 定义与性质

1）定义：数值积分是求定积分的近似值的数值方法，即使用被积函数的有限个抽样值的离散或加权平均近似值代替定积分的值。

2）矩形数值积分。将区间 $[a,b]$ 进行划分，划分规则如下：

$$a=x_0<x_1<x_2<\cdots<x_n=b$$

在每一个小区间上使用矩形面积近似代替曲边矩形面积，得到矩形数值积分的公式，左矩形公式为

$$\int_a^b f(x)\,dx \approx \sum_{i=1}^{n}[f(x_{i-1}) \times (x_i - x_{i-1})]$$

中矩形公式为

$$\int_a^b f(x)\,dx \approx \sum_{i=1}^{n}[f(\frac{x_i + x_{i-1}}{2}) \times (x_i - x_{i-1})]$$

右矩形公式为

$$\int_a^b f(x)\,\mathrm{d}x \approx \sum_{i=1}^{n}\left[f(x_i)\times(x_i - x_{i-1})\right]$$

3）梯形数值积分。将区间 $[a,b]$ 进行划分，划分规则如下：

$$a=x_0<x_1<x_2<\cdots<x_n=b$$

在每一个小区间上使用梯形面积近似代替曲边梯形面积，得到梯形数值积分的公式：

$$\int_a^b f(x)\,\mathrm{d}x \approx \sum_{i=1}^{n}\left[\frac{f(x_{i-1})+f(x_i)}{2}\times(x_i - x_{i-1})\right]$$

4）抛物线形数值积分（辛普森积分公式）：

$$\int_a^b f(x)\,\mathrm{d}x \approx \sum_{i=1}^{n}\frac{(x_i - x_{i-1})}{6}\times\left[f(x_{i-1})+4f\left(\frac{x_{i-1}+x_i}{2}\right)+f(x_i)\right]$$

5）近似函数方法：用 n 次多项式函数 $s_n(x)$ 来近似地表示被积函数 $f(x)$，通过使用 $\int_a^b x^n\mathrm{d}x=\frac{b^{n+1}-a^{n+1}}{n+1}$，可以准确地计算 $\int_a^b s_n(x)\,\mathrm{d}x$ 的值，实现对被积函数 $\int_a^b f(x)\,\mathrm{d}x$ 的近似值求解。

5.5.2 数值积分的实现

在 MATLAB 中，对于数值积分的函数有一些是可以使用其自带的函数实现的，如抛物线形数值积分和近似函数法；其余的是无法直接实现的，需要通过编写相应的程序来实现。

使用 quad 函数可以实现抛物线形数值积分的求解，其调用格式如下。

quad('f',a,b,tol)：使用抛物线形数值积分公式对函数 f 进行积分，其中 a、b 是积分的下限和上限，tol 为指定的误差范围。

函数的近似表达式可截取被积分函数在某点处泰勒展开式的部分项，在 MATLAB 中使用 taylor(f,a,n) 函数实现函数 f 在 x=a 处的 n-1 阶泰勒展开式。使用 taylor 函数实现近似函数方法的求解，其调用格式如下。

1）taylor(f,x)：展开为五阶泰勒展开式。

2）taylor(f,x,a,'Order',n)：在 x=a 处展开为 n-1 阶泰勒展开式。

对矩形数值积分的实现，则需进行如下代码编写。

1）创建 M 文件，命名为 left.m 并保存，实现左矩形公式法，输入以下代码：

```
function    y=left(f,a,b,n)
s=0;
s1=1*(b-a)/n;
for i=1:n-1
    x=a+i*(b-a)/n;
    s2=eval(f);
    s1=s1+s2*(b-a)/n;
end
y=s1;
```

2）创建 M 文件，命名为 medium.m 并保存，实现中矩形公式法，输入以下代码：

```
function    y=medium(f,a,b,n)
s1=0;
```

```
for i=1:n
    x=a+(i-0.5)*(b-a)/n;
    s2=eval(f);
    s1=s1+s2*(b-a)/n;
end
y=s1;
```

3）创建 M 文件，命名为 right. m 并保存，实现右矩形公式法，输入以下代码：

```
function   y=right(f,a,b,n)
s1=0;
for i=1:n
    x=a+i*(b-a)/n;
    s2=eval(f);
    s1=s1+s2*(b-a)/n;
end
y=s1;
```

对梯形数值积分的实现，需创建 M 文件，命名为 tx. m 并保存，输入以下代码：

```
function   y=tx(f,a,b,n)
s1=0;
for i=1:n
    x=a+i*(b-a)/n;
    s2=eval(f);
    x=a+(i-1)*(b-a)/n;
    if (x==0)
        s3=1;
    else
      s3=eval(f);
    end
    s1=s1+(s2+s3)/2*(b-a)/n;
end
y=s1;
```

对辛普森数值积分的实现，需创建 M 文件，命名为 simpson. m 并保存，输入以下代码：

```
function   y=simpson(f,a,b,n)
s1=0;
for i=1:n
    x=a+i*(b-a)/n;
    s2=eval(f);
    x=a+(i-1)*(b-a)/n;
    if (x==0)
        s3=1;
    else
      s3=eval(f);
    end
    x=a+(i-0.5)*(b-a)/n;
    s4=eval(f);
    s1=s1+(s2+s3+4*s4)*(b-a)/(6*n);
end
y=s1;
```

5.5.3 实例应用

【例 5-16】求抛物线 $y^2=2x$ 与直线 $y=x-4$ 所围成的图形面积 S。

1）输入以下代码，求出抛物线和直线的交点。

```
>> [x,y]=solve('y^2=2*x','y=x-4')
x=
 8
 2
y=
  4
 -2
```

可知抛物线与直线的交点分别是 $A(8,4)$ 和 $B(2,-2)$。

2）输入如下代码，画出图像，如图 5-9 所示。

```
>> x=linspace(0,10);
>> y=linspace(-5,5);
>> x1=y.^2/2;
>> x2=y+4;
>> plot(x1,y,x2,y)
```

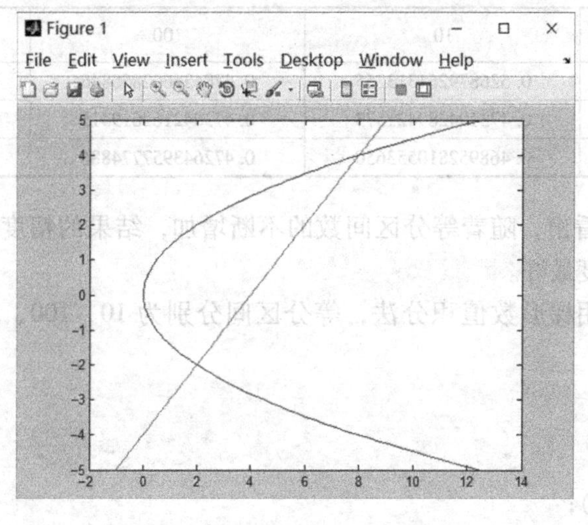

图 5-9　$y^2=2x$ 与 $y=x-4$ 的函数图形

3）已知两个函数的交点为 $A(8,4)$ 和 $B(2,-2)$，输入以下代码，计算面积 S。

```
>>syms y
>> f=(y+4)-(y^2)/2;
>> S=int(f,y,-2,4)
S=
18
```

【例 5-17】使用多种方法计算 $\int_0^1 \frac{\sin x}{2x}\mathrm{d}x$ 的近似值。

第一种方法：使用 MATLAB 自带的数值积分函数进行求解，输入以下代码：

```
>> format long;
>> quad('sin(x)./(2*x)',0,1,0.001)
ans =
    0.473041535038267
```

第二种方法：使用矩形数值积分法，等分区间分别为 10、100、500。输入以下代码，运行结果见表 5-3。

```
>> format long;
>> digits(20);
>>syms x;
>> y=sin(x)/(2*x);
>> left(y,0,1,10);
>> left(y,0,1,100);
>> left(y,0,1,500);
>> medium(y,0,1,10);
>> medium(y,0,1,100);
>> medium(y,0,1,500);
>> right(y,0,1,10);
>> right(y,0,1,100);
>> right(y,0,1,500);
```

表 5-3　矩形数值积分法

方法＼等分区间	10	100	500
左矩形法	0.526879261313255	0.478436602850846	0.474120749496406
中矩形法	0.473104289421573	0.473042162619415	0.473041560280983
右矩形法	0.468952810553650	0.472643957774886	0.472962220481214

观察表 5-3 可以看出，随着等分区间数的不断增加，结果的精度会越来越好，且使用中矩形法进行积分精度最好。

第三种方法：使用梯形数值积分法，等分区间分别为 10、100、500。输入以下代码，得到结果如下：

```
>> format long;
>> digits(20);
>>syms x;
>> y=sin(x)/(2*x);
>> tx(y,0,1,10)
ans =
   0.497916035933453
>> tx(y,0,1,100)
ans =
   0.475540280312866
>> tx(y,0,1,500)
ans =
   0.473541484988809
```

第四种方法：使用辛普森数值积分法，等分区间分别为 10、100、500。输入以下代码，得到结果如下：

```
>> format long;
>> digits(20);
```

```
>>syms x;
>> y=sin(x)/(2*x);
>> simpson(y,0,1,10)
ans =
   0.481374871592199
>> simpson(y,0,1,100)
ans =
   0.473874868517232
>> simpson(y,0,1,500)
ans =
   0.473208201850259
```

第五种方法：使用近似函数数值积分法，分别用 5 阶、10 阶、20 阶泰勒展开式进行计算。输入以下代码，得到结果如下：

```
>>syms x;
>> y=sin(x)/(2*x);
>> ty=taylor(y,x);
>> int(ty,0,1)
ans =
1703/3600
>> eval(ans)
ans =
   0.473055555555556
>> ty=taylor(y,x,1,'Order',11)
>> int(ty,0,1)
ans =
(2548219*sin(1))/2217600-(72974843*cos(1))/79833600
>> eval(ans)
ans =
   0.473041535248786
>> ty=taylor(y,x,1,'Order',21);
>> int(ty,0,1)
ans =
( 3367054446642581981 9 * sin ( 1 ))/25545471085854720000 - ( 1202935258670254449 37 * cos
(1))/1021818843434188880000
>> eval(ans)
ans =
  0.473041535183591
```

5.6 二重积分

在一元函数积分学中，定积分是某种确定形式的和的极限。这种和的极限的概念推广到有界闭区域上便得到了重积分的概念。本节将介绍二重积分的相关应用。

5.6.1 定义与性质

1）定义：设 $f(x,y)$ 是有界闭区域 D 上的有界函数，将闭区域 D 任意分成 n 个小闭区域 $\Delta\sigma_1,\Delta\sigma_2,\cdots,\Delta\sigma_n$，其中 $\Delta\sigma_i$ 表示第 i 个小闭区域，也表示它的面积。在每个 $\Delta\sigma_i$ 上任取一点 (ξ_i,η_i)，作乘积 $f(\xi_i,\eta_i)\Delta\sigma_i(i=1,2,\cdots,n)$，并作和 $\sum_{i=1}^{n}f(\xi_i,\eta_i)\Delta\sigma_i$。当各小闭区域的

直径中的最大值 λ 趋于零时，若和的极限总存在，则称此极限为函数 $f(x,y)$ 在闭区域 D 上的二重积分，记作 $\iint\limits_D f(x,y)\mathrm{d}\sigma$，即

$$\iint\limits_D f(x,y)\mathrm{d}\sigma = \lim_{\lambda\to 0}\sum_{i=1}^{n} f(\xi_i,\eta_i)\Delta\sigma_i$$

其中，$f(x,y)$ 叫作被积函数；$f(x,y)\mathrm{d}\sigma$ 叫作被积表达式；$\mathrm{d}\sigma$ 叫作面积元素；x 与 y 叫作积分变量；D 叫作积分区域；$\sum\limits_{i=1}^{n} f(\xi_i,\eta_i)\Delta\sigma_i$ 叫作积分和。

2）二重积分存在性：$f(x,y)$ 在闭区间 D 上连续，则 $\iint\limits_D f(x,y)\mathrm{d}x\mathrm{d}y$ 必存在。

3）线性：若 a、b 为常数，则

$$\iint\limits_D [af(x,y) + bf(x,y)]\mathrm{d}\sigma = a\iint\limits_D f(x,y)\mathrm{d}\sigma + b\iint\limits_D f(x,y)\mathrm{d}\sigma$$

4）区域可加性：若闭区域 D 可以分为两个闭区域 D_1 和 D_2，则

$$\iint\limits_D f(x,y)\mathrm{d}\sigma = \iint\limits_{D_1} f(x,y)\mathrm{d}\sigma + \iint\limits_{D_2} f(x,y)\mathrm{d}\sigma$$

5）如果在闭区域 D 上，$f(x,y)=1$，σ 为 D 的面积，则

$$\sigma = \iint\limits_D 1\cdot\mathrm{d}\sigma = \iint\limits_D \mathrm{d}\sigma$$

6）如果在闭区域 D 上，$f(x,y)\leqslant g(x,y)$，则

$$\iint\limits_D f(x,y)\mathrm{d}\sigma \leqslant \iint\limits_D g(x,y)\mathrm{d}\sigma$$

7）二重积分中值定理：设函数 $f(x,y)$ 在闭区域 D 上连续，σ 为 D 的面积，则在 D 上至少存在一点 (ξ,η) 使得

$$\iint\limits_D f(x,y)\mathrm{d}\sigma = f(\xi,\eta)\cdot\sigma$$

若 $f(x,y)$ 在 D 上连续，二重积分 $\iint\limits_D f(x,y)\mathrm{d}x\mathrm{d}y$ 存在且为一确定的常数，该数值与 $f(x,y)$ 的结构、D 的几何形状有关。二重积分计算的基本途径是在一定条件下化为二次积分。本书研究的某些区域的二重积分，要求二重积分在该区域上能化为二次积分。

5.6.2 实例应用

【例 5-18】计算 $\iint\limits_D xy\mathrm{d}\sigma$，其中 D 是由抛物线 $y^2=x$ 和直线 $y=x-2$ 所围成的闭区域。

1）输入以下命令，求出抛物线和直线的交点。

```
>>  [x,y]=solve('y^2=x','y=x-2')
x=
   4
   1
y=
   2
  -1
```

可得交点为 $A(4,2)$ 和 $B(1,-1)$。

2）输入以下命令，画出图像，如图 5-10 所示。

```
>> x=linspace(0,8);
>> y=linspace(-4,4);
>> x1=y.^2;
>> x2=y+2;
>> plot(x1,y,x2,y)
>>xlabel('x');
>>ylabel('y');
```

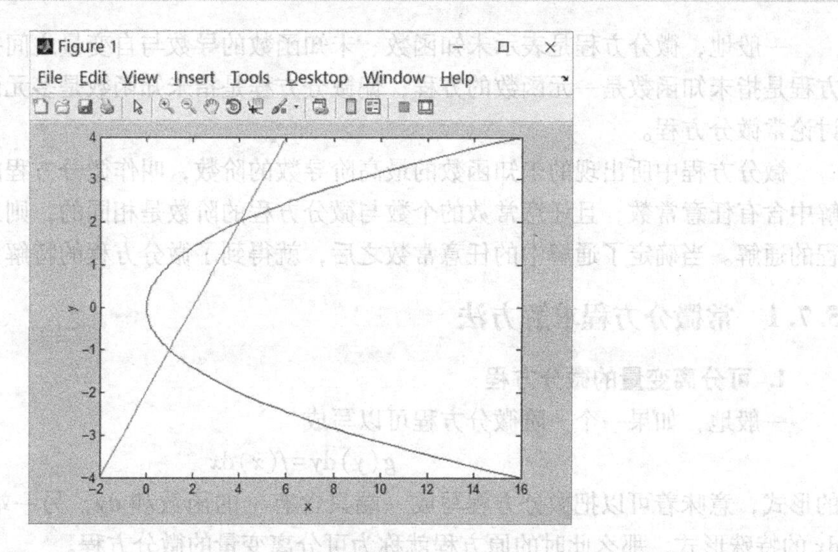

图 5-10　函数图

3）观察图 5-10，可将二重积分转为二次一重积分：

$$\iint_D xy\mathrm{d}\sigma = \int_{-1}^{2}\left[\int_{y^2}^{y+2} xy\mathrm{d}x\right]\mathrm{d}y$$

输入以下代码，实现二重积分计算。

```
>>syms x y f
>> f=x * y;
>> f1=int(f,x,y^2,y+2);
>> f2=int(f1,y,-1,2)
f2=
45/8
```

【例 5-19】 计算数值积分 $\iint\limits_{x^2+y^2\leqslant 1}(1+2x+3y)\mathrm{d}x\mathrm{d}y$。

1）先将二重积分转化为累次积分：

$$\iint\limits_{x^2+y^2\leqslant 1}(1+2x+3y)\mathrm{d}x\mathrm{d}y = \int_{-1}^{1}\mathrm{d}x\int_{-\sqrt{1-x^2}}^{\sqrt{1-x^2}} 1+2x+3y\mathrm{d}y$$

2）输入以下代码实现二重积分计算。

```
>>syms x y f
>> f=1+2 * x+3 * y;
```

```
>> f1=int(f,y,-(1-x^2)^(1/2),(1-x^2)^(1/2))
f1=
2 * (2 * x + 1) * (1-x^2)^(1/2)
>> f2=int(f1,x,-1,1)
f2=
pi
```

5.7 常微分方程

一般地，微分方程是表示未知函数、未知函数的导数与自变量之间关系的方程。常微分方程是指未知函数是一元函数的方程；偏微分方程是指未知函数是多元函数的方程。本节只讨论常微分方程。

微分方程中所出现的未知函数的最高阶导数的阶数，叫作微分方程的阶。若微分方程的解中含有任意常数，且任意常数的个数与微分方程的阶数是相同的，则这样的解叫作微分方程的通解。当确定了通解中的任意常数之后，就得到了微分方程的特解。

5.7.1 常微分方程求解方法

1. 可分离变量的微分方程

一般地，如果一个一阶微分方程可以写成

$$g(y)\,\mathrm{d}y=f(x)\,\mathrm{d}x$$

的形式，意味着可以把微分方程写成一端只含有 y 的函数和 $\mathrm{d}y$，另一端只含有 x 的函数和 $\mathrm{d}x$ 的特殊形式，那么此时的原方程就称为可分离变量的微分方程。

假定函数 $g(y)$ 和 $f(x)$ 是连续的，将上式两端积分，得到：$\int g(y)\,\mathrm{d}y=\int f(x)\,\mathrm{d}x$ 。设 $G(y)$ 和 $F(x)$ 依次为 $g(y)$ 和 $f(x)$ 的原函数，于是有 $G(y)=F(x)+C$，其中 C 为常数。

如微分方程 $\mathrm{d}y/\mathrm{d}x=2xy$ 是可分离变量的，分离后得到 $\mathrm{d}y/y=2x\mathrm{d}x$，两端同时进行积分后得到 $\ln|y|=x^2+C_1$，最终得到

$$y=\pm \mathrm{e}^{x^2+C_1}=\pm \mathrm{e}^{C_1}\mathrm{e}^{x^2}$$

2. 齐次方程

若一阶微分方程 $\dfrac{\mathrm{d}y}{\mathrm{d}x}=f(x,y)$ 中的函数 $f(x,y)$ 可以写成以 y/x 为新变量的函数，即 $f(x,y)=\varphi\left(\dfrac{y}{x}\right)$，则称该方程为齐次方程。

如 $(xy-y^2)\,\mathrm{d}x-(x^2-2xy)\,\mathrm{d}y=0$ 是齐次方程，因为

$$f(x,y)=\frac{xy-y^2}{x^2-2xy}=\frac{\dfrac{y}{x}\left(1-\dfrac{y}{x}\right)}{1-\dfrac{2y}{x}}$$

在齐次方程

$$\frac{\mathrm{d}y}{\mathrm{d}x}=\varphi\left(\frac{y}{x}\right)$$

中，引入新的未知函数

$$u=\frac{y}{x}$$

于是

$$y=ux, \quad \frac{dy}{dx}=u+x\frac{du}{dx}$$

则原式可化为可分离变量的方程

$$u+x\frac{du}{dx}=\varphi(u)$$

对其进行分离变量可得

$$\frac{du}{\varphi(u)-u}=\frac{dx}{x}$$

对两端进行积分，得

$$\int\frac{du}{\varphi(u)-u}=\int\frac{dx}{x}$$

求出积分后，再以 y/x 代替 u，就可获得齐次方程的通解。

3. 一阶线性微分方程

方程$\frac{dy}{dx}+P(x)y=Q(x)$叫作一阶线性微分方程，因为它对于未知函数 y 及其导数都是一次方程。若 $Q(x)$ 恒等于零，则方程为齐次的；若 $Q(x)$ 不恒等于零，则方程为非齐次方程。

例如，求方程$\frac{dy}{dx}-\frac{2y}{x+1}=(x+1)^{\frac{5}{2}}$的通解。

经分析这是一个非齐次的线性方程，需要先求出对应的齐次方程的通解

$$\frac{dy}{dx}-\frac{2y}{x+1}=0$$

$$\frac{dy}{y}=\frac{2dx}{x+1}$$

得出

$$y=C(x+1)^2$$

将常数 C 变为变量 u，那么

$$\frac{dy}{dx}=u'(x+1)^2+2u(x+1)$$

代入所给的非齐次方程，得

$$u'=(x+1)^{\frac{1}{2}}$$

两端进行积分，得到

$$u=\frac{2}{3}(x+1)^{\frac{3}{2}}+C$$

将其代入原式中，即所求方程的通解为

$$y=\left[\frac{2}{3}(x+1)^{\frac{3}{2}}+C\right](x+1)^2$$

4. 伯努利方程

伯努利方程如下：

$$\frac{dy}{dx}+P(x)y=Q(x)y^n(n\neq 0,1)$$

当 $n=0$ 或 1 时，此方程为线性微分方程。当 n≠0 或 1 时，此方程不是线性的，但是通过变量的代换，可以把它化为线性的微分方程。

如求方程$\frac{dy}{dx}+\frac{y}{x}=a(\ln x)y^2$ 的通解。

以 y^2同时除以方程的两端，得

$$y^{-2}\frac{dy}{dx}+\frac{1}{x}y^{-1}=a\ln x$$

即

$$-\frac{d(y^{-1})}{dx}+\frac{1}{x}y^{-1}=a\ln x$$

令 $z=y^{-1}$，则上述方程变为

$$\frac{dz}{dx}-\frac{1}{x}z=-a\ln x$$

此时方程为一个线性方程，它的通解为

$$z=x\left[C-\frac{a}{2}(\ln x)^2\right]$$

将 y^{-1}代入 z，求得方程的通解为

$$1=xy\left[C-\frac{a}{2}(\ln x)^2\right]$$

5. 全微分方程

一个一阶方程写成 $P(x,y)dx+Q(x,y)dy=0$ 的形式后，如果它的左端恰好是某一个函数 $u=u(x,y)$ 的全微分：$du(x,0=P(x,y)dx+Q(x,y)dy$，那么此一阶方程就称为全微分方程。

全微分方程的通解为

$$u(x,y)=\int_{x_0}^{x}P(x,y)dx+\int_{y_0}^{y}Q(x,y)dy=C$$

如求解方程

$$(5x^4+3xy^2-y^3)dx+(3x^2y-3xy^2+y^2)dy=0$$

此时经过变换得

$$\frac{\partial P}{\partial y}=6xy-3y^2=\frac{\partial Q}{\partial x}$$

所以此方程为全微分方程。取 $x_0=0$、$y_0=0$，得到

$$u(x,y)=\int_0^x(5x^4+3xy^2-y^3)\,dx+\int_0^y y^2\,dy=x^5+\frac{3}{2}x^2y^2-xy^3+\frac{1}{3}y^3$$

于是，方程的通解为

$$x^5+\frac{3}{2}x^2y^2-xy^3+\frac{1}{3}y^3=C$$

6. 可降阶的高阶微分方程

（1）$y^{(n)}=f(x)$型

方程右端仅含有自变量 x。容易看出，只要把 $y^{(n-1)}$ 作为新的未知函数，那么此方程就是新未知函数的一阶微分方程。对两边进行积分，就可得到一个 $n-1$ 阶的微分方程

$$y^{(n-1)}=\int f(x)\,dx+C_1$$

同理可以得到

$$y^{(n-2)}=\int\left[\int f(x)\,dx+C_1\right]dx+C_2$$

按照此方法继续进行 n 次积分，便可得到其通解。

如求微分方程 $y'''=e^{2x}-\cos x$ 的通解。

对此方程进行三次积分，即可得到通解

$$y=\frac{1}{8}e^{2x}+\sin x+C_1x^2+C_2x+C_3,C_1=\frac{C}{2}$$

（2）$y''=f(x,y')$型

该方程的右端不显含未知函数 y。如果设 $y'=p$，那么

$$y''=\frac{dp}{dx}=p'$$

此时原方程就变为

$$p'=f(x,p)$$

这是一个关于变量 x、p 的一阶微分方程，其通解为

$$y=\int\varphi(x,C_1)\,dx+C_2$$

（3）$y''=f(y,y')$型

该方程中不明显地含有自变量 x。为了求出它的解。令 $y'=p$，并利用复合函数的求导法把 y''化为对 y 的导数，即

$$y''=\frac{dp}{dx}=\frac{dp}{dy}\cdot\frac{dy}{dx}=p\frac{dp}{dy}$$

这样，方程就会变成

$$p\frac{dp}{dy}=f(y,p)$$

这是一个关于变量 y、p 的一阶微分方程，其通解为

$$\int\frac{dy}{\varphi(y,C_1)}=x+C_2$$

7. 二阶常系数齐次线性微分方程

在二阶齐次线性微分方程 $y''+P(x)y'+Q(x)y=0$ 中，若 y'、y 的系数 $P(x)$、$Q(x)$ 均为常数，即 $y''+py'+qy=0$，其中 p、q 为常数，则将其称为二阶常系数齐次线性微分方程。

求二阶常系数齐次线性微分方程的通解的步骤如下：

1）写出微分方程的特征方程 $r^2+pr+q=0$ 。

2）求出特征方程的两个根 r_1 和 r_2。

3）根据特征方程的两个根的不同情形，参照表 5-4 写出微分方程的通解。

表 5-4　微分方程的通解

特征方程 $r^2+pr+q=0$ 的两个根 r_1 和 r_2	微分方程 $y''+py'+qy=0$ 的通解
两个相等的实根	$y=(C_1+C_2x)e^{r_1x}$
两个不相等的实根	$y=C_1e^{r_1x}+C_2e^{r_2x}$
一对共轭复根 $r_{1,2}=\alpha\pm i\beta$	$y=e^{\alpha x}(C_1\cos\beta x+C_2\sin\beta x)$

8. 二阶常系数非齐次线性微分方程

二阶常系数非齐次线性微分方程的一般形式是 $y''+P(x)y'+Q(x)y=f(x)$，其中 p、q 为常数。

求该方程的通解的步骤如下：

1）求对应的齐次线性微分方程的通解 Y。

2）求非齐次线性微分方程的一个特解 y^*。

3）将齐次线性微分方程的通解与非齐次线性微分方程的特解相加，求得非齐次线性微分方程的通解 $y=Y+y^*$。

其中对特解的求法主要有以下两种形式。

(1) $f(x)=P_m(x)e^{\lambda x}$ 型

特解形式如下：

$$y^*=x^kQ_m(x)e^{\lambda x}$$

其中，$Q_m(x)$ 与 $P_m(x)$ 为同次（m 次）的多项式，当 λ 不是特征方程的根时，k 取 0；当 λ 是特征方程的单根时，k 取 1；当 λ 是特征方程的重根时，k 取 2。

(2) $f(x)=e^{\lambda x}[P_l(x)\cos\omega x+P_n(x)\sin\omega x]$ 型

特解形式如下：

$$y^*=x^ke^{\lambda x}[Q_m(x)\cos\omega x+R_m(x)\sin\omega x]$$

其中，$Q_m(x)$ 与 $P_m(x)$ 是 m 次多项式，$m=\max\{l,n\}$，当 $\lambda\pm i\omega$ 不是特征方程的根时，k 取 0；当 $\lambda\pm i\omega$ 是特征方程的根时，k 取 1。

5.7.2　微分方程的实现

在 MATLAB 中，使用 dsolve 函数可以实现求解微分方程，其调用格式介绍如下。

1）dsolve('f')：求常微分方程 f，自变量为 t 的方程通解。

2）dsolve('f','var')：求常微分方程 f，自变量为 var 的方程通解。

3）dsolve('f','cond1, cond2,…','var ')：求常微分方程 f，自变量为 var 的并带有初始条件的常微分方程的通解。

在 MATLAB 中，在常微分方程的表达式中，符号 D 表示对变量求导，Dy 表示对变量 y 求一阶导数，Dny 表示对变量求 n 阶导数。

5.7.3 实例应用

【例 5-20】 解常微分方程 $y''=y'+x$。

```
>>syms x
>> f='D2y=Dy+x';
>> y=dsolve(f, 'x')
y=
C11-x + C12 * exp(x)-x^2/2-1
```

【例 5-21】 求常微分方程 $y''+3y'+1=0$，其中 $y(1)=1$、$y'(1)=0$。

```
>>syms x
>> y=dsolve('D2y+3 * Dy+1=0','y(1)=1', 'Dy(1)=0', x)
y=
13/9-(exp(-3 * x) * exp(3))/9-x/3
```

【例 5-22】 已知方程

$$\begin{cases} y'=\dfrac{y}{x}-2y^2(0<x<3) \\ y(0)=0 \end{cases}$$

使用欧拉方法求解常微分方程的初值问题。

首先求出已知方程的解析解进行，然后与

$$y(x)=\begin{cases} y'=\dfrac{y}{x}-2y^2(0<x<3) \\ y(0)=0 \end{cases}$$

求出的数值解进行比较。

欧拉方法的具体格式如下：

$$y_{n+1}=y_n+h\left(\frac{y_n}{x_n}-2y_n^2\right)$$

创建 M 文件并保存，输入以下代码，生成图 5-11。

```
h=0.2;
y(1)=0.2;
x=0.2:h:3;
for n=1:14
    xn=x(n);
    yn=y(n);
    y(n+1)=yn+h * (yn/xn-2 * yn * yn);
end
x0=0.2:h:3;
y0=x0./(1+x0.^2);
plot(x0,y0,x,y,x,y);
```

```
legend('数值解','解析解');
xlabel('x');
ylabel('y');
title('方法对比');
```

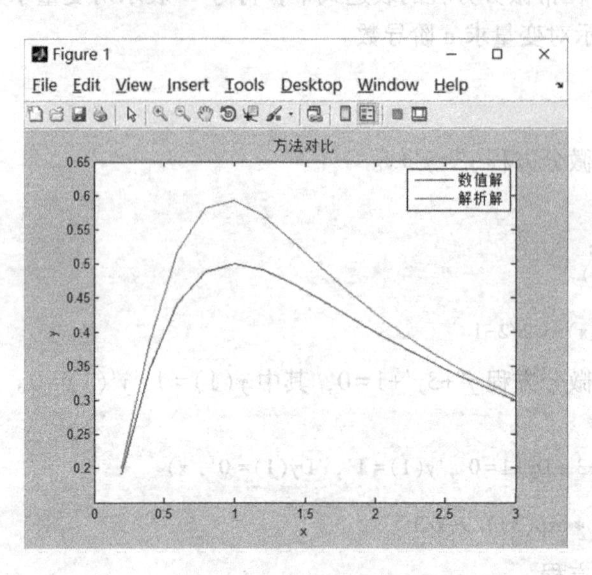

图 5-11　欧拉方法

从图 5-11 中可以看到，微分方程初值问题的数值解和解析解存在一定的误差，这说明欧拉方法的精度是比较差的。

5.8　综合实例应用

5.8.1　求长方体体积案例

【例 5-23】 已知长方体的表面积为 $12a^2(a>0)$，求体积最大的长方体的长、宽、高并算出其体积。

1）根据题中所给的要求可知，设长方体的长为 x，宽为 y，高为 z；所求的目标函数为 $f(x,y,z)=xyz$；限制条件为 $g(x,y,z)=2(xy+xz+yz)=12a^2$，即 $\mu(x,y,z)=2(xy+xz+yz)-12a^2=0$；引入拉格朗日乘子 λ，构造拉格朗日函数 $L(x,y,z)=f(x,y,z)+\lambda[2(xy+xz+yz)-12a^2]$。

2）根据以上分析，输入以下代码。其中 λ 使用 s 表示。

```
>>syms x y z s a;
>> L=x*y*z+s*(2*y*z+2*z*x+2*x*y-12*a^2);
%对 x 求导
>> Lx=diff(L,'x');
%对 y 求导
>> Ly=diff(L,'y');
%对 z 求导
>> Lz=diff(L,'z');
```

```
%对 s 求导
>> Ls=diff(L,'s');
%求交点
>> [s x y z]=solve(Lx,Ly,Lz,Ls)
s=
 -(2^(1/2) * a)/4
  (2^(1/2) * a)/4
x=
  2^(1/2) * a
 -2^(1/2) * a
y=
  2^(1/2) * a
 -2^(1/2) * a
z=
  2^(1/2) * a
 -2^(1/2) * a
```

3）根据以上结果且 x、y、z 应都大于零，因此在表面积固定的情况下，长方体是存在最大体积的，即 $x=y=z=\sqrt{2}a$ 时，长方体的体积最大。输入以下代码求长方体的体积：

```
>> V=x.*y.*z
V=
  2 * 2^(1/2) * a^3
```

5.8.2 卫星的地面覆盖案例

【例 5-24】 将一颗通信卫星送入太空，使该卫星轨道位于地球赤道平面内。已知同步卫星距离地面的最低高度为 3600 km，试计算卫星所覆盖的地球面积 S。其中，同步卫星是指卫星运行的角速率与地球自转的角速率相同。

1）将地球视为一个球体（地球半径为方便计算设为 $R=6400$ km），以球心为原点，进行分析。上半球面方程为 $z=\sqrt{R^2-x^2-y^2}$，因此卫星覆盖的表面积为 $S=\iint_{\Sigma}\mathrm{d}s$，其中 Σ 为上半球面 $x^2+y^2+z^2=R^2(R\geqslant 0)$ 上被半顶角为 α 的圆锥所截的曲面部分。

2）卫星的覆盖面积为 $S=\iint_D\sqrt{1+{z_x}^2+{z_y}^2}\,\mathrm{d}x\mathrm{d}y=\iint_D\frac{R\mathrm{d}x\mathrm{d}y}{\sqrt{R^2-x^2-y^2}}$，其中 D：$x^2+y^2\leqslant R^2\cdot\cos^2\alpha$ 且 $\sin\alpha=\frac{R}{R+h}$，于是 D：$x^2+y^2\leqslant R^2\left(1-\left(\frac{R}{R+h}\right)^2\right)$，使用极坐标求得

$$S=\iint_D\frac{R\mathrm{d}x\mathrm{d}y}{\sqrt{R^2-x^2-y^2}}=\int_0^{2\pi}\mathrm{d}\theta\int_0^{R\sqrt{1-\left(\frac{R}{R+h}\right)^2}}\frac{r}{\sqrt{R^2-r^2}}\mathrm{d}r$$

3）经上面的分析，在 MATLAB 中输入以下代码进行实现。

```
>>syms r R h a
>> f1=int(r/(sqrt(R^2-r^2)),r,0,R * sqrt(1-(R/(R+h))^2));
>> f2=int(f1,a,0,2 * pi)
f2=
2 * pi * ((R^2)^(1/2)-(R^2 + R^2 * (R^2/(R + h)^2-1))^(1/2))
```

```
>> simplify(f2)
ans =
2 * pi * ((R^2)^(1/2)-(R^4/(R + h)^2)^(1/2))
>> f3 = simplify(f2)
f3 =
2 * pi * ((R^2)^(1/2)-(R^4/(R + h)^2)^(1/2))
```

4）取 $R=6400$，$h=3600$ 代入式中，输入以下代码求得覆盖地球的面积。

```
>> h = 3600;
>> R = 6400;
>> f3 = 2 * pi * ((R^2)^(1/2)-(R^4/(R + h)^2)^(1/2))
f3 =
   1.4476e+04
```

5.9 本章小结

本章使用 MATLAB 工具解决了高等数学中的大部分问题，越复杂的问题 MATLAB 的优势越明显，MATLAB 提高了解决高等数学问题的速度。

本章几乎涵盖了大学阶段高等数学中的所有基础知识，如极限、导数、不定积分、定积分、数值积分、二重积分等。希望读者通过对本章的学习可以更好地掌握高等数学知识，同时明确 MATLAB 数值计算在高等数学中的强大功能与实用性。

5.10 习题

1）求 $\sum_{n=1}^{\infty}(-1)^n\frac{x^{2n+1}}{2n+1}$ 的收敛域。

2）计算 $\iint_D\frac{x^2}{y^2}\mathrm{d}x\mathrm{d}y$，其中 D 为直线 $y=2x$、$y=\frac{x}{2}$、$y=12-x$ 围成的区域。

3）求函数 $f(x)=\cos x+\sin x$ 在 $x=1$ 处的 10 阶泰勒展开式。

4）计算 $\lim\limits_{(x,y)\to(0,2)}\frac{\sin xy}{x}$。

5）已知函数 $f(x)=\frac{x^3+2x^2+4x}{\sin x+\cos x}$，求函数 $f(x)$ 的一阶导数、二阶导数和三阶导数。

6）求 $\lim\limits_{x\to4^+}1+\frac{1}{x}+2x+x^2$ 和 $\lim\limits_{x\to4^-}1+\frac{1}{x}+2x+x^2$。

第 6 章　线性代数中的数值计算

线性代数是数学的一个分支，它的研究对象是向量、向量空间（或称线性空间）、线性变换和有限维的线性方程组。向量空间是现代数学的一个重要课题，因此，线性代数广泛应用于抽象代数和泛函分析中；通过解析几何，线性代数得以具体表示。由于科学研究中的非线性模型通常可以被近似为线性模型，因此线性代数广泛应用于自然科学和社会科学中。

本章将学习在 MATLAB 中实现矩阵运算、方程组求解、特征值等相关问题，并通过大量的示例，加深读者对有关函数的掌握与应用。在综合实例一节中，将使用 MATLAB 解决实际问题中的线性代数问题。

6.1　矩阵运算

所谓矩阵就是由 $m \times n$ 个数 $a_{ij}(i=1,2,\cdots,m;j=1,2,\cdots,n)$ 排成的 m 行 n 列的数表，

$$\boldsymbol{A}=\begin{pmatrix} a_{11} & a_{12} & \cdots & a_{1n} \\ a_{21} & a_{22} & \cdots & a_{2n} \\ \vdots & \vdots & & \vdots \\ a_{m1} & a_{m2} & \cdots & a_{mn} \end{pmatrix}$$

称为 m 行 n 列矩阵，这 $m \times n$ 个数称为矩阵 $\boldsymbol{A}$ 的元素。元素为实数的矩阵称为实矩阵，元素为复数的矩阵称为复矩阵。

矩阵的运算是最为基础的一部分，主要包括行列式运算、逆运算、向量点乘和混合积的运算。

6.1.1　逆运算

矩阵的逆运算是矩阵运算中较为简单的一种运算。在 MATLAB 中使用 inv 或 A^(-1)命令就可以实现矩阵的逆运算。

【例 6-1】 求矩阵 $\boldsymbol{A}=\begin{pmatrix} 1 & 2 & 3 \\ 2 & 2 & 1 \\ 3 & 4 & 3 \end{pmatrix}$ 的逆矩阵 $\boldsymbol{B}$。

```
>>A=[1 2 3;2 2 1;3 4 3];
>>B=inv(A)
B=
     1.0000     3.0000    -2.0000
    -1.5000    -3.0000     2.5000
     1.0000     1.0000    -1.0000
```

【例 6-2】 求矩阵 $\boldsymbol{A}=\begin{pmatrix} a & b \\ c & d \end{pmatrix}$ 的逆矩阵 $\boldsymbol{B}$。

```
>>syms a b c d
>>A=[a b;c d];
>>B=A^(-1)
B=
[   d/(a*d-b*c),-b/(a*d-b*c)]
[ -c/(a*d-b*c),  a/(a*d-b*c)]
```

6.1.2 转置

矩阵的转置运算在 MATLAB 中使用操作符“'”进行实现。

【例 6-3】已知 $\boldsymbol{A}=\begin{pmatrix}2 & 0 & -1\\1 & 3 & 2\end{pmatrix}$，$\boldsymbol{B}=\begin{pmatrix}1 & 7 & -1\\4 & 2 & 3\\2 & 0 & 1\end{pmatrix}$，求$(\boldsymbol{AB})^{\mathrm{T}}$。

```
>>A=[2 0 -1;1 3 2]
A=
     2    0    -1
     1    3     2
>>B=[1 7 -1;4 2 3;2 0 1]
B=
     1    7    -1
     4    2     3
     2    0     1
>>(A*B)'
ans=
      0    17
     14    13
     -3    10
```

6.1.3 行列式运算

矩阵的行列式运算在 MATLAB 中使用 det 函数进行实现。

【例 6-4】计算行列式 $C=\begin{vmatrix}1 & 2\\3 & 4\end{vmatrix}$的值。

```
>>C=[1 2;3 4];
>>det(C)
ans=
     -2
```

【例 6-5】计算行列式 $C=\begin{vmatrix}a & b & c\\b & a+2b & a+2c\\c & b+c & b-c\end{vmatrix}$的值。

```
>>syms a
>>syms b
>>syms c
>>C=[a b c;b a+2*b a+2*c;c b+c b-c];
>>det(C)
ans=
- 2*a^2*c+2*a*b^2-3*a*b*c-3*a*c^2-b^3+2*b^2*c+b*c^2
```

6.1.4　向量点乘

在数学中，向量点乘（也称为点积）是接受在实数集 **R** 上的两个向量并返回一个实数值标量的二元运算。它是欧几里得空间的标准内积。

已知两个向量 $\boldsymbol{a}=[a_1,a_2,\cdots,a_n]$ 和 $\boldsymbol{b}=[b_1,b_2,\cdots,b_n]$，它们的点积定义为

$$\boldsymbol{a}\cdot\boldsymbol{b}=a_1b_1+a_2b_2+\cdots+a_nb_n$$

在 MATLAB 中，使用 dot 函数可以实现向量的点乘，同时也可使用 sum 函数来实现，其中两个向量的维数必须相同。

【例 6-6】求向量 $\boldsymbol{X}=(1,2,3)$ 和向量 $\boldsymbol{Y}=(-3,-2,-1)$ 的点乘。

```
>>X=[1 2 3];
>>Y=[-3 -2 -1];
>>dot(X,Y)
ans=
    -10
>>sum(X.*Y)
ans=
    -10
```

6.1.5　混合积

设 $\boldsymbol{a}$、$\boldsymbol{b}$、$\boldsymbol{c}$ 为空间中的三个向量，则 $(\boldsymbol{a}\times\boldsymbol{b})\cdot\boldsymbol{c}$ 称为三个向量 $\boldsymbol{a}$、$\boldsymbol{b}$、$\boldsymbol{c}$ 的混合积，记作 $[\boldsymbol{a},\boldsymbol{b},\boldsymbol{c}]$ 或 $(\boldsymbol{a},\boldsymbol{b},\boldsymbol{c})$ 或 $(\boldsymbol{abc})$。

三个向量 $\boldsymbol{a}$、$\boldsymbol{b}$、$\boldsymbol{c}$ 共面的充分必要条件是 $(\boldsymbol{a},\boldsymbol{b},\boldsymbol{c})=0$。

混合积具有以下性质：

1）$(\boldsymbol{a},\boldsymbol{b},\boldsymbol{c})=(\boldsymbol{b},\boldsymbol{c},\boldsymbol{a})=(\boldsymbol{c},\boldsymbol{a},\boldsymbol{b})=-(\boldsymbol{b},\boldsymbol{a},\boldsymbol{c})=-(\boldsymbol{a},\boldsymbol{c},\boldsymbol{b})=-(\boldsymbol{c},\boldsymbol{b},\boldsymbol{a})$。

2）$(\boldsymbol{a}\times\boldsymbol{b})\boldsymbol{c}=\boldsymbol{a}(\boldsymbol{b}\times\boldsymbol{c})$。

【例 6-7】已知向量 $\boldsymbol{a}=(1,2,3)$，$\boldsymbol{b}(2,3,4)$，$\boldsymbol{c}(3,4,5)$，求 $(\boldsymbol{a}\times\boldsymbol{b})\cdot\boldsymbol{c}$。

```
>>a=[1 2 3];
>>b=[2 3 4];
>>c=[3 4 5];
>>dot(a,cross(b,c))
ans=
    0
```

6.1.6　实例应用

【例 6-8】已知矩阵 $\boldsymbol{A}=\begin{pmatrix}1&2&3\\2&2&1\\3&4&3\end{pmatrix}$，$\boldsymbol{B}=\begin{pmatrix}1&2&-1\\3&4&-2\\5&-4&1\end{pmatrix}$，按以下要求进行矩阵的运算。

1）计算 $\boldsymbol{C}=\boldsymbol{A}+2\boldsymbol{B}$。

```
>>A=[1 2 3;2 2 1; 3 4 3]
A=
    1     2     3
    2     2     1
    3     4     3
```

```
>>B=[1 2 -1;3 4 -2;5 -4 1]
B=
     1     2    -1
     3     4    -2
     5    -4     1
>>C=A+B
C=
     2     4     2
     5     6    -1
     8     0     4
```

2）分别计算矩阵 **A** 和矩阵 **B** 的逆矩阵。

```
>>inv(A)
ans=
     1.0000      3.0000     -2.0000
    -1.5000     -3.0000      2.5000
     1.0000      1.0000     -1.0000
>>inv(B)
ans=
    -2.0000     1.0000     -0.0000
    -6.5000     3.0000     -0.5000
   -16.0000     7.0000     -1.0000
```

3）计算行列式$|2\boldsymbol{AB}|$。

```
>>det(2*A*B)
ans=
    32.0000
```

4）求$(\boldsymbol{BA})^{\mathrm{T}}$。

```
>>(B*A)'
ans=
     2     5     0
     2     6     6
     2     7    14
```

6.2 秩与相关性

本节主要介绍矩阵和向量组秩的求解、线性相关性的求解和最大无关组的求解，并在 MATLAB 中进行实现。

6.2.1 矩阵与向量组的秩

1. 矩阵秩的定义

若在矩阵 **A** 中有一个不等于 0 的 r 阶子式 D，且所有 $r+1$ 阶子式（如果存在）全等于 0，那么 D 称为矩阵 **A** 的最高阶非零子式，数 r 称为矩阵 **A** 的秩，记作 $R(\boldsymbol{A})$。

2. 向量组秩的定义

设有向量组 A，若在 A 中能选出 r 个向量 $\boldsymbol{a}_1,\boldsymbol{a}_2,\cdots,\boldsymbol{a}_r$，满足：

向量组 A_0：$\boldsymbol{a}_1,\boldsymbol{a}_2,\cdots,\boldsymbol{a}_r$线性无关；

向量组 A 中任意 $r+1$ 个向量（如果存在）都线性相关。

那么称向量组 A_0 是向量组 A 的一个最大线性无关向量组（也可称为最大无关组）；最大无关组所含向量个数 r 称为向量组 A 的秩，记作 R_A。

矩阵的秩等于它的列向量组的秩，也等于它的行向量组的秩。通常矩阵的秩就是矩阵中最高阶的非零子式的阶数，向量组的秩通常由该向量组构成的矩阵来计算。

在 MATLAB 中使用 rank 函数实现秩的求解。

【例 6-9】 求矩阵 $\boldsymbol{A}=\begin{pmatrix}1 & 2 & 3\\2 & 3 & -5\\4 & 7 & 1\end{pmatrix}$ 的秩。

```
>>A=[1 2 3;2 3 -5;4 7 1]
A=
     1    2     3
     2    3    -5
     4    7     1
>>rank(A)
ans=
     2
```

【例 6-10】 求向量组 $\boldsymbol{a}_1=(2,-1,-1,1,2)$，$\boldsymbol{a}_2=(1,1,-2,1,4)$，$\boldsymbol{a}_3=(4,-6,2,-2,4)$，$\boldsymbol{a}_4=(3,6,-9,7,9)$ 的秩。

```
>>A=[2 -1 -1 1 2;1 1 -2 1 4;4 -6 2 -2 4;3 6 -9 7 9]
A=
     2   -1   -1    1   2
     1    1   -2    1   4
     4   -6    2   -2   4
     3    6   -9    7   9
>>rank(A)
ans=
     3
```

6.2.2 线性相关性

1）定义：给定向量组 A：$\boldsymbol{a}_1,\boldsymbol{a}_2,\cdots,\boldsymbol{a}_m$，若存在不全为零的数 $k_1,k_2,\cdots,k_m$，使 $k_1\boldsymbol{a}_1+k_2\boldsymbol{a}_2+\cdots+k_m\boldsymbol{a}_m=0$，则称向量组 A 是线性相关的，否则称其线性无关。

2）向量组 $\boldsymbol{a}_1,\boldsymbol{a}_2,\cdots,\boldsymbol{a}_m$ 线性相关的充分必要条件是其构成的矩阵 $\boldsymbol{A}=(a_1,a_2,\cdots,a_m)$ 的秩小于向量个数 m；向量组线性无关的充分必要条件是 $R(\boldsymbol{A})=m$。

【例 6-11】 判断向量组 $\boldsymbol{a}_1=(1,0,2)$，$\boldsymbol{a}_2=(1,2,4)$，$\boldsymbol{a}_3=(1,5,7)$ 的线性相关性。

```
>>A=[1 0 2;1 2 4;1 5 7];
>>rank(A)
ans=
     2
```

由于秩为 2，即小于向量的个数，因此该向量组线性相关。

6.2.3 最大无关组

矩阵可以通过初等行变换化成行最简形，从而找出列向量组的最大无关组，在 MATLAB

中使用 rref 函数可以将矩阵化成行最简形的矩阵，其调用格式介绍如下。

rref(A)：对矩阵 A 化为行最简形矩阵。

求一个向量组最大无关组的方法主要有三种，分别是定义法、解线性方程组方法和矩阵法。其中，矩阵法的使用又可分为两种方法，即借助矩阵的子行列式和借助矩阵的初等变换。在这些方法中，使用矩阵初等变换求最大无关组是最为简便实用的方法。

【例 6-12】 求矩阵向量组 $\boldsymbol{A}=\begin{pmatrix}1 & 1 & 1 & 1\\1 & 2 & -1 & 0\\2 & 1 & 4 & 3\\2 & 3 & 0 & 1\end{pmatrix}$ 的一个线性无关组。

```
>>format rat
>>A=[1 1 1 1;1 2 -1 0;2 1 4 3;2 3 0 1];
>>rref(A)
ans=
     1     0     3     2
     0     1    -2    -1
     0     0     0     0
     0     0     0     0
```

【例 6-13】 求向量组 $\boldsymbol{a}=(2,1,4,3)^{\mathrm{T}}$，$\boldsymbol{b}=(-1,1,-6,6)^{\mathrm{T}}$，$\boldsymbol{c}=(-1,-2,2,-9)^{\mathrm{T}}$，$\boldsymbol{d}=(1,1,-2,7)^{\mathrm{T}}$，$\boldsymbol{e}=(2,4,4,9)^{\mathrm{T}}$ 的一个最大无关组。

```
>>a=[2,1,4,3]';
>>b=[-1,1,-6,6]';
>>c=[-1,-2,2,-9]';
>>d=[1,1,-2,7]';
>>e=[2,4,4,9]';
>>A=[a b c d e]
A=
     2    -1    -1     1     2
     1     1    -2     1     4
     4    -6     2    -2     4
     3     6    -9     7     9
>>rref(A)
ans=
     1     0    -1     0     4
     0     1    -1     0     3
     0     0     0     1    -3
     0     0     0     0     0
```

由运行结果可知，向量组 $\boldsymbol{a}$、$\boldsymbol{b}$、$\boldsymbol{d}$ 为其中的一个最大无关组。

6.2.4 实例应用

【例 6-14】 已知向量组 $\boldsymbol{a}=(3,6,-4,2,1)^{\mathrm{T}}$，$\boldsymbol{b}=(-2,-4,3,1,0)^{\mathrm{T}}$，$\boldsymbol{c}=(-1,-2,1,2,3)^{\mathrm{T}}$，$\boldsymbol{d}=(1,2,-1,3,1)^{\mathrm{T}}$，求它们的秩与最大线性无关组，其余的向量使用最大线性无关组进行表示。

1）输入以下代码，生成矩阵 $\boldsymbol{A}(\boldsymbol{a},\boldsymbol{b},\boldsymbol{c},\boldsymbol{d})$。

```
>>a=[3,6,-4,2,1]';
>>b=[-2,-4,3,1,0]';
```

```
>>c=[-1,-2,1,2,3]';
>>d=[1,2,-1,3,1]';
>>A=[a b c d]
A=
     3    -2    -1     1
     6    -4    -2     2
    -4     3     1    -1
     2     1     2     3
     1     0     3     1
```

2）输入以下代码，实现求秩。

```
>>rank(A)
ans=
     3
```

根据秩的结果，可知该向量组存在线性无关组，且是由三个向量构成的。

3）输入以下代码，实现线性无关组的求解。

```
>>rref(A)
ans=
     1    0    0    1
     0    1    0    1
     0    0    1    0
     0    0    0    0
     0    0    0    0
```

最终可以得到向量 $\boldsymbol{d}$ 可由向量 $\boldsymbol{a}$ 和 $\boldsymbol{b}$ 进行表达，其表达式为：$\boldsymbol{d}=\boldsymbol{a}+\boldsymbol{b}$。

6.3 特征值与二次型

本节主要介绍矩阵的特征值、特征向量和正交矩阵的相关内容。

6.3.1 特征值与特征向量

定义：设 $\boldsymbol{A}$ 为 n 阶矩阵，若存在数 λ 和 n 维非零列向量 $\boldsymbol{x}$，使关系式

$$\boldsymbol{A}\boldsymbol{x}=\lambda\boldsymbol{x}$$

成立，那么这样的数 λ 称为矩阵 $\boldsymbol{A}$ 的特征值，非零向量 $\boldsymbol{x}$ 称为 $\boldsymbol{A}$ 的对应于特征值 λ 的特征向量。

在 MATLAB 中使用 eig 函数求矩阵的特征值和特征向量，其调用格式介绍如下。

1）D=eig(A)：返回矩阵 A 的特征值，D 为 n 个特征值组成的向量。

2）[V,D]=eig(A)：生成特征值矩阵 D 和特征向量构成的矩阵 V，使得 AV=VD。矩阵 D 为 A 的特征值在主对角线构成的对角矩阵，V 为 A 的特征向量按列构成的矩阵。

3）[V,D]=eig(A,'nobalance')：计算矩阵的特征值和特征向量，但不采用预先平衡的方法。

【例 6-15】求三阶范德蒙矩阵 $\boldsymbol{A}$ 的特征值和特征向量。

```
>>A=vander(1:3)
A=
```

```
    1     1     1
    4     2     1
    9     3     1
>>[X,Y]=eig(A)
X=
   -0.2738   -0.3487    0.2014
   -0.5006    0.1162   -0.7710
   -0.8213    0.9300    0.6042
Y=
    5.8284         0         0
         0   -2.0000         0
         0         0    0.1716
```

【例 6-16】求矩阵 $A=\begin{pmatrix} 4 & -1 \\ -1 & 4 \end{pmatrix}$ 的特征值和特征向量。

```
>>A=[4 -1;-1 4]
A=
     4    -1
    -1     4
>>eig(A)
ans=
    3
    5
>>[X,Y]=eig(A)
X=
   -0.7071   -0.7071
   -0.7071    0.7071
Y=
    3    0
    0    5
```

在 MATLAB 中还提供了另一个函数 eigs 用来求矩阵的特征值，eigs 函数与 eig 函数是不同的，eigs 函数可以计算矩阵的 n 个绝对值最大特征值及对应的特征向量。这对于在规模非常大的矩阵中求 n 个绝对值最大特征值是非常实用的。而 eig 函数需要先求出所有的特征值，再对所求特征值进行挑选，其效率是非常低的。

【例 6-17】计算 6 阶魔方矩阵的最大的两个特征值。

```
>>A=magic(6)
A=
    35     1     6    26    19    24
     3    32     7    21    23    25
    31     9     2    22    27    20
     8    28    33    17    10    15
    30     5    34    12    14    16
     4    36    29    13    18    11
>>S1=eig(A)
S1=
        111.0000
         27.0000
        -27.0000
          9.7980
         -0.0000
         -9.7980
```

```
>>S2=eigs(A)
S2=
      111.0000
      -27.0000
       27.0000
       -9.7980
        9.7980
       -0.0000
>>S=eigs(A,2)
S=
      111
      -27
```

从计算结果可以看出，eigs 函数得到的结果是以绝对值最大的特征值按降序的方式进行排序的，但 eig 计算得到的是全部特征值但没有进行排序。

设有二次型$f(\boldsymbol{x})=\boldsymbol{x}^{\mathrm{T}}\boldsymbol{A}\boldsymbol{x}$，若对任何$\boldsymbol{x}\neq 0$，都有$f(\boldsymbol{x})>0$，则称$f$为正定二次型，并称矩阵$\boldsymbol{A}$为正定的；若对任何$\boldsymbol{x}\neq 0$，都有$f(\boldsymbol{x})<0$，则称$f$为负定二次型，并称矩阵$\boldsymbol{A}$为负定的。

对称阵$\boldsymbol{A}$为正定的充分必要条件是$\boldsymbol{A}$的特征值全为正；对称阵$\boldsymbol{A}$为负定的充分必要条件是$\boldsymbol{A}$的特征值全为负。

【例 6-18】 计算矩阵$\boldsymbol{A}=\begin{pmatrix}-5 & 2 & 2\\ 2 & -6 & 0\\ 2 & 0 & -4\end{pmatrix}$的特征值与特征向量，并判断正定性。

```
>>A=[-5,2,2;2,-6,0;2,0,-4]
A=
     -5     2     2
      2    -6     0
      2     0    -4
>>format rat
>>[V,D]=eig(A)
V=
     -2/3      1/3     2/3
      2/3      2/3     1/3
      1/3     -2/3     2/3
D=
     -8      0      0
      0     -5      0
      0      0     -2
```

经观察$\boldsymbol{A}$的特征值全为负数，且$\boldsymbol{A}$为对称阵，由此可以得出矩阵$\boldsymbol{A}$为负定的。

6.3.2 正交矩阵

一个矩阵通过其每一列向量的线性运算，可派生出一个向量空间，这称为矩阵的线性空间，每一个矩阵的线性空间下的所有向量，实际上只需要通过一组基向量的线性运算就可以产生，这样最少个数的一组基向量称为该空间的基，若向量长度刚好为 1，则称为标准正交基。

在 MATLAB 中，对矩阵的正交矩阵求解使用 orth 函数，其调用格式介绍如下。

orth(A)：将矩阵$\boldsymbol{A}$正交规范化。

【例 6-19】将矩阵 $\boldsymbol{A}=\begin{pmatrix}5&0&0\\0&3&1\\0&1&3\end{pmatrix}$ 正交化。

```
>>A=[5 0 0;0 3 1;0 1 3]
A=
     5     0     0
     0     3     1
     0     1     3
>>x=orth(A)
x=
    1.0000         0         0
         0   -0.7071   -0.7071
         0   -0.7071    0.7071
>>format short
>>x
x=
    1.0000         0         0
         0   -0.7071   -0.7071
         0   -0.7071    0.7071
>>Q=x' * x
Q=
    1.0000         0         0
         0    1.0000    0.0000
         0    0.0000    1.0000
```

6.3.3 实例应用

【例 6-20】求矩阵 $\boldsymbol{A}=\begin{pmatrix}-1&1&0\\-4&3&0\\1&0&2\end{pmatrix}$ 的特征值和特征向量。

输入以下代码，实现特征值和特征向量的求解。

```
>>A=[-1 1 0;-4 3 0;1 0 2]
A=
    -1     1     0
    -4     3     0
     1     0     2
>>eig(A)
ans=
     2
     1
     1
>>[X,D]=eig(A)
X=
         0    0.4082    0.4082
         0    0.8165    0.8165
    1.0000   -0.4082   -0.4082
D=
     2     0     0
     0     1     0
     0     0     1
```

【例 6-21】将向量组 $\boldsymbol{x}_1=[1,0,-1,0]^{\mathrm{T}}$、$\boldsymbol{x}_2=[1,-1,0,1]^{\mathrm{T}}$、$\boldsymbol{x}_3=[-1,1,1,0]^{\mathrm{T}}$ 进行正交化。

```
>>x1=[1 0 -1 0]'
x1=
     1
     0
    -1
     0
>>x2=[1 -1 0 1]'
x2=
     1
    -1
     0
     1
>>x3=[-1 1 1 0]'
x3=
    -1
     1
     1
     0
>>Q=orth([x1 x2 x3])
Q=
   -0.6928    0.0587   -0.4280
    0.5046    0.4078   -0.7609
    0.4589   -0.6730   -0.0563
   -0.2339   -0.6143   -0.4843
>>Q' * Q
ans=
    1.0000         0   -0.0000
         0    1.0000    0.0000
   -0.0000    0.0000    1.0000
```

6.4 线性方程组求解

在线性代数学习中，线性方程组的求解是非常重要的，对线性方程组的求解一般分为对齐次线性方程组的求解和对非齐次线性方程组的求解。MATLAB 提供了大量用于求解线性方程组的内置函数，本节会一一介绍。

6.4.1 唯一解

已知 n 元线性方程组的系数矩阵为 $\boldsymbol{A}$，增广矩阵为 $\boldsymbol{B}$，其中 $R(\boldsymbol{A})$表示系数矩阵的秩，$R(\boldsymbol{B})$表示增广矩阵的秩，$R(\boldsymbol{A})=r_A$，$R(\boldsymbol{B})=r_B$。

对线性方程组的解主要有以下三种情形：

1）若 $r_A<r_B$，则方程组无解。

2）若 $r_A=r_B=n$，则方程组存在唯一解。

3）若 $r_A=r_B<n$，则方程组存在有限多解。

而在 MATLAB 中，对方程组的求解都可以直接使用 rref 函数来实现。

若已知线性方程组存在唯一解，则其解法为：直接使用 rref 函数计算增广矩阵，最后一列即为其唯一解。

【例 6-22】求线性方程组$\begin{cases}3x_1+x_2+x_3=0\\x_1+3x_2+x_3=3\\x_1+x_2+3x_3=3\end{cases}$的唯一解。

```
>>A=[3 1 1;1 3 1;1 1 3];
>>b=[0 3 3]';
>>B=[A b]
B=
    3   1   1   0
    1   3   1   3
    1   1   3   3
>>rref(B)
ans=
    1   0   0   -3/5
    0   1   0   9/10
    0   0   1   9/10
```

根据上式结果可知，$x_1=-3/5$、$x_2=9/10$、$x_3=9/10$ 即为所求解。

6.4.2 齐次线性方程组通解

对于齐次线性方程组求通解，其步骤如下：

1）使用 rank 函数求出 n 元齐次线性方程组增广矩阵 $\boldsymbol{B}$ 的秩 $R(\boldsymbol{B})$。

2）计算 $n-R(\boldsymbol{B})$ 即可求出该齐次线性方程组通解中的变量个数。

3）使用 rref 函数对矩阵 $\boldsymbol{A}$ 进行计算，得出齐次线性方程组的通解。

【例 6-23】 求齐次线性方程组 $\begin{cases}x_1+2x_2+x_3-x_4=0\\3x_1+6x_2-x_3-3x_4=0\\5x_1+10x_2+x_3-5x_4=0\end{cases}$ 的通解。

1）输入以下代码，求该方程组的秩。

```
>>A=[1 2 1 -1;3 6 -1 -3;5 10 1 -5];
>>b=[0;0;0];
>>B=[A b];
>>rank(B)
ans=
    2
```

观察结果可知，该方程组的秩为 2，且为四元齐次线性方程组，所以方程组通解中变量的个数为 2。

2）使用 rref 函数对该方程组进行计算，输入以下代码：

```
>>rref(B)
ans=
    1   2   0   -1   0
    0   0   1    0   0
    0   0   0    0   0
```

通过观察可知，$x_1+2x_2-x_4=0$、$x_3=0$；令 $x_2=c_1$、$x_4=c_2$ 即可得到该方程组的通解为

$$\begin{pmatrix}x_1\\x_2\\x_3\\x_4\end{pmatrix}=c_1\begin{pmatrix}-2\\1\\0\\0\end{pmatrix}+c_2\begin{pmatrix}1\\0\\0\\1\end{pmatrix}\text{（其中 }c_1\text{、}c_2\text{ 为任意实数）}$$

6.4.3 非齐次线性方程组通解

在求解非齐次线性方程组时需要先判断方程组是否有解，若有解再求通解。具体步骤如下：

1）判断 $\boldsymbol{AX}=\boldsymbol{b}$ 是否有解，若有解则进行第 2）步。

2）求 $\boldsymbol{AX}=\boldsymbol{b}$ 的一个特解。

3）求 $\boldsymbol{AX}=0$ 的一个通解。

4）将 $\boldsymbol{AX}=\boldsymbol{b}$ 的一个特解和 $\boldsymbol{AX}=0$ 的一个通解相加，得到 $\boldsymbol{AX}=\boldsymbol{b}$ 的通解。

【例 6-24】 求非齐次线性方程组 $\begin{cases}2x_1+x_2-x_3-x_4=1\\4x_1+2x_2-2x_3+x_4=2\\2x_1+x_2-x_3-x_4=1\end{cases}$ 的通解。

1）输入以下代码，求该方程组的秩。

```
>>A=[2 1 -1 -1;4 2 -2 1;2 1 -1 -1]
A=
     2    1    -1    -1
     4    2    -2     1
     2    1    -1    -1
>>b=[1 2 1]';
>>B=[A b]
B=
     2    1    -1    -1    1
     4    2    -2     1    2
     2    1    -1    -1    1
>>rank(A)
ans=
     2
>>rank(B)
ans=
     2
```

观察结果可知，该方程组的秩为 2，且为四元齐次线性方程组，且 $R(\boldsymbol{A})=R(\boldsymbol{B})$，所以方程组通解中变量的个数为 2。

2）使用 rref 函数对该方程组进行计算，输入以下代码：

```
>>rref(B)
ans=
     1    1/2    -1/2    0    1/2
     0      0       0    1      0
     0      0       0    0      0
```

通过观察可知，方程组的一个特解为 $\boldsymbol{b}=(1/2,0,0,0)^{\mathrm{T}}$，且在 $\boldsymbol{AX}=0$ 的通解中 $x_1+0.5x_2-0.5x_3=0$、$x_4=0$；令 $x_2=c_1$、$x_3=c_2$ 即可得到通解为

$$\begin{pmatrix}x_1\\x_2\\x_3\\x_4\end{pmatrix}=c_1\begin{pmatrix}-\frac{1}{2}\\1\\0\\0\end{pmatrix}+c_2\begin{pmatrix}\frac{1}{2}\\0\\1\\0\end{pmatrix}$$

结合特解 $\boldsymbol{b}$，就可以算得该非齐次线性方程组的通解为

$$\begin{pmatrix}x_1\\x_2\\x_3\\x_4\end{pmatrix}=c_1\begin{pmatrix}-\frac{1}{2}\\1\\0\\0\end{pmatrix}+c_2\begin{pmatrix}\frac{1}{2}\\0\\1\\0\end{pmatrix}+\begin{pmatrix}\frac{1}{2}\\0\\0\\0\end{pmatrix}\quad(\text{其中 } c_1\text{、}c_2\text{为任意实数})$$

6.4.4 MATLAB 中其他内置函数求解线性方程组

在求解线性方程组时，可以利用 MATLAB 中自带的内置函数进行求解。

1. LU 分解法求解

若方阵 $\boldsymbol{A}$ 可分解为一个下三角形矩阵 $\boldsymbol{B}$ 和一个上三角形矩阵 $\boldsymbol{C}$ 的乘积，则把这样的分解叫作 $\boldsymbol{A}$ 的三角分解或 LU 分解。若 $\boldsymbol{B}$ 为下三角形矩阵，则称其为杜利特尔（Doolittle）分解；若 $\boldsymbol{C}$ 为上三角形矩阵，则称其为克劳特（Crout）分解。

对于矩阵 $\boldsymbol{A}$，若所有的主子式均不为零，则 $\boldsymbol{A}$ 可分解为 $\boldsymbol{A}=\boldsymbol{BC}$。此时方程 $\boldsymbol{Ax}=\boldsymbol{b}$ 可写成

$$\boldsymbol{BCx}=\boldsymbol{b}$$

令 $\boldsymbol{Cx}=\boldsymbol{Y}$，则有 $\boldsymbol{BY}=\boldsymbol{b}$。此时将原方程的求解变为求系数矩阵为三角阵的方程。

【例 6-25】使用 LU 分解法求以下线性方程组的解。

$$\begin{cases}3x+2y+2z+3w=2\\2x+3y+4z+5w=3\\2x+y+3z+5w=1\\2x-3y+3z-2w=9\end{cases}$$

```
>>A=[3 2 2 3;2 3 4 5;2 1 3 5;2 -3 3 -2];
>>b=[2 3 1 9]';
>>[B,C]=lu(A)
B=
    1.0000         0         0         0
    0.6667   -0.3846    1.0000         0
    0.6667    0.0769    0.4651    1.0000
    0.6667    1.0000         0         0
C=
    3.0000    2.0000    2.0000    3.0000
         0   -4.3333    1.6667   -4.0000
         0         0    3.3077    1.4615
         0         0         0    2.6279
>>X=C\(B\b)
X=
     0.5310
     0.0442
     1.9115
    -1.1681
>>A*X
ans=
    2.0000
    3.0000
    1.0000
    9.0000
```

2. 楚列斯基（Cholesky）分解法求解

在实际的工程中，方程组的系数矩阵往往是实对称的，在上一个方法中还可以做一些改进。

若 $\boldsymbol{A}$ 为对称正定矩阵，则必存在一个非奇异下三角形矩阵 $\boldsymbol{G}$，使 $\boldsymbol{A}=\boldsymbol{G}\boldsymbol{G}^{\mathrm{T}}$，此时称为楚列斯基分解法，当非奇异下三角形矩阵 $\boldsymbol{G}$ 的主对角元素均为正时，该分解是唯一的。此时可表示为：

$$\boldsymbol{G}\boldsymbol{G}^{\mathrm{T}}\boldsymbol{x}=\boldsymbol{b}$$

对方程两边做矩阵变换，就可以得到方程组的解。

【例 6-26】使用楚列斯基分解法求以下线性方程组的解。

$$\begin{cases}16x+4y+8z+2w+8u=10\\4x+18y+16z+4w+6u=8\\8x+16y+18z+6w+4u=6\\2x+4y+6z+14w+2u=4\\8x+6y+4z+2w+14u=2\end{cases}$$

```
>>A=[16 4 8 2 8;4 18 16 4 6;8 16 18 6 4;2 4 6 14 2;8 6 4 2 14];
>>b=[10 8 6 4 2]';
>>c=chol(A)
c=
    4.0000    1.0000    2.0000    0.5000    2.0000
         0    4.1231    3.3955    0.8489    0.9701
         0         0    1.5718    1.3473   -2.0957
         0         0         0    3.3488    0.8959
         0         0         0         0    1.9657
>>s=c\(c'\b)
s=
    3.3736
    5.5956
   -5.9253
    1.1231
   -2.6505
>>A*s
ans=
   10.0000
    8.0000
    6.0000
    4.0000
    2.0000
```

📖 **注意**：使用该方法时，矩阵必须为正定对称矩阵。

---

3. 奇异值分解法求解

奇异值分解法是线性代数中一种重要的矩阵分解方法，是矩阵分析中正规矩阵酉对角化的推广，在信号处理、统计学等领域有重要应用。奇异值分解在某些方面与对称矩阵基于特征向量的对角化类似。然而这两种矩阵分解尽管有相关性，但还是有明显的不同。

定义 1：假设 $\boldsymbol{A}$ 是秩为 r（$r>0$）的 $m\times n$ 阶矩阵，$\boldsymbol{A}^{\mathrm{H}}\boldsymbol{A}$ 的特征值为 $\lambda_1\geqslant\lambda_2\geqslant\cdots\geqslant\lambda_r>\lambda_{r+1}$

$=\cdots=\lambda_n=0$，则称 $\sigma_i=\sqrt{\lambda_i}(i=1,2,\cdots,r)$ 为 $\boldsymbol{A}$ 的正奇异值。

定义 2：假设 $\boldsymbol{A}$ 是秩为 r（$r>0$）的 $m\times n$ 阶矩阵，若存在一个分解使得 $\boldsymbol{A}=\boldsymbol{U}\sum\boldsymbol{V}^{\mathrm{H}}$，其中 $\boldsymbol{U}$ 是 $m\times m$ 阶酉矩阵；$\sum$ 是 $m\times n$ 阶对角矩阵，$\sum=\mathrm{diag}(\sigma_1,\sigma_2,\cdots,\sigma_r)(i=1,2,\cdots,r)$；$\boldsymbol{V}^{\mathrm{H}}$ 是 $\boldsymbol{V}$ 的共轭转置，是 $n\times n$ 阶酉矩阵，这样的分解就称作 $\boldsymbol{A}$ 的奇异值分解。

【例 6-27】使用奇异值分解法对以下线性方程求解：

$$\begin{cases}65x-10y-10z+36w=123\\62x+70y-50z+40w=214\\30x+21y-60z+48w=-78\\10x+56y+37z+21w=210\end{cases}$$

```
>>A=[65 -10 -10 36;62 70 -50 40;30 21 -60 48;10 56 37 21];
>>b=[123 214 -78 210]';
>>[U,S,V]=svd(A)
U=
    -0.3753    0.3119   -0.8727   -0.0160
    -0.7465   -0.1958    0.2403    0.5887
    -0.5213    0.3432    0.3595   -0.6937
    -0.1733   -0.8641   -0.2267   -0.4147
S=
   148.5749         0         0         0
          0   74.6283         0         0
          0         0   52.1320         0
          0         0         0   22.2342
V=
    -0.5927    0.1311   -0.6389    0.4726
    -0.4655   -0.7773    0.3914    0.1611
     0.4439   -0.6149   -0.6377   -0.1350
    -0.4848    0.0231   -0.1786   -0.8559
>>x=V*inv(S)*U'*b
x=
     3.9800
     2.5094
     2.1991
    -2.4615
>>A*x
ans=
   123.0000
   214.0000
   -78.0000
   210.0000
```

6.4.5 实例应用

【例 6-28】求齐次线性方程组 $\begin{cases}2x_1+3x_2-x_3-7x_4=0\\3x_1+x_2+2x_3-7x_4=0\\4x_1+x_2-3x_3+6x_4=0\\x_1-2x_2+5x_3-5x_4=0\end{cases}$ 的通解。

1）输入以下代码，求该方程组的秩。

```
>>A=[2 3-1 -7;3 1 2 -7;4 1 -3 6;1 -2 5 -5];
>>b=[0 0 0 0 ]';
>>B=[A b];
>>rank(B)
ans=
    3
```

观察结果可知，该方程组的秩为3，是四元齐次线性方程组，所以方程组通解中变量的个数为1。

2）使用rref函数对该方程组进行计算，输入以下代码：

```
>>rref(B)
ans=
    1.0000         0         0    0.5000    0
         0    1.0000         0   -3.5000    0
         0         0    1.0000   -2.5000    0
         0         0         0         0    0
```

通过观察可知 $x_1+0.5x_4=0$、$x_2-3.5x_4=0$、$x_3-2.5x_4=0$，令 $x_4=c$ 即可得到该方程组的通解为

$$\begin{pmatrix}x_1\\x_2\\x_3\\x_4\end{pmatrix}=c\begin{pmatrix}-0.5\\3.5\\2.5\\1\end{pmatrix}\text{（其中 }c\text{ 为任意实数）}$$

【例6-29】 求非齐次线性方程组 $\begin{cases}2x_1+3x_2+x_3=4\\x_1-2x_2+4x_3=-5\\3x_1+8x_2-2x_3=13\\4x_1-x_2+9x_3=-6\end{cases}$ 的通解。

1）输入以下代码，求该方程组的秩。

```
>>A=[2 3 1;1 -2 4;3 8 -2;4 -1 9]
A=
     2     3     1
     1    -2     4
     3     8    -2
     4    -1     9
>>b=[4 -5 13 -6]';
>>B=[A b]
B=
     2     3     1     4
     1    -2     4    -5
     3     8    -2    13
     4    -1     9    -6
>>rank(A)
ans=
    3
>>rank(B)
ans=
    3
```

观察结果可知，该方程组的秩为2，是三元齐次线性方程组，且 $R(\boldsymbol{A})=R(\boldsymbol{B})$，所以方

程组通解中变量的个数为 1。

2）使用 rref 函数对该方程组进行计算，输入以下代码：

```
>>rref(B)
ans=
     1    0     2    -1
     0    1    -1     2
     0    0     0     0
     0    0     0     0
```

通过观察可知方程组的一个特解 $\boldsymbol{b}=(-1,2,0)^{\mathrm{T}}$，且在 $\boldsymbol{AX}=0$ 的通解中 $x_1+2x_3=0$、$x_2-x_3=0$；令 $x_3=c$ 即可得到通解为

$$\begin{pmatrix}x_1\\x_2\\x_3\end{pmatrix}=c\begin{pmatrix}-2\\1\\1\end{pmatrix}$$

结合特解 $\boldsymbol{b}$，就可以算得该非齐次线性方程组的通解为

$$\begin{pmatrix}x_1\\x_2\\x_3\end{pmatrix}=c\begin{pmatrix}-2\\1\\1\end{pmatrix}+\begin{pmatrix}-1\\2\\0\end{pmatrix}\text{（其中 }c\text{ 为任意实数）}$$

6.5 综合实例

6.5.1 求解线性方程组案例

【例 6-30】 设线性方程组 $\begin{cases}(1+a)x_1+x_2+x_3=0\\x_1+(1+a)x_2+x_3=3\\x_1+x_2+(1+a)x_3=a\end{cases}$，问 a 取何值时，此方程组有唯一解？无解？无限多个解？并在有无限多个解时求通解。

1）输入以下代码，求 a 的值。

```
>>syms a;
>>A=[1+a,1,1;1,1+a,1;1,1,1+a]
A=
[  a+1,      1,      1]
[    1,    a+1,      1]
[    1,      1,    a+1]
>>b=[0;3;a]
b=
  0
  3
  a
>>c=det(A)
c=
a^3+3 * a^2
>>s=solve(c)'
s=
[ 0,0,-3]
```

2）取 $a=0$，输入以下代码：

```
>>a=0;
>>A1=[1+a,1,1;1,1+a,1;1,1,1+a]
A1=
     1     1     1
     1     1     1
     1     1     1
>>rank(A1)
ans=
     1
>>b=[0;3;0];
>>B=[A1,b];
>>rank(B)
ans=
2
```

当 $a=0$ 时，可知 $R(\boldsymbol{A}_1)=1$，$R(\boldsymbol{B})=2$，$R(\boldsymbol{A}_1)<R(\boldsymbol{B})$，故方程组无解。

3）取 $a=-3$，输入以下代码：

```
>>a=-3;
>>A2=[1+a,1,1;1,1+a,1;1,1,1+a]
A2=
    -2     1     1
     1    -2     1
     1     1    -2
>>rank(A2)
ans=
     2
>>b1=[0;3;-3];
>>B1=[A2,b1];
>>rank(B1)
ans=
2
```

当 $a=-3$ 时，可知 $R(\boldsymbol{A}_2)=2$，$R(\boldsymbol{B}_1)=2$，$R(\boldsymbol{A}_2)=R(\boldsymbol{B}_1)$，可知方程组有无限多个解；该方程组的秩为 2，且为三元齐次线性方程组，所以可知方程组通解中变量的个数为 1，输入以下代码，实现求解。

```
>>rref(B1)
ans=
     1     0    -1    -1
     0     1    -1    -2
     0     0     0     0
```

通过观察可知方程组的一个特解 $\boldsymbol{b}=(-1,2,0)^{\mathrm{T}}$，且在 $\boldsymbol{AX}=0$ 的通解中 $x_1+x_3=0$、$x_2-x_3=0$；令 $x_3=c$ 即可得到通解为

$$\begin{pmatrix}x_1\\x_2\\x_3\end{pmatrix}=c\begin{pmatrix}1\\1\\1\end{pmatrix}$$

结合特解 $\boldsymbol{b}$，就可以算得该非齐次线性方程组的通解为

$$\begin{pmatrix}x_1\\x_2\\x_3\end{pmatrix}=c\begin{pmatrix}1\\1\\1\end{pmatrix}+\begin{pmatrix}-1\\2\\0\end{pmatrix}\text{（其中 } c \text{ 为任意实数）}$$

4）取 $a=4$，输入以下代码：

```
>>a=4;
>>A3=[1+a,1,1;1,1+a,1;1,1,1+a]
A3=
     5    1    1
     1    5    1
     1    1    5
>>rank(A3)
ans=
     2
>>b2=[0;3;4];
>>B2=[A3,b2];
>>rank(B2)
ans=
2
```

当 $a\neq-3$ 和 0，取 $a=4$ 时可知 $R(\boldsymbol{A}_3)=3$，$R(\boldsymbol{B}_2)=3$，$R(\boldsymbol{A}_3)=R(\boldsymbol{B}_2)=n$，可知方程组有唯一解。

综上可得，当 $a=0$ 时，方程组无解；当 $a=-3$ 时，方程组有无限多个解；当 $a\neq-3$ 和 0 时，方程组有唯一解。

6.5.2 线性规划案例

当目标函数和约束条件均为线性函数问题时，该问题称为线性规划问题。其标准形式为

$$\begin{aligned} \min \quad & \boldsymbol{C}^{\mathrm{T}}\boldsymbol{x} \\ \text{s.t.} \quad & \boldsymbol{A}\boldsymbol{x}=\boldsymbol{b} \\ & \boldsymbol{x}\geqslant 0 \end{aligned}$$

其中,$\boldsymbol{C},\boldsymbol{b},\boldsymbol{x}\in\mathbf{R}^{n}$，$\boldsymbol{A}\in\mathbf{R}^{m\times n}$，且均为数值矩阵。

若目标函数为：$\max\ \boldsymbol{C}^{\mathrm{T}}\boldsymbol{x}$，则转换成标准形式：$\min\ -\boldsymbol{C}^{\mathrm{T}}\boldsymbol{x}$。

标准形式的线性规划问题简称为 LP（Linear Programming）问题。线性规划问题虽然简单，但在工农业及其他生产部门中应用十分广泛。

在 MATLAB 中，使用 linprog 函数实现线性规划问题，步骤如下：

$$\begin{aligned} \min \quad & f'x \\ \text{s.t.} \quad & A\cdot x\leqslant b \\ & Aeq\cdot x=beq \\ & lb\leqslant x\leqslant ub \end{aligned}$$

其中 f、x、b、beq、lb、ub 均为向量；A 和 Aeq 为矩阵。

linprog 函数的调用格式介绍如下。

1） x=linprog(f,A,b)：求解问题 min f'* x，其约束条件为 A * x<=b。

2） x=linprog(f,A,b,Aeq,beq)：求解问题 min f'* x，其约束条件为 A * x<=b，增加等式约束，即 Aeq * x=beq。若没有 A * x<=b 存在，则令 A=[ ]、b=[ ]。

3） x=linprog(f,A,b,Aeq,beq,lb,ub)：求解问题 min f'* x，其约束条件为 A * x<=b，增加等式约束，设计变量 x 的下界 lb 和上界 ub，使得 x 始终在该范围内。若没有等式约束，则令 A=[ ]、b=[ ]。

4） x=linprog(f,A,b,Aeq,beq,lb,ub,x0)：设置初值为 x0，只适用于中型问题。

5） x=linprog(f,A,b,Aeq,beq,lb,ub,x0,options)：使用 options 指定的优化参数进行最小化。

6）[x,fval]=linprog(…)：返回解 x 处的目标函数值 fval。

7）[x,fval,exitflag]=linprog(…)：返回 exitflag 值，描述函数计算的退出条件。

8）[x,fval,exitflag,output]=linprog(…)：返回包含优化信息的输出变量 output。

exitflag 参数的条件介绍如下。

1）>0：目标函数在 x 处收敛。

2）=0：已到达函数评价或迭代最大次数。

3）<0：目标函数不收敛。

output 参数的条件介绍如下。

1）output.iterations：迭代次数。

2）output.cgiterations：PCG 迭代次数（只适用于大型规划问题）。

3）output.algorithm：所采用的算法。

【例 6-31】 某厂生产甲乙两种产品，已知生成 1 t 产品甲需要 A 资源 2 t、B 资源 3 t；制成 1 t 产品乙需 A 资源 1 t、B 资源 5 t、C 资源 7 个单位。若 1 t 产品甲和产品乙的经济价值分别为 6 万元和 4 万元，三种资源的限制量分别为 85 t、180 t 和 210 个单位，求哪种生产方式收获的经济价值最高。

1）分析：令产品甲的数量为 x_1，产品乙的数量为 x_2，总收益为 f。建立如下模型：

$$\max f=6x_1+4x_2$$

$$\begin{aligned}\text{s.t.}\ \ & 2x_1+x_2\leqslant 85\\ & 3x_1+5x_2\leqslant 180\\ & 7x_2\leqslant 210\\ & x_1\geqslant 0, x_2\geqslant 0\end{aligned}$$

在该模型中要使目标函数最大化，则需将其进行转化，将目标函数转化为

$$\min z=-6x_1-4x_2$$

2）输入以下代码进行实现。

```
>>f=[-6;-4];
>>A=[2 1;3 5;0 7];
>>b=[85;180;210];
>>lb=[0;0];
>>[x,fval,exitflag,output,lambda]=linprog(f,A,b,[],[],lb)
```

3）按〈Enter〉键得到以下结果。

```
Optimization terminated.
x=
    35.0000
    15.0000
fval=
-270.0000
exitflag=
    1
output=
         iterations: 5
          algorithm: 'interior-point'
       cgiterations: 0
            message: 'Optimization terminated.'
      constrviolation: 0
      firstorderopt: 1.2730e-11
```

```
lambda=
    ineqlin: [3x1 double]
      eqlin: [0x1 double]
      upper: [2x1 double]
      lower: [2x1 double]
```

由结果可知，生产产品甲 35 t、生产产品乙 15 t 可使创造的总经济价值最高，即 270 万元。

6.5.3 厂址选择案例

【例 6-32】已知 A、B、C 三地出产水果，每地都出产一定数量的水果并需要一定数量的果汁（见表 6-1）。现已知制成每吨果汁需 3 t 水果，各地之间的距离：A 到 B 为 150 km，A 到 C 为 100 km，B 到 C 为 200 km。假定每 1 t 水果运输 1 km 的运价是 5000 元，每 1 t 果汁运输 1 km 的运价是 6000 元。在不同地点设立厂址的生产费用也是不同的。试求出在哪地建厂可以使总费用最少，且在 B 地建厂的规模（生产果汁数量）不能超过 5 t。

表 6-1 三地生产关系

地　点	年产水果/t	需要果汁/t	生产费用/(万元/t)
A (1)	20	7	150
B (2)	16	13	120
C (3)	24	0	100

1）分析：x_{ij}为从 i 地运到 j 地的水果数量（单位为 t），y_{ij}为从 i 地运到 j 地的果汁数量（单位为 t），z 为总费用（单位为万元），建立如下数学模型：

$$\min z=75x_{12}+75x_{21}+50x_{13}+50x_{31}+100x_{23}+100x_{32}+150y_{11}+240y_{12}+210y_{21}+120y_{22}+160y_{31}+220y_{32}$$

$$\begin{aligned}\text{s.t.}\quad & 3y_{11}+3y_{12}+x_{12}+x_{13}-x_{21}-x_{31}\leqslant 20\\ & 3y_{21}+3y_{22}-x_{12}+x_{23}+x_{21}-x_{32}\leqslant 16\\ & 3y_{31}+3y_{32}-x_{13}-x_{23}+x_{31}+x_{32}\leqslant 24\\ & y_{11}+y_{12}+y_{31}=7\\ & y_{12}+y_{22}+y_{32}=13\\ & y_{21}+y_{22}\leqslant 5\\ & x_{ij}\geqslant 0,\ i,j=1,2,3,\ i\neq j\\ & y_{ij}\geqslant 0,\ i=1,2,3,\ j=1,2\end{aligned}$$

2）输入以下代码进行实现。

```
>>f=[75;75;50;50;100;100;150;240;210;120;160;220];
>>A=[1 -1 1 -1 0 0 3 3 0 0 0 0
     -1 1 0 0 1 -1 0 0 3 3 0 0
     0 0 -1 1 -1 1 0 0 0 0 3 3
     0 0 0 0 0 0 0 0 1 1 0 0];
>>b=[20;16;24;5];
>>Aeq=[0 0 0 0 0 0 1 0 1 0 1 0
       0 0 0 0 0 0 0 1 0 1 0 1];
>>beq=[7;13];
>>lb=zeros(12,1);
>>[x,fval,exitflag,output,lambda]=linprog(f,A,b,Aeq,beq,lb)
```

3）按〈Enter〉键得到以下结果。

```
Optimization terminated successfully.
x=
    0.0000
    1.0000
    0.0000
    0.0000
    0.0000
    0.0000
    7.0000
    0.0000
    0.0000
    5.0000
    0.0000
    8.0000
fval=
  3.4850e+003
exitflag=
    1
output=
    iterations: 8
    cgiterations: 0
    algorithm: 'lipsol'
lambda=
    ineqlin: [4x1 double]
    eqlin: [2x1 double]
    upper: [12x1 double]
    lower: [12x1 double]
```

通过结果可知，当 A 地建厂规模为 7 万 t、B 地建厂规模为 5 万 t、C 地建厂规模为 8 万 t 时，建厂的总费用最少，即 3485 万元。

6.6 本章小结

线性代数的方法是指使用线性观点看问题，并解决问题。在 MATLAB 数值计算中有大量的函数可以用于对线性问题的求解，可见 MATLAB 中数值计算的功能是非常强大的。

本章主要介绍了以下四个方面的内容：

1）利用 MATLAB 实现矩阵的基本运算。

2）利用 MATLAB 实现矩阵的秩与相关性的求解。

3）利用 MATLAB 实现矩阵的特征值与二次型的求解。

4）利用 MATLAB 求解线性方程组。

6.7 习题

1）利用 rand 函数和 round 函数构造两个 3×3 的随机正整数矩阵 $\boldsymbol{A}$ 和 $\boldsymbol{B}$，计算 $3\boldsymbol{A}+2\boldsymbol{B}$、$\boldsymbol{B}^{\mathrm{T}}\boldsymbol{A}^{\mathrm{T}}$、$|3\boldsymbol{AB}|$，并计算它们的秩。

2）判断非齐次线性方程组 $\begin{cases}2x+y-z+w=1\\3x-2y+z-3w=4\\x+4y-3z+5w=-2\end{cases}$ 是否有解，若有则求其通解。

3）矩阵 $\boldsymbol{A}=\begin{pmatrix}1 & 2 & -2\\ 4 & 6 & -3\\ -2 & 11 & 5\end{pmatrix}$，求正交矩阵 $\boldsymbol{P}$ 及对角矩阵 $\boldsymbol{B}$，使 $\boldsymbol{P}^{-1}\boldsymbol{AP}=\boldsymbol{B}$。

4）讨论线性方程组 $\begin{cases}pa+b+c=1\\ a+pb+c=2\\ a+b+pc=-p\end{cases}$ 解的情况，并在有无穷多解时求一般解。

5）已知线性方程组 $\begin{cases}x_1+450=x_2+610\\ x_2+520=x_3+480\\ x_3+390=x_4+600\\ x_4+640=x_1+310\end{cases}$，求 x_1、x_2、x_3、x_4 的关系。

6）已知 A、B、C 三点，其关系如下：

$$\begin{aligned}\min\ & f(\boldsymbol{x})=-2x_1x_2x_3\\ \text{s.t.}\ & x_1+2x_2+3x_3\leqslant 60\\ & 2x_1+x_2+3x_3\leqslant 45\\ & -x_1-2x_2-4x_3\leqslant 10\end{aligned}$$

求目标函数的最小值。

第 7 章　概率论与数理统计中的数值计算

概率论与数理统计是数学中一个既有特色又十分活跃的分支，一方面，它有别开生面的研究课题，拥有自己独特的概念和方法，内容丰富，结果深刻；另一方面，它与其他学科又有密切的联系，是近代数学的重要组成部分。

概率论与数理统计的理论与方法现已广泛地应用于工业、农业、军事和科学技术中，如预测和滤波应用于空间技术和自动控制，时间序列分析应用于石油勘测和经济管理，马尔可夫过程与点过程统计分析应用于地震预测等。概括地说，数理统计一般分为两大类：①对实验进行设计与研究，使用更合理有效的方法获得所需资料；②统计推断，使用一定的资料对关心的问题给出尽可能准确、可靠的结论，这两大类内容有着密切的联系，单独对一类问题进行分析是不可行的。

本章将介绍如何使用 MATLAB 研究与实现概率论与数理统计中的数值计算问题，将对离散型随机变量、连续型随机变量、一维和多维随机变量等问题进行较为深入的分析与研究，同时辅以大量的实例以加深读者的理解与掌握。其中将着重介绍 MATLAB 的统计工具箱，以此实现数据的统计描述和分析。

7.1　数据分析基础知识

数据分析是指使用适当的统计分析方法对数据进行分析与理解，旨在尽可能地开发数据的功能，发挥数据的作用。数据分析是一个提取有用信息和结论，从而对数据进行详细研究与概括总结的过程。

1. 总体与样本

数据分析中最基本的概念就是总体、个体和样本。

1）总体是指客观存在的，在同一种性质的基础上结合起来的多个个体单位的整体，研究的是一个取值的集合或者全部。

2）个体是指在总体中存在的每一个研究对象。

3）样本是指总体的一部分。

2. 均值

均值是统计中的一个重要的概念，在 MATLAB 中存在多种求取均值的函数，其调用格式介绍如下。

1）mean(x)：若 x 为向量，则对向量 x 求取元素的算术平均值；若 x 为矩阵，则对矩阵 x 的各列元素进行算术平均值的求取，并返回一个向量。

2）nanmean(x)：求忽略 NaN 的随机变量的算术平均值。

3）geomean(x)：求随机变量的几何平均值。

4）harmmean(x)：求随机变量的调和平均值。

3. 累和与累积

在 MATLAB 中，使用以下函数可实现累和与累积，其调用格式介绍如下。

1）sum(x)：若 x 为向量，求 x 中各元素之和，并返回一个数值；若 x 为矩阵，则计算各列元素之和，并返回一个行向量。

2）nansum(x)：忽略 NaN，求向量或矩阵元素的累和。

3）cumsum(x)：求当前元素与所有前面位置的元素之和，返回与 x 同维的向量或矩阵。

4）cumtrapz(x)：梯形类和函数。

5）prop(x)：若 x 为向量，求 x 中各元素之积，并返回一个数值；若 x 为矩阵，则求 x 中各列元素之积，并返回一个行向量。

6）cumprod(x)：求当前元素与前面所有位置的元素之积，返回与 x 同维的向量或矩阵。

4. 数据对比

在已知数据中，为了便于对数据做处理，还需进行排序、最大值/最小值查找等操作。MATLAB 中用于数据处理的函数见表 7-1。

表 7-1　数据处理

函　数	说　明	函　数	说　明
max()	求随机变量最大值元素	min()	求随机变量最小值元素
nanmax()	求忽略 NaN 的最大值元素	nanmin()	求忽略 NaN 的最小值元素
medium()	求随机变量的中值	nanmedium()	求忽略 NaN 的中值
sort()	对随机变量由小到大排序	sortrows()	对随机矩阵按首行进行排序
mad()	求随机变量的绝对差分平均值	range()	求随机变量的最大值与最小值的差

5. 简单随机样本

已知 $X_1,X_2,\cdots,X_n \sim F(x)$ 为独立同分布，无限总体抽样，而在 MATLAB 中各种随机数可以认为是独立同分布的，即简单随机样本，其调用格式介绍如下。

1）在 0 到 1 范围内均匀分布样本，$X_1,X_2,\cdots,X_n \sim U(0,1)$。

```
n=10;
x=rand(1,n)
```

2）在 a 到 b 范围内均匀分布样本，$X_1,X_2,\cdots,X_n \sim U(a,b)$。

```
n=10;
a=-1;
b=3;
x=rand(1,n);
x=(b-a) * x+a
```

3）均值为 0，方差为 1 的正态分布样本，$X_1,X_2,\cdots,X_n \sim N(0,1)$。

```
n=10;
x=randn(1,n)
```

4）均值为 a，方差为 b^2 的正态分布样本，$X_1,X_2,\cdots,X_n \sim N(a,b^2)$。

```
mu=80.2;
sigma=7.6;
m=1;
n=10;
x=normrnd(mu,sigma,m,n)
```

在 MATLAB 中生成常用的随机数的方法，远远不止这些。在表 7-2 中还介绍了更多的常用分布的随机数产生的方法，注意，在使用前需要对这些参数进行赋值。

表 7-2　常用分布的随机数产生方法

函　数	说　明
x=betarnd(a,b,m,n)	生成参数为 a,b 的 β 分布
x=binornd(N,p,m,n)	生成参数为 N,p 的二项分布
x=exprnd(mu,m,n)	生成总体期望为 mu 的指数分布
x=frnd(n_1,n_2,m,n)	生成自由度为 n_1 与 n_2 的 *F* 分布
x=trnd(N,m,n)	生成自由度为 N 的 *t* 分布
x=lognrnd(mu,sigma,m,n)	生成参数为 mu 与 sigma 的对数正态分布
x=poissrnd(mu,m,n)	生成总体均值为 mu 的泊松分布
x=gamrnd(a,b,m,n)	生成参数为 a,b 的 *Γ* 分布
x=chi2rnd(N,m,n)	生成自由度为 N 的卡方分布

6. 绘制统计直方图

在 MATLAB 中，可以使用 hist 函数绘制直角坐标系下的统计直方图；使用 rose 函数绘制极坐标系下的统计直方图。它们的调用格式介绍如下。

1）hist(x,n)：绘制直角坐标系下的统计直方图，其中 x 为统计数据，n 为直方图区间数，默认为 10。

2）rose(theta,n)：绘制极坐标系下的统计直方图，其中 n 为区间[0,2π]内的所分区域数，默认值 n=20；theta 为指定的弧度数据。

7. 有限总体无放回样本

在 MATLAB 中若想从有限总体中抽取无放回容量为 n 的样本，则可以使用 randperm 函数来实现，其调用格式介绍如下。

r=randperm(N)：实现在有限总体中抽取无放回容量为 n 的样本，产生 1，2，…，N 的一个随机全排列，即 r 为 N 维向量。对于给定的 N 维向量 X，令 x=X(r(1:n))，得到容量为 n 的无放回抽样本 x。注意，无放回抽样中，各样本点不是独立的。

【例 7-1】 设总体密度函数为

$$f(x)=\begin{cases}0,\text{其他}\\ \dfrac{\cos x}{2}+1,-\dfrac{\pi}{2}<x<\dfrac{\pi}{2}\end{cases}$$

从该总体中抽取容量为 500 的简单随机样本，并进行绘图。

1）创建新的 M 文件，命名为 test1.m，输入以下代码并运行，此时 *x* 已被赋值。

```
n=500;
x=zeros(1,n);
k=0;
while k<n
    a=rand * pi-pi/2;
    b=rand/2;
    if b<(cos(a)/2+1)
        k=k+1;
        x(k)=a;
    end
end
```

2）在命令窗口中输入以下代码，生成图 7-1。

```
hist(x,-pi/2:0.2:pi/2)
>>xlabel('x')
>>ylabel('y')
>>title('统计直方图')
```

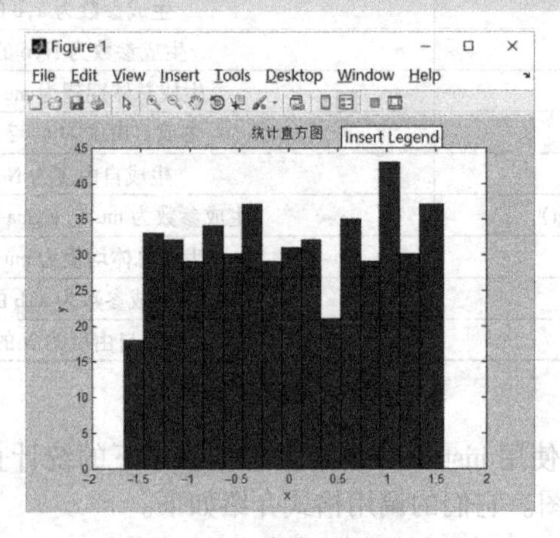

图 7-1 统计直方图

7.2 离散型随机变量

随机变量是指随机取值的变量，通常随机变量又分为离散型随机变量和连续型随机变量。离散型随机变量是指有些随机变量，可能取到的值为有限个或可列无限多个。

7.2.1 三种常见分布

1. 0-1 分布

设随机变量 X 只能取 0 和 1 两个值，它的分布规律是

$$P\{X=k\}=p^k(1-p)^{1-k},\ k=0,1(0<p<1)$$

则称 X 服从以 p 为参数的 0-1 分布或两点分布。

0-1 分布的分布律也可以写成

X	0	1
p_k	$1-p$	p

2. 伯努利试验和二项分布

设试验 E 只有两个可能结果：A 和 $\overline{A}$，则 E 称为伯努利试验。

随机变量 X 的分布律为

$$P\{X=k\}=\mathrm{C}_n^k p^k\ (1-p)^{n-k}(k=0,1,2,\cdots,n)$$

其中，$0<p<1$，n 为独立重复试验的总次数，k 为 n 次重复试验中事件 A 发生的次数，p 为每次试验事件 A 发生的概率，则称 X 服从二项分布，记为 $X\sim B(n,p)$。

3. 泊松分布

设随机变量 X 所有可能的值为 0，1，2，…，而取各个值的概率为

$$P\{X=k\}=\frac{\lambda^k e^{-\lambda}}{k!},k=0,1,2,\cdots$$

其中，$\lambda>0$ 为常数，则称 X 服从参数为 λ 的泊松分布，记为 $X\sim P(\lambda)$。

易知，$P\{X=k\}\geqslant 0$，$k=0,1,2,\cdots$，且有

$$\sum_{k=0}^{\infty}P\{X=k\}=\sum_{k=0}^{\infty}\frac{\lambda^k e^{-\lambda}}{k!}=e^{-\lambda}\sum_{k=0}^{\infty}\frac{\lambda^k}{k}=e^{-\lambda}\cdot e^{\lambda}=1$$

4. 超几何分布

设一批同类产品共计 N 件，其中有 M 件次品，从中任取 $n(n\leqslant N)$ 件，其次品数 X 恰为 k 件的概率分布为

$$P\{X=k\}=\frac{C_M^k C_{N-M}^{n-k}}{C_N^n},k=0,1,2,\cdots,\min\{n,M\}$$

此时次品数 X 服从参数为 (N,M,n) 的超几何分布。超几何分布用于无放回抽样，当 N 很大且 n 较小时，次品率 $p=M/N$。在抽取前后差异很小，就使用二项分布近似代替超几何分布，其中二项分布 $p=M/N$，在一定条件下，也可用泊松分布近似代替超几何分布。

7.2.2 七种概率密度函数值

在 MATLAB 中，可以使用通用 pdf 函数或专用函数来求概率密度函数值。对于离散型随机变量，取值可能是有限个，也可能是无限个。

1. 通用概率密度函数计算特定值概率

在 MATLAB 中，使用 pdf 函数计算通用函数的概率密度值，其调用格式如下：

```
f=pdf('name',k,A)
f=pdf('name',k,A,B)
f=pdf('name',k,A,B,C)
```

解释：返回以 name 为分布，在随机变量 X=k 处，参数为 A、B、C 的概率密度值；对离散型随机变量 X，返回 X=k 处的概率值，name 为分布函数名。

常见的分布有二项分布、超几何分布、几何分布和泊松分布。

2. 通用函数计算累积概率值

在 MATLAB 中，使用 cdf 函数实现通用函数计算累积概率值，其调用格式如下：

```
f=cdf('name',k,A)
f=cdf('name',k,A,B)
f=cdf('name',k,A,B,C)
```

解释：返回以 name 为分布、随机变量 X≤k 的概率之和（即累积概率值），name 为分布函数名。

3. 专用概率密度函数计算特定值概率

在 MATLAB 中，使用 binopdf 函数实现二项分布的概率值计算，其调用格式如下：

```
f=binopdf(k,n,p)
```

解释：与 pdf('bino',k,n,p)相同。其中 n 为试验的总次数；p 为每次试验事件 A 发生的概率；k 为事件 A 发生次数。

在 MATLAB 中，使用 poisspdf 函数实现泊松分布的概率值计算，其调用格式如下：

```
f=poisspdf(k,n,p)
```

解释：与 pdf('poiss',k,Lambda)相同。参数 Lambda=np。

在 MATLAB 中，使用 hygepdf 函数实现超几何分布的概率值计算，其调用格式如下：

```
f=hygepdf(k,N,M,n)
```

解释：与 pdf('hyge',k,N,M,n)相同。其中 N 为产品总数，M 为次品总数，n 为抽取总数（n≤N），k 为抽得的次品数。

4. 专用函数计算累积概率值

在 MATLAB 中，使用 binocdf 函数实现二项分布的累积概率值计算，其调用格式如下：

```
binocdf(k,n,p)
```

解释：与 cdf('bino',k,n,p)相同。其中 n 为试验的总次数；p 为每次试验事件 A 发生的概率；k 为事件 A 发生 k 次。

在 MATLAB 中，使用 poisscdf 函数实现泊松分布的累积概率值计算，其调用格式如下：

```
f=poisscdf(k,n,p)
```

解释：与 cdf('poiss',k,Lambda)相同。参数 Lambda=np。

在 MATLAB 中，使用 hygecdf 函数实现超几何分布的累积概率值计算，其调用格式如下：

```
f=hygecdf(k,N,M,n)
```

解释：与 cdf('hyge',k,N,M,n)相同。其中 N 为产品总数，M 为次品总数，n 为抽取总数（n≤N），k 为抽得的次品数。

5. 二项分布

在 MATLAB 中，使用 pdf 函数或 binopdf 函数实现对 n 次独立重复试验中事件 A 恰好发生 k 次的概率 P 的求解，其调用格式如下：

```
pdf('bino',k,n,p)
binopdf(k,n,p)
```

解释：计算二项分布中事件 A 恰好发生 k 次的概率。其中 pdf 为通用函数，bino 表示二项分布，binopdf 为专用函数，n 为试验总次数，k 为 n 次试验中事件 A 发生的次数，p 为每次试验事件 A 发生的概率。

在 MATLAB 中，使用 cdf 函数或 binocdf 函数实现对 n 次独立重复试验中事件 A 至少发生 k 次的概率 P 的求解，其调用格式如下：

```
cdf('bino',k,n,p)
binocdf(k,n,p)
```

解释：计算累积概率值。其中 cdf 为通用函数，bino 表示二项分布，binocdf 为专用函数，n 为试验总次数，k 为 n 次试验中事件 A 发生的次数，p 为每次试验事件 A 发生的概率。

因此，至少发生 k 次的概率为

```
P_s=1-cdf ('bino',k-1,n,p) 或 P_s=1- binocdf (k-1,n,p)
```

6. 泊松分布

在二项分布中，若 n 的值很大且 p 的值很小，而 np 值又较适中时，使用泊松分布可以更好地近似二项分布（一般要求 $\lambda=np<10$）。

在 MATLAB 中，使用 pdf 函数或 poisspdf 函数实现对 n 次独立重复试验中事件 A 恰好发生 k 次的概率 P 的求解，其调用格式如下：

```
pdf ('poiss',k,Lambda)
poisspdf (k,Lambda)
```

解释：poiss 表示泊松分布，该命令返回事件恰好发生 k 次的概率。

在 MATLAB 中，使用 cdf 函数或 poisscdf 函数实现对 n 次独立重复试验中事件 A 至少发生 k 次的概率 P 的求解，其调用格式如下：

```
1-cdf ('poiss',k-1,Lambda)
1-poisscdf (-1,Lambda)
```

解释：poiss 表示泊松分布，该函数返回随机变量 X≤k 的概率之和，Lambda=np。

7. 超几何分布

在 MATLAB 中，使用 pdf 函数或 hygepdf 函数实现对次品数 X 恰好为 k 件的概率 P 的求解，其调用格式如下：

```
pdf ('hyge',k,N,M,n)
hygepdf (k,N,M,n)
```

解释：N 为产品总数，M 为次品总数，n 为随机抽取件数，求次品数 X 恰好为 k 件的概率 P。

在 MATLAB 中，使用 cdf 函数或 hygecdf 函数实现对次品数 X 恰好为 k 件的累积概率 P 的求解，其调用格式如下：

```
cdf ('hyge',k,N,M,n)
hygecdf (k,N,M,n)
```

解释：N 为产品总数，M 为次品总数，n 为随机抽取件数，求次品数 X 恰好为 k 件的累积概率 P。

7.2.3 实例应用

【例 7-2】某厂商出次品的概率为 0.005，求生产 500 件产品中：①刚好只有一件次品的概率；②至少有一件次品的概率。

1）刚好只有一件次品的概率：在 MATLAB 中输入以下代码即可实现。

```
>>p=pdf('bino',1,500,0.005)
p=
    0.2050
```

2）至少有一件次品的概率：在 MATLAB 中输入以下代码即可实现。

```
>>p=1-binocdf(0,500,0.005)
p=
    0.9184
```

【例 7-3】某市消防局在固定长度为 t 的时间间隔内收到的火灾呼救次数服从参数为 $t/2$ 的泊松分布，且与时间间隔的起点无关（时间按小时计算）。求：①在某天上午 10 时至下午 2 时未收到呼救的概率；②在某天下午 2 时至晚上 8 时至少收到 1 次呼救的概率。

通过分析可知 Lamda=$t/2$，设呼救的次数 X 为随机变量，问题可以转化为求 $P\{X=0\}$ 和 $1-P\{X\leqslant 0\}$。

1）在某天上午 10 时至下午 2 时未收到呼救的概率：

已知 $t=4$，则 Lambda=(14-10)/2=2。

在 MATLAB 中输入以下代码即可实现。

```
>>poisscdf (0,2)
ans =
     0.1353
```

2）在某天下午 2 时至晚上 8 时至少收到 1 次呼救的概率：

已知 $t=6$，则 Lambda=(20-14)/2=3。

在 MATLAB 中输入以下代码即可实现。

```
>>1-poisscdf (0,3)
ans =
     0.9502
```

【例 7-4】已知盒中有 20 个小球，除颜色外其余的特征全部一样，其中有 12 个红球、8 个白球。从中任取 5 个，求取出的小球全部为红色的概率、1 个为白球的概率、2 个为白球的概率、3 个为白球的概率。

1）创建 M 文件，命名为 test2. m，输入以下代码，保存并运行。

```
N=input('请输入 N 的值：')
M=input('请输入 M 的值：')
n=input('请输入 n 的值：')
for k=1:M+1
     p=hygepdf(k-1,N,M,n)
end
```

2）在命令窗口中，按照要求输入 N、M 和 n 的值，得到以下结果：

```
>>test2
请输入 N 的值：20
N =
     20
请输入 M 的值:8
M =
     8
请输入 n 的值:5
n =
     5
p =
     0.0511
p =
```

```
    0.2554
p=
    0.3973
p=
    0.2384
p=
    0.0542
p=
    0.0036
p=
    0
```

最终可以依次得到取得 0 个白球的概率为 0.0511，取得 1 个白球的概率为 0.2554，取得 2 个白球的概率为 0.3973，取得 3 个白球的概率为 0.2384，取得 4 个白球的概率为 0.0542，取得 5 个白球的概率为 0.0036，取得 6 个白球的概率为 0。再往上的取值都为 0，因为只取了 5 次，获得的白球个数不可能超过 5 个。

7.3 连续型随机变量

对于随机变量 X 的分布函数 $F(x)$，若存在非负可积函数 $f(x)$，使对于任意实数 x 有

$$F(x)=\int_{-\infty}^{x} f(t)\,\mathrm{d}t$$

则称 X 为连续型随机变量，$f(x)$ 称为 X 的概率密度函数，简称概率密度。

7.3.1 六种常见分布

接下来列出在数理统计中六种较为常见的重要分布。

1. 正态分布

若随机变量 X 的概率密度为

$$p(x)=\frac{1}{\sqrt{2\pi}\sigma}\mathrm{e}^{-\frac{(x-\mu)^2}{2\sigma^2}},\ -\infty<x<+\infty$$

其中，μ、$\sigma(\sigma>0)$ 是两个常数，则称 X 服从参数为 μ，σ^2 的正态分布，记为 $X\sim N(\mu,\sigma^2)$。

特点：正态曲线的高峰位于正中央，即均数所在位置；正态曲线以均数为中心，左右对称；正态曲线由均数所在处开始，分别向左右两侧逐渐均匀下降。

2. *t* 分布

设一维连续型随机变量 X 的密度函数为

$$f_n(x)=\left(1+\frac{x^2}{n}\right)^{-\frac{n+1}{2}}\frac{\Gamma\left(\frac{n+1}{2}\right)}{\Gamma\left(\frac{n}{2}\right)\sqrt{n\pi}}$$

则称 X 服从自由度为 n 的 t 分布，记为 $X\sim t(n)$。

特点：以 0 为中心，为左右对称的单峰分布；t 分布是一簇曲线，其形态变化与 n 的大小有关（即自由度 df）。自由度 df 越小，t 分布曲线越低平；自由度 df 越大，t 分布曲线越接近标准正态分布曲线，随着自由度逐渐增大，t 分布逐渐接近标准正态分布。

来源：设 $X\sim N(0,1)$，$Y\sim\chi^2(n)$，两者独立，则

$$\frac{X}{\sqrt{Y/n}}\sim t(n)$$

结论：设 $X_1, X_2, \cdots, X_n\sim N(\mu,\sigma^2)$，则

$$T=\frac{\overline{X}-\mu}{S/\sqrt{n}}\sim t(n-1)$$

实现：在 MATLAB 中执行以下命令，可以得到自由度为 5、10、20 的 t 分布密度函数及标准正态分布密度函数的图形，如图 7-2 所示。

```
>>x=-3:0.01:3;
>>y1=tpdf(x,5);
>>y2=tpdf(x,10);
>>y3=tpdf(x,20);
>>y=normpdf(x);
>>plot(x,y1,x,y2,x,y3,x,y)
>>xlabel('x')
>>ylabel('y')
>>title('t 分布密度函数与标准正态分布密度函数')
```

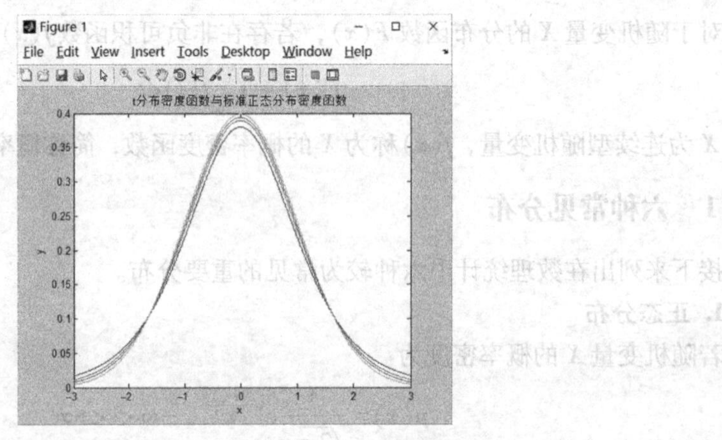

图 7-2　t 分布密度函数与标准正态分布密度函数

3. 卡方分布（χ^2 分布）

若 n 个相互独立的随机变量 ξ_1，ξ_2，…，ξ_n，均服从标准正态分布（也称为独立同分布于标准正态分布），则这 n 个服从标准正态分布的随机变量的二次方和构成一个新的随机变量，其分布规律称为卡方分布。

设一维连续型随机变量 X 的密度函数为

$$f_n(x)=\begin{cases}\dfrac{1}{2^{n/2}\Gamma(n/2)}x^{\frac{n}{2}-1}\mathrm{e}^{-\frac{x}{2}}, & x>0\\ 0, & x\leqslant 0\end{cases}$$

则称 X 服从自由度为 n 的χ^2 分布，记为 $X\sim\chi^2(n)$。

1）期望与方差：$E(X)=n$，$D(x)=2n$。

2）特点：卡方分布在第一象限内，卡方值都为正值，呈正偏态（右偏态），随着参数 n 的增大，卡方分布趋近于正态分布；卡方分布密度曲线下的面积都是 1；不同的自由度决

定不同的卡方分布，自由度越小，分布越偏斜。

3）来源：若 $X_1,X_2,\cdots,X_n \sim N(0,1)$ 独立同分布，则

$$X_1^2+X_2^2+\cdots+X_2^n \sim \chi^2(n)$$

4）可加性：若 $Y_1 \sim \chi^2(n_1)$，$Y_2 \sim \chi^2(n_2)$，两者相互独立，则有

$$Y_1+Y_2 \sim \chi^2(n_1+n_2)$$

5）结论：若 $X_1,X_2,\cdots,X_n \sim N(\mu,\sigma^2)$，则

$$\frac{(n-1)S^2}{\sigma^2}=\frac{\sum_{i=1}^{n}(X_i-\overline{X})^2}{\sigma^2} \sim \chi^2(n-1)$$

4. *F* 分布

F 分布的定义：设 *X*、*Y* 为两个独立的随机变量，*X* 服从自由度为 k_1 的卡方分布，*Y* 服从自由度为 k_2 的卡方分布，这两个独立的卡方分布除以各自的自由度以后的比率为这一统计量的 *F* 分布。

一维连续型随机变量 *X* 的密度函数为

$$f(x)=\begin{cases} cx^{\frac{n_1}{2}-1}\left(1+\dfrac{n_1}{n_2}x\right)^{-\frac{n_1+n_2}{2}}, & x>0 \\ 0, & x\leqslant 0 \end{cases}$$

其中常数

$$c=\frac{\Gamma\left(\dfrac{n_1+n_2}{2}\right)}{\Gamma\left(\dfrac{n_1}{2}\right)\Gamma\left(\dfrac{n_2}{2}\right)}\left(\frac{n_1}{n_2}\right)^{\frac{n_1}{2}}$$

则称 *X* 服从第一自由度 n_1、第二自由度 n_2 的 *F* 分布，记为 $X \sim F(n_1,n_2)$。

1）特点：*F* 分布是一种非对称分布，是一个以自由度 (n_1-1) 和 (n_2-1) 为参数的分布族，不同的自由度决定了 *F* 分布的形状。

2）实现：在 $x=1$ 附近密度函数取值较大，是单峰非对称的。当两个自由度都很大时，*X* 的取值以较大概率集中在 $x=1$ 附近。

使用 MATLAB 命令画出 $F(2,6)$ 的密度函数，如图 7-3 所示。

```
>>x=0:0.01:3;
>>y=fpdf(x,2,6);
>>plot(x,y);
>>xlabel('x')
>>ylabel('y')
>>title('F 分布密度函数')
```

3）来源：设 $X \sim \chi^2(n_1)$，$Y \sim \chi^2(n_2)$，且两者独立，则

$$F=\frac{X/n_1}{Y/n_2} \sim F(n_1,n_2)$$

4）结论：设 $X_1,X_2,\cdots X_{n_1}$ 和 $Y_1,Y_2,\cdots,Y_{n_2}$ 分别来自总体 $N(\mu_1,\sigma_1^2)$ 和 $N(\mu_2,\sigma_2^2)$ 的简单随

机样本，且两者独立。设两个样本方差分别为 S_1^2 与 S_2^2，则

$$F=\frac{S_1^2/S_2^2}{\sigma_1^2/\sigma_2^2}\sim F(n_1-1,n_2-1)$$

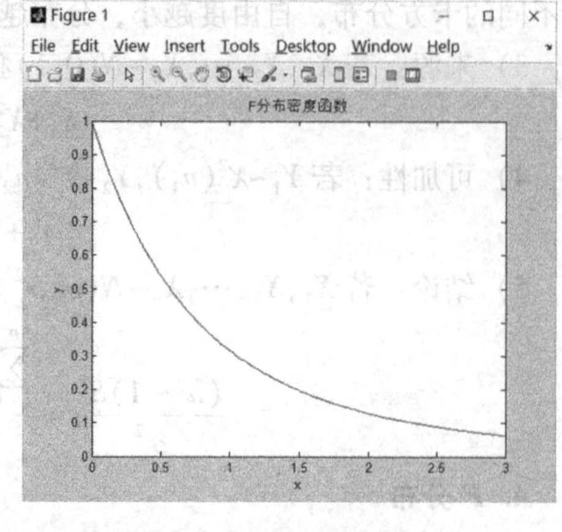

图 7-3　F 分布密度函数

5. β 分布

β 分布的概率密度是伯努利分布和二项式分布的共轭先验分布的密度函数，在机器学习和数理统计学中有重要应用。其具体公式为

$$p(x)=\begin{cases}\dfrac{\Gamma(\alpha+\beta)}{\Gamma(\alpha)\Gamma(\beta)}x^{\alpha-1}(1-x)^{\beta-1}, & 0<x<1\\ 0, & x\leqslant 0,x\geqslant 1\end{cases}$$

其中，$\alpha>0$，$\beta>0$，记为 $\beta(\alpha,\beta)$。

6. *Γ* 分布

Γ 分布是统计学中的一种连续密度函数。其中的参数 α 称为形状参数，β 称为尺度参数。其具体公式为

$$p(x)=\begin{cases}\dfrac{\beta^{\alpha}}{\Gamma(\alpha)}x^{\alpha-1}\mathrm{e}^{-\beta}, & x>0\\ 0, & x\leqslant 0\end{cases}$$

其中，$\alpha>0$，$\beta>0$，记为 $\Gamma(\alpha,\beta)$。

7.3.2　两种计算概率密度函数值的方法

要计算概率密度函数值，有两种方法可用，即使用通用函数和使用专用函数。

1. 通用函数

在 MATLAB 中，使用通用函数 pdf 计算概率密度函数值，其调用格式如下：

```
pdf ('name',x,A)
pdf ('name',x,A,B)
pdf ('name',x,A,B,C)
```

解释：name 为在 X = x 处分布的随机变量，参数 A、B、C 表示概率密度函数值。在表 7-3 中介绍了 name 的取值。

表 7-3　name 取值

name	说　明	name	说　明
unif	均匀分布	exp	指数分布
norm	正态分布	chi2	卡方分布
gam	*Γ* 分布	t 或 T	*t* 分布
f 和 F	*F* 分布	beta	β 分布
ncf	非中心 *F* 分布	nct	非中心 *t* 分布
ncx2	非中心卡方分布	logn	对数分布
nbin	负二项分布	rayl	瑞利分布
weib	韦伯分布		

2. 专用函数

MATLAB 中专门用于计算概率密度函数值的函数见表 7-4。

表 7-4　计算概率密度函数值的专用函数

函 数 名	调 用 格 式	说　　明
unifpdf	unifpdf (x,a,b)	求[a,b]上均匀分布概率密度在 X=x 处的概率密度函数值
normpdf	normpdf (x,mu,sigma)	求正态分布概率密度在 X=x 处的概率密度函数值
exppdf	exppdf (x,Lambda)	求指数分布概率密度在 X=x 处的概率密度函数值
chi2pdf	chi2pdf (x,n)	求卡方分布概率密度在 X=x 处的概率密度函数值
tpdf	tpdf (x,n)	求 t 分布概率密度在 X=x 处的概率密度函数值
fpdf	fpdf (x,n_1,n_2)	求 F 分布概率密度在 X=x 处的概率密度函数值
gampdf	gampdf (x,a,b)	求 Γ 分布概率密度在 X=x 处的概率密度函数值
betapdf	betapdf (x,a,b)	求 β 分布概率密度在 X=x 处的概率密度函数值
lognpdf	lognpdf (x,mu,sigma)	求对数分布概率密度在 X=x 处的概率密度函数值
nbinpdf	nbinpdf (x,R,P)	求负二项分布概率密度在 X=x 处的概率密度函数值
ncfpdf	ncfpdf (x,n_1,n_2,delta)	求非中心 F 分布概率密度在 X=x 处的概率密度函数值
nctpdf	nctpdf (x,n,delta)	求非中心 t 分布概率密度在 X=x 处的概率密度函数值
ncx2pdf	ncx2pdf (x,n,delta)	求非中心卡方分布概率密度在 X=x 处的概率密度函数值
raylpdf	raylpdf (x,b)	求瑞利分布概率密度在 X=x 处的概率密度函数值
weibpdf	weibpdf (x,a,b)	求韦伯分布概率密度在 X=x 处的概率密度函数值

【例 7-5】 使用两种方法计算正态分布 $N(0,1)$ 在点 0.5 处的概率密度函数值。

第一种方法：使用通用函数，输入以下代码得到结果。

```
>>  pdf('norm',0.5,0,1)
ans=
    0.3521
```

第二种方法：使用专用函数，输入以下代码得到结果。

```
>>normpdf(0.5,0,1)
ans=
    0.3521
```

经观察，两种方法所得结果一致，完成概率密度函数值的计算。

7.3.3　两种计算累积概率函数值的方法

分布函数又可称为累积概率函数。要计算累积概率函数值，有两种方法可用，即使用通用函数和使用专用函数。

1. 通用函数

在 MATLAB 中，使用通用函数 cdf 计算累积概率函数值，其调用格式如下：

```
cdf ('name',x,A)
cdf ('name',x,A,B)
cdf ('name',x,A,B,C)
```

解释：name 为在 X=x 处分布的随机变量，参数为 A、B、C。name 的取值在表 7-3 中已做介绍。

2. 专用函数

MATLAB 中专门用于计算累积概率函数值的函数见表 7-5。

表 7-5 计算累积概率函数值的专用函数

函数名	调用格式	说明
unifcdf	unifcdf (x,a,b)	求[a,b]上均匀分布概率密度在 X=x 处的累积概率函数值
normcdf	normcdf (x,mu,sigma)	求正态分布概率密度在 X=x 处的累积概率函数值
expcdf	expcdf (x,Lambda)	求指数分布概率密度在 X=x 处的累积概率函数值
chi2cdf	chi2cdf (x,n)	求卡方分布概率密度在 X=x 处的累积概率函数值
tcdf	tcdf (x,n)	求 t 分布概率密度在 X=x 处的累积概率函数值
fcdf	fcdf (x,n_1,n_2)	求 F 分布概率密度在 X=x 处的累积概率函数值
gamcdf	gamcdf (x,a,b)	求 Γ 分布概率密度在 X=x 处的累积概率函数值
betacdf	betacdf (x,a,b)	求 β 分布概率密度在 X=x 处的累积概率函数值
logncdf	logncdf (x,mu,sigma)	求对数分布概率密度在 X=x 处的累积概率函数值
nbincdf	nbincdf (x,R,P)	求负二项分布概率密度在 X=x 处的累积概率函数值
ncfcdf	ncfcdf $(x,n_1,n_2,delta)$	求非中心 F 分布概率密度在 X=x 处的累积概率函数值
nctcdf	nctcdf (x,n,delta)	求非中心 t 分布概率密度在 X=x 处的累积概率函数值
ncx2cdf	ncx2cdf (x,n,delta)	求非中心卡方分布概率密度在 X=x 处的累积概率函数值
raylcdf	raylcdf (x,b)	求瑞利分布概率密度在 X=x 处的累积概率函数值
weibcdf	weibcdf (x,a,b)	求韦伯分布概率密度在 X=x 处的累积概率函数值

【例 7-6】已知 $\ln X \sim N(1,3^2)$，求 $P\{1/4<X<3\}$。

```
>> p=logncdf(3,1,3)-logncdf(1/4,1,3)
p=
    0.2999
```

7.3.4 两种计算逆累积概率函数值的方法

在计算逆累积概率函数值时，有两种方法可用，即使用通用函数和使用专用函数。

1. 通用函数

在 MATLAB 中，使用通用函数 icdf 计算逆累积概率函数值，其调用格式如下：

```
icdf('name',p,A,B,C)
```

解释：name 为在 X=x 处分布的随机变量，参数为 A、B、C，累积概率值为 p 的临界值，name 的取值在表 7-3 中已做介绍。

通常，x=icdf('name',p,A,B,C)，则 p=icdf('name',x,A,B,C)。

【例 7-7】设 $X \sim N(4,3^2)$，试确定 c，使 $P\{X>c\} = P\{X<c\} =0.5$。

```
>>  c=icdf('norm',0.5,4,3)
c=
    4
```

2. 专用函数

MATLAB 中专门用于计算累积概率值的函数见表 7-6。

表 7-6 计算累积概率值的专用函数

函 数 名	调 用 格 式	说 明
unifinv	unifinv (p,a,b)	求[a,b]上均匀分布逆累积分布函数，X 为临界值
norminv	norminv (p,mu,sigma)	求正态逆累积分布函数
expinv	expinv (p,Lambda)	求指数逆累积分布函数
chi2inv	chi2inv (p,n)	求卡方逆累积分布函数
tinv	tinv (p,n)	求 *t* 分布逆累积分布函数
finv	finv (p,n_1,n_2)	求 *F* 分布逆累积分布函数
gaminv	gaminv (p,a,b)	求 *Γ* 分布累积分布函数
betainv	betainv (p,a,b)	求 β 分布累积分布函数
logninv	logninv (p,mu,sigma)	求对数累积分布函数
ncfinv	ncfinv $(p,n_1,n_2,delta)$	求非中心 *F* 分布累积分布函数
nctinv	nctinv (p,n,delta)	求非中心 *t* 分布累积分布函数
ncx2inv	ncx2inv (p,n,delta)	求非中心卡方累积分布函数
raylinv	raylinv (p,b)	求瑞利累积分布函数
weibinv	weibinv (p,a,b)	求韦伯累积分布函数

【例 7-8】 已知房门高度的设计是按照成年男子与房门顶部碰头的机会不超过 0.1%进行设计的，假定男子的身高 *X*~(177,8)，求房门的最低高度。

在 MATLAB 中输入以下代码即可实现求解。

```
>> h=norminv(0.999,177,8)
h=
    201.7219
```

7.3.5 实例应用

【例 7-9】 绘制 *t* 分布密度函数在 *n* 为 1、5、10 时的图形。

创建 M 文件，命名为 test3.m，输入以下代码并保存，生成图如图 7-4 所示。

```
x=0:0.1:30;
y1=tpdf(x,1);
plot(x,y1,':')
hold on
y2=tpdf(x,5);
plot(x,y2,'+')
y3=tpdf(x,10);
plot(x,y3,'o')
axis([0,30,0,0.2])
xlabel('x')
ylabel('y')
title('t 分布密度函数')
```

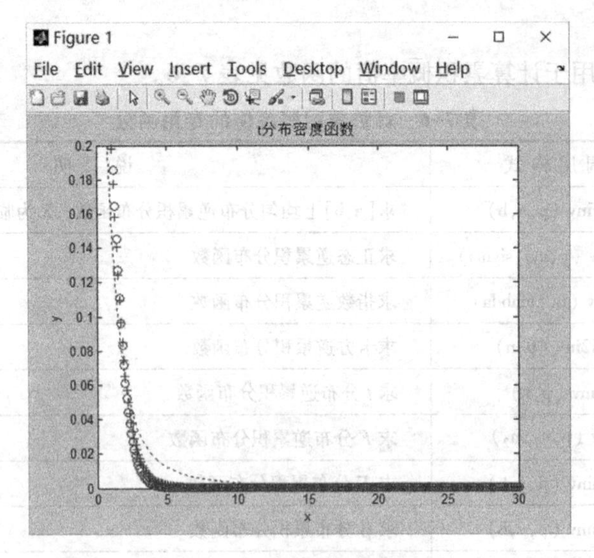

图 7-4　t 分布密度函数图像

【例 7-10】某长途客运站从上午 6 点起每 20 min 来一趟车。若一乘客在 6:00~6:40 之间的任意时刻到达此车站是等可能的，试求其候车的时间不到 5 min 的概率。

分析：已知该乘客在 6 点多 x 分钟到达此站，其中 x 在区间[0,40]内是服从均匀分布的，只有当乘客在 7:15~7:20 或 7:35~7:40 内到达车站时，候车时间才会低于 5 min，其概率为

$$p=P\{15<x<20\}+P\{35<x<40\}$$

在 MATLAB 中输入以下代码进行实现。

```
>> format rat
>> p1=unifcdf(20,0,40)-unifcdf(15,0,40);
>> p2=unifcdf(40,0,40)-unifcdf(35,0,40);
>> p=p1+p2
p=
      1/4
```

【例 7-11】已知随机变量 X 的概率密度函数为

$$p(x)=\begin{cases}\dfrac{c}{\sqrt{1-x^2}}, & |x|<1\\ 0, & |x|\geqslant 1\end{cases}$$

求：①常数 c；②x 落在区间(-1/4,1/4)内的概率；③x 的分布函数 $F(x)$。

1）在 MATLAB 命令窗口中输入以下代码，实现常数 c 的求解。

```
>>syms c x
>> f1=c/sqrt(1-x^2);
>> f2=int(f1,x,-1,1)
f2=
pi * c
```

由"pi * c=1"，可以得到"c=1/pi"。

2）在 MATLAB 命令窗口中输入以下代码，进行概率求解。

```
>>syms x
>> c='1/pi ';
>> f1=c/sqrt(1-x^2);
>> format rat
>> p1=int(f1,x,-1/4,1/4)
p1=
(2 * asin(1/4))/pi
```

3）在 MATLAB 命令窗口中输入以下代码，求分布函数 $F(x)$。

```
>>syms x t
>> c='1/pi ';
>> f2=c/sqrt(1-t^2);
>> F=int(f2,t-1,x)
F=
asin(x)/pi+1/2
```

最终得到 x 的分布函数为

$$f(x)=\begin{cases}0, & x<-1\\ \dfrac{2\arcsin x+\pi}{2\pi}, & -1\leqslant x<1\\ 1, & x\geqslant 1\end{cases}$$

【例 7-12】 已知二维随机向量的联合密度为

$$f(x,y)=\begin{cases}e^{-(x+2y)}, & x\geqslant 0,y\geqslant 0\\ 0, & x,y<0\end{cases}$$

求：①$P\{0<x<1,0<y<1\}$；②(x,y)落在 $x+2y=1$、$x=0$、$y=0$ 所围区域 G 内的概率。

1）计算 $P\{0<x<1,0<y<1\}$。

```
>>syms x y
>> f=exp(-x-2 * y);
>> f1=int(int(f,y,0,1),x,0,1)
f1=
(exp(-3) * (exp(1)-1)^2 * (exp(1)+1))/2
```

2）计算 G 的概率。

```
>> f2=int(int(f,y,0,(1-x)/2),x,0,1)
f2=
1/2-exp(-1)
```

7.4 一维随机变量数字特征

设随机试验的样本空间为 $S=\{e\}$，$X=X(e)$为定义在样本空间 S 上的实值单值函数，称 $X=X(e)$为随机变量。

7.4.1 期望

在概率论和统计学中，数学期望（也称为期望）是试验中每次可能结果的概率乘以其结果的和，是最基本的数学特征之一，它反映了随机变量平均值的大小，即

$$E(X) = \sum_{k=1}^{\infty} x_k p_k$$

式中，p_k为对应于x_k的概率，即权重。

数学期望$E(X)$完全由随机变量X的概率分布所确定。若X服从某一分布，则也称$E(X)$是这一分布的数学期望。

在MATLAB中对期望的求解共分为两个部分，分别是对离散型随机变量的期望进行计算和对连续型随机变量的期望进行计算。

1. 离散型期望计算

（1）求和

在MATLAB中使用sum函数可以实现离散型随机变量x的求和计算，其调用格式如下：

```
sum(x)
```

解释：若x为向量，则sum(x)用于求x中各元素的和并返回一个数值；若x为矩阵，则sum(x)用于求x中各列元素的和并返回一个行向量。

（2）求算术平均值

在MATLAB中使用mean函数可以实现离散型随机变量x的算术平均值计算，其调用格式如下：

```
mean(x)
```

解释：若x为向量，则mean(x)用于求x中各元素的算术平均值并返回一个数值；若x为矩阵，则mean(x)用于求x中各列元素的算术平均值并返回一个行向量。

【例7-13】设随机变量X的分布律为

X	−2	0	2
p_k	0.4	0.3	0.3

求EX、$E(X^2)$和$E(3X^2+5)$。

```
>> X=[-2 0 2];
>> P=[0.4 0.3 0.3];
>> EX=sum(X*P')
EX=
    -0.2000
>> Y=X.^2;
>> EX1=sum(Y*P')
EX1=
    2.8000
>> Y1=3*X.^2+5;
>> EX2=sum(Y1*P')
EX2=
    13.4000
```

2. 连续型期望计算

若随机变量X的概率密度为$p(x)$，则X的期望为

$$EX = \int_{-\infty}^{+\infty} xp(x)\,\mathrm{d}x$$

若下式右端积分绝对收敛，则 X 的函数 $f(X)$ 的期望为

$$Ef(X)=\int_{-\infty}^{+\infty}f(x)p(x)\mathrm{d}x$$

【例 7-14】设 $X\sim U(a,b)$，求 EX 和 $E(3X+1)$。

由题意可知 X 的概率密度为

$$f(x)=\begin{cases}\dfrac{1}{b-a},a<x<b\\0,其他\end{cases}$$

输入以下代码求得 EX 和 $E(3X+1)$。

```
>>syms x a b
>> f=1/(b-a);
>> EX=int(x * f,a,b)
EX=
a/2+b/2
>> EX2=int((3 * x+1) * f,a,b)
EX2=
(3 * a)/2+(3 * b)/2+1
```

7.4.2 方差与标准差

定义：设 X 是一个随机变量，若 $E[(X-EX)^2]$ 存在，则称 $E[(X-EX)^2]$ 为 X 的方差，记为 DX 或 $\mathrm{Var}(X)$，即

$$DX=\mathrm{Var}(X)=E[(X-EX)^2]$$

在应用上还引入量 $\sqrt{DX}$，记为 $\sigma(X)$，称为标准差或均方差。

方差是随机变量的个别偏差的平方的期望：

$$DX=E(X-EX)^2=E(X^2)-(EX)^2$$

标准差：

$$\sigma(X)=\sqrt{DX}=\sqrt{E(X-EX)^2}=\sqrt{E(X^2)-(EX)^2}$$

已知样本 $x=[x_1,x_2,x_3,\cdots,x_n]$，则有

样本方差：

$$S^2=\frac{1}{n-1}\sum_{i=1}^{n}(x_i-\bar{x})^2$$

样本标准差：

$$S=\sqrt{\frac{1}{n-1}\sum_{i=1}^{n}(x_i-\bar{x})^2}$$

在 MATLAB 中对方差与标准差的求解共分为两个部分，即对离散型随机变量的方差与标准差进行计算和对连续型随机变量的方差与标准差进行计算。

1. 离散型方差与标准差计算

(1) 方差与标准差

在 MATLAB 中使用 sum 函数可以实现离散型随机变量 X 的方差计算，已知 X 的分布律为

$$P\{X=x_k\}=p_k, k=1,2,\cdots$$

则方差计算的调用格式为

DX=sum(X-EX).^2. * p 或 DX=sum(X.^2. * p)-(EX).^2

标准差的调用格式如下：

$$\sigma(X)=\sqrt{DX}=\text{sqrt}(DX)$$

【例 7-15】 设随机变量 X 的分布律为

X	−2	0	2
p_k	0.4	0.3	0.3

求 DX、$D(X^2)$ 和 $D(3X^2+5)$。

```
>> X=[-2 0 2];
>> P=[0.4 0.3 0.3];
>> EX=sum(X. * P)
EX=
    -0.2000
>> Y=X.^2;
>> Y1=3 * X.^2+5;
>> EY=sum(Y. * P)
EY=
    2.8000
>> EY1=sum(Y1. * P)
EY1=
    13.4000
>> DX=sum(X.^2. * P)-EX.^2
DX=
    2.7600
>> DY=sum(Y.^2. * P)-EY.^2
DY=
    3.3600
>> DY1=sum(Y1.^2. * P)-EY1.^2
DY1=
    30.2400
```

（2）样本方差与标准差

在 MATLAB 中使用 var 函数可以实现离散型随机变量 x 的样本方差计算，其调用格式介绍如下。

1）var(x)：返回向量（矩阵）x 样本方差的无偏估计（除以 n-1）：

$$\text{var}(x)=\frac{1}{n-1}\sum_{i=1}^{n}(x_i-\bar{x})^2$$

2）var(x,1)：返回向量（矩阵）x 的方差（除以 n）：

$$\text{var}(x,1)=\frac{1}{n}\sum_{i=1}^{n}(x_i-\bar{x})^2$$

3）var(x,w)：返回向量（矩阵）x 以 w 为权重的方差；w 可以是向量，也可以取 0 或 1，取 0 求得的是 x 样本方差的无偏估计值（除以 n-1）；取 1 求得的是 x 的方差（除以 n）。

$$\text{var}(x,w)=\sum_{i=1}^{n}w_i(x_i-EX)^2,\quad EX=\sum_{i=1}^{n}w_ix_i$$

在 MATLAB 中使用 std 函数可以实现离散型随机变量 x 的样本标准差计算，其调用格式介绍如下。

1）std(x)：返回向量或矩阵 x 的样本标准差。

2）std(x,1)：返回向量或矩阵 x 的标准差（除以 n）。

3）std(x,0)：返回向量或矩阵 x 的样本标准差。

4）std(x,flag,dim)：返回向量或矩阵 x 中维数为 dim 的标准差，当 flag=0 时，表示除以(n-1)；否则表示除以 n。

【例 7-16】 求下列数据的样本方差、样本标准差、方差和标准差：

$$14.72,\quad 15.23,\quad 14.89,\quad 15.32,\quad 14.88$$

```
>> X=[14.72  15.23  14.89  15.32  14.88];
%方差
>> DX=var(X,1)
DX=
    0.0520
%标准差
>> sigma=std(X,1)
sigma=
    0.2280
%样本方差
>> DX1=var(X)
DX1=
    0.0650
%样本标准差
>> sigma1=std(X)
sigma1=
    0.2549
```

2. 连续型方差计算

对连续型随机变量的方差利用 $DX=E(X-EX)^2=E(X^2)-(EX)^2$ 进行求解。

假定 X 的概率密度为 $p(x)$，则

$$EX=\int_{-\infty}^{+\infty}xp(x)\,\mathrm{d}x$$

$$DX=\int_{-\infty}^{+\infty}(x-EX)^2p(x)\,\mathrm{d}x \text{ 或 } DX=\int_{-\infty}^{+\infty}x^2p(x)\,\mathrm{d}x-\left(\int_{-\infty}^{+\infty}xp(x)\,\mathrm{d}x\right)^2$$

在 MATLAB 中，需要视具体情况进行实现。

【例 7-17】 已知 X 的密度函数为

$$p(x)=\begin{cases}\dfrac{1}{2\sqrt{1-x^2}}, & |x|<1\\ 0, & |x|\geqslant 1\end{cases}$$

求 DX 和 $D(3X+1)$。

```
>>syms x
>> px=1/(2*sqrt(1-x^2));
>> EX=int(x*px,-1,1)
EX=
0
%求 DX
```

```
>> DX=int(x^2 * px,-1,1)-EX^2
DX=
pi/4
>> y=3 * x+1;
>> EY=int(y * px,-1,1)
EY=
pi/2
%求 D(3X+1)
>> DY=int(y^2 * px,-1,1)-EY^2
DY=
(11 * pi)/4-pi^2/4
```

7.4.3 常用函数

在 MATLAB 中，存在大量的函数用于计算给定参数的某种分布的期望和方差。在统计工具箱中通常使用以 stat 结尾的函数，具体见表 7-7。

表 7-7 计算期望和方差的函数

调用格式	参数说明	功能
[X,Y]=betastat(A,B)	期望值为 X，方差值为 Y；A、B 为 β 分布的参数	求 β 分布的期望与方差
[X,Y]=binostat(N,p)	N 为试验次数；p 为二项分布概率	求二项分布的期望与方差
[X,Y]=poisstat(lambda)	lambda 为泊松分布的参数	求泊松分布的期望与方差
[X,Y]=normstat(mu,sigma)	mu 为正态分布的均值；sigma 为标准差	求正态分布的期望与方差
[X,Y]=tstat(nu)	nu 为 t 分布的参数	t 分布的期望与方差
[X,Y]=chi2stat(nu)	nu 为卡方分布	卡方分布的期望与方差
[X,Y]=fstat(n1,n2)	n1、n2 为 F 分布的两个自由度	F 分布的期望与方差
[X,Y]=gamstat(A,B)	A、B 为 Γ 分布的参数	Γ 分布的期望与方差
[X,Y]=expstat(mu)	mu 为指数分布参数	指数分布的期望与方差
[X,Y]=lognstat(mu,sigma)	mu 为对数分布的均值；sigma 为标准差	对数分布的期望与方差
[X,Y]=unifstat(A,B)	A、B 为均匀分布的区间端点值	均匀分布的期望与方差
[X,Y]=geostat(p)	p 为几何分布的几何概率参数	几何分布的期望与方差
[X,Y]=hygestat(A,B,C)	A、B、C 为超几何分布的参数	超几何分布的期望与方差

【例 7-18】 求参数为 5 的泊松分布的期望和方差。

```
>> [A,B]=poisstat(5)
A=
    5
B=
    5
```

【例 7-19】 求 $N=100$，$p=0.3$ 的二项分布的期望与方差。

```
>> [A,B]=binostat(100,0.3)
A=
    30
B=
    21
```

7.4.4 实例应用

【例 7-20】随机抽取 8 个圆盘，测得的直径（单位为 mm）如下：

15.00， 15.08， 14.93， 15.11， 14.89， 14.99， 15.03， 15.09

求样本的平均值。

```
>> x=[15.00  15.08  14.93  15.11  14.89  14.99  15.03  15.09];
>> mean(x)
ans =
    15.0150
```

【例 7-21】设随机变量 X 的概率密度为

$$p(x)=\frac{1}{4}e^{-|x|},-5<x<5$$

求 EX。

```
>>syms x
>> f=1/4 * exp(-abs(x));
>> EX=int(x * f,-5,5)
EX=
0
```

【例 7-22】按照公司规定，某型号的灯泡使用寿命超过 2000 h 为优秀产品。已知测试样品的数量为 40 只，优秀产品率为 0.8。问这些测试样品中不是优秀产品的期望和方差各为多少？

输入以下代码即可求得产品的期望和方差。

```
>> [A,B]=binostat(40,0.2)
A=
    8
B=
    6.4000
```

最终得到样品的期望值为 8，方差为 6.4。

7.5 二维随机变量数字特征

设 E 为一个随机试验，它的样本空间是 $S=\{e\}$，设 $X=X(e)$ 和 $Y=Y(e)$ 是定义在 S 上的随机变量，由它们构成的一个向量 (X,Y) 叫作二维随机向量或二维随机变量。

7.5.1 期望

设 (X,Y) 是二维随机变量，对于任意实数 x，y，二元函数

$$F(x,y)=P\{(X\leqslant x)\cap(Y\leqslant y)\}\overset{记为}{=}P\{X\leqslant x,Y\leqslant y\}$$

1）若 (X,Y) 的联合分布律为

$$P\{X=x_i,Y=y_j\}=p_{ij},i=1,2,\cdots;j=1,2,\cdots$$

则 $Z=f(X,Y)$ 的期望为

$$EZ=E(f(X,Y))=\sum_i\sum_j f(x_i,y_j)p_{ij}$$

2) 若(X,Y)的联合密度为$p(x,y)$，则$Z=f(X,Y)$的期望为

$$EZ=E(f(X,Y))=\int_{-\infty}^{+\infty}\int_{-\infty}^{+\infty}f(x,y)p(x,y)\mathrm{d}x\mathrm{d}y$$

3) 若(X,Y)的边缘概率密度为$p_X(x)$，$p_Y(y)$，则

$$EX=\int_{-\infty}^{+\infty}xp_X(x)\mathrm{d}x=\int_{-\infty}^{+\infty}\int_{-\infty}^{+\infty}xp(x,y)\mathrm{d}x\mathrm{d}y$$

$$EY=\int_{-\infty}^{+\infty}yp_Y(y)\mathrm{d}y=\int_{-\infty}^{+\infty}\int_{-\infty}^{+\infty}yp(x,y)\mathrm{d}x\mathrm{d}y$$

$$DX=\int_{-\infty}^{+\infty}(x-EX)^2p_X(x)\mathrm{d}x=\int_{-\infty}^{+\infty}\int_{-\infty}^{+\infty}(x-EX)^2p(x,y)\mathrm{d}x\mathrm{d}y$$

$$DY=\int_{-\infty}^{+\infty}(y-EY)^2p_Y(y)\mathrm{d}y=\int_{-\infty}^{+\infty}\int_{-\infty}^{+\infty}(y-EY)^2p(x,y)\mathrm{d}x\mathrm{d}y$$

【例 7-23】 已知(X,Y)的联合分布律为

X \ Y	−1	1	2
−1	$\frac{1}{4}$	$\frac{1}{10}$	$\frac{1}{5}$
2	$\frac{1}{4}$	$\frac{1}{20}$	$\frac{3}{20}$

$Z=X-Y$，求EZ。

```
>> X=[-1 2];Y=[-1 1 2];
>> for i=1:2
for j=1:3
Z(i,j)=X(i)-Y(j);
end
end
>> p=[1/4 1/10 1/5;1/4 1/20 3/20];
>> EZ=sum(sum(Z.*p))
EZ=
    -1.1102e-16
```

7.5.2 相关与协方差

对于数据序列X和Y，自相关系数的定义为$R(X)=E(X^{\mathrm{T}}X)$；互相关函数的定义为$R(X,Y)=E(X^{\mathrm{T}}Y)$；协方差的定义为$C(X)=E((X-EX)^{\mathrm{T}}(X-EX))$；互协方差的定义为$C(X)=E((X-EX)^{\mathrm{T}}(Y-EY))$。

设(X,Y)是一个二维随机向量，若$E[(X-EX)(Y-EY)]$存在，则称之为X、Y的协方差，记为$\mathrm{Cov}(X,Y)$或σ_{XY}，即

$$\mathrm{Cov}(X,Y)=E[(X-EX)(Y-EY)]=E(XY)-EX\cdot EY$$

特别地，

$$\mathrm{Cov}(X,X)=E[(X-EX)^2]=EX^2-(EX)^2$$

$$\mathrm{Cov}(Y,Y)=E[(Y-EY)^2]=EY^2-(EY)^2$$

在 MATLAB 中，cov 函数用于进行协方差的计算，其调用格式介绍如下。

1）cov(x)：x 为向量时，返回向量的方差；x 为矩阵时，返回协方差矩阵，此协方差的对角线元素为矩阵的列向量的方差值。

2）cov(x,y)：返回 x 与 y 的协方差，且与 x 和 y 同维。

3）cov(x,0)：返回 x 的样本协方差，其中置前因子为 1/(n-1)，与 cov(x)相同。

4）cov(x,1)：返回 x 的协方差，其中置前因子为 1/n。

在 MATLAB 中，corr 函数用于进行相关分析，其调用格式介绍如下。

1）RHO=corr(x)：若 x 为向量，则返回 x 的方差；若为矩阵，则 $cov(x)=E[(X-EX)^T(X-EX)]$。

2）RHO=corr(x,y)：x、y 为长度相等的向量，cov(x,y)=cov([x(:),y(:)])。

【例 7-24】对数据进行相关分析。

```
>> A=[-1 1 1;-2 3 4;4 5 6];
>> B=[1 2 3;1 0 1;2 3 4];
>> corr(A)
ans=
     1.0000    0.7777    0.7005
     0.7777    1.0000    0.9934
     0.7005    0.9934    1.0000
>> corr(B)
ans=
     1.0000    0.7559    0.7559
     0.7559    1.0000    1.0000
     0.7559    1.0000    1.0000
```

【例 7-25】求向量 $\boldsymbol{a}$=[1 2 3 4 5 6 7]的协方差。

```
>> a=[1 2 3 4 5 6 7];
>>cov(a)
ans=
     4.6667
```

7.5.3 相关系数

相关系数是体现随机变量 X 和 Y 相互联系程度的度量。

对于两组数据序列 x_i，$y_i(i=1,2,\cdots,n)$，可由下式计算出两组数据的相关系数：

$$r=\frac{\sqrt{\sum(x_i-\bar{x})(y_i-\bar{y})}}{\sqrt{\sum(x_i-\bar{x})^2}\sqrt{\sum(y_i-\bar{y})^2}}$$

在 MATLAB 中，使用 corrcoef 函数实现相关系数的计算，其调用格式介绍如下。

1）corrcoef(x)：返回从矩阵 x 形成的一个相关系数的矩阵，此矩阵的大小与矩阵 x 大小相同，把矩阵 x 的每一列作为一个变量，并求它们的相关系数。

2）corrcoef(x,y)：返回列向量 x、y 的相关系数。

【例 7-26】求矩阵的相关系数。

```
>> f=randn(30,4);
>> f(:,4)=sum(f,2);
>> [a,b]=corrcoef(f)
```

```
a=
    1.0000   -0.3591    0.2470    0.6865
   -0.3591    1.0000   -0.1553    0.0192
    0.2470   -0.1553    1.0000    0.5178
    0.6865    0.0192    0.5178    1.0000
b=
    1.0000    0.0513    0.1881    0.0000
    0.0513    1.0000    0.4125    0.9197
    0.1881    0.4125    1.0000    0.0034
    0.0000    0.9197    0.0034    1.0000
>> [i,j]=find(b<0.04);
>> [i,j]
ans=
     4     1
     4     3
     1     4
     3     4
```

7.5.4 实例应用

【例 7-27】 射箭试验中，在靶平面建立以靶心为原点的直角坐标系，X、Y 分别为射箭点的横坐标和纵坐标，它们相互独立且均服从 $N(0,1)$，求射箭点到靶心距离的均值。

已知到靶心的距离为 $Z=\sqrt{X^2+Y^2}$，求 EZ。

已知联合密度为

$$p(x,y)=\frac{1}{2\pi}\mathrm{e}^{-\frac{1}{2}(x^2+y^2)}$$

将其转化为极坐标，在 MATLAB 中输入以下代码进行实现。

```
>>syms x y r t
>> EZ=int(int(r*1/(2*pi)*exp(-1/2*r^2)*r,r,0,inf),t,0,2*pi)
EZ=
(2^(1/2)*pi^(1/2))/2
```

【例 7-28】 求随机矩阵 $\boldsymbol{A}$ 的协方差和相关分析。

```
>> a=rand(3,5)
a=
    0.8147    0.9134    0.2785    0.9649    0.9572
    0.9058    0.6324    0.5469    0.1576    0.4854
    0.1270    0.0975    0.9575    0.9706    0.8003
>>cov(a)
ans=
    0.1813    0.1587   -0.1271   -0.1184   -0.0301
    0.1587    0.1718   -0.1415   -0.0354    0.0154
   -0.1271   -0.1415    0.1169    0.0202   -0.0173
   -0.1184   -0.0354    0.0202    0.2188    0.1060
   -0.0301    0.0154   -0.0173    0.1060    0.0577
>> corr(a)
ans=
    1.0000    0.8991   -0.8726   -0.5947   -0.2938
    0.8991    1.0000   -0.9984   -0.1828    0.1542
   -0.8726   -0.9984    1.0000    0.1261   -0.2106
```

```
     -0.5947    -0.1828     0.1261     1.0000     0.9432
     -0.2938     0.1542    -0.2106     0.9432     1.0000
```

【例 7-29】 已知(X,Y)的联合分布律为

X \ Y	−1	1	2
−1	$\frac{1}{4}$	$\frac{1}{10}$	$\frac{1}{5}$
2	$\frac{1}{4}$	$\frac{1}{20}$	$\frac{3}{20}$

求 X 与 Y 的协方差及相关系数。

```
>> format rat
>> X=[-1,2];
>> Y=[-1 1 2];
%X、Y 的联合分布
>> F=[1/4 1/10 1/5;1/4 1/20 3/20];
>> FX=sum(F ')
FX=
     11/20          9/20
>> FY=sum(F)
FY=
     1/2          3/20          7/20
>> EX=sum(X. * FX)
EX=
     7/20
>> EY=sum(Y. * FY)
EY=
     7/20
>> EXX=sum(X.^2. * FX)
EXX=
     47/20
>> EYY=sum(Y.^2. * FY)
EYY=
     41/20
%计算 X 的方差
>> DX=EXX-EX^2
DX=
     891/400
>> DY=EYY-EY^2
DY=
     771/400
>> XY=[1 -1 -2;-2 2 4];
>> EXY=sum(sum(XY. * F))
EXY=
     -1/20
%计算协方差
>> DXY=EXY-EX * EY
DXY=
     -69/400
%计算相关系数
>>cov=DXY/sqrt(DX * DY)
```

```
cov=
      -83/997
```

最终得到的协方差为-69/400；相关系数为-83/997。

7.6 参数估计

统计推断的基本问题可以分为两大类，一类是估计问题，一类是假设检验问题。本章将讨论总体参数的点估计、区间估计和最大似然估计。

7.6.1 点估计的评价角度

设总体 X 的分布函数的形式已知，但它的一个或多个参数未知，借助于总体 X 的一个样本来估计总体未知参数的值的问题称为参数的点估计问题。

常用的构造估计量的方法有两种，即矩估计法和最大似然估计法，这两个知识点在常用的概率论和数理统计教材中都有非常详细的介绍，本书不再详细介绍。

对于同一个未知参数，通常有多种估计方法和估计量的评价标准，下面将从无偏性、有效性和相合性三个评价标准进行解释。

1. 无偏性

设 $X_1,X_2,\cdots,X_n$ 是总体 X 的一个样本，$\theta\in A$ 是包含在总体 X 的分布中的待估参数，这里 A 为 θ 的取值范围。

若估计量 $\hat{\theta}=\hat{\theta}(X_1,X_2,\cdots,X_n)$ 的数学期望 $E(\hat{\theta})$ 存在，且对于任意 $\theta\in A$ 都有

$$E(\hat{\theta})=\theta$$

则称 $\hat{\theta}$ 为 θ 的无偏估计量；若 $E_\theta(\hat{\theta})\neq\theta$，则称 $\hat{\theta}$ 为 θ 的一个有偏估计量。

注意，估计量的无偏性是对于某些样本值来说的，因为这一估计量得到的估计值相对于真值来说有些是偏大的，有些是偏小的。将这一估计值进行多次平均，可以使其偏差量更趋于零。

均方误差可以对无偏估计和偏估计进行统一评价，其格式为

$$\mathrm{MSE}(\hat{\theta})=E_\theta\,(\hat{\theta}-\theta)^2=D_\theta(\hat{\theta})+[\theta-E_\theta(\hat{\theta})]^2$$

对于无偏估计来说，若 $[\theta-E_\theta(\hat{\theta})]^2=0$ 且 $D_\theta(\hat{\theta})$ 很大，此时就不是一个好的估计量；对于有偏估计来说，若 $[\theta-E_\theta(\hat{\theta})]^2\neq0$ 且 $D_\theta(\hat{\theta})$ 较小，此时就是一个好的估计量。

【例 7-30】 设 $X_1,X_2,\cdots,X_{40}$ 为来自 $[0,\theta]$ 上均服从均匀分布的总体简单随机样本，可得到未知参数的矩估计量 $\hat{\theta}_1=4\,\overline{X}$，其中最大似然估计量 $\hat{\theta}_2=\max\{X_1,X_2,\cdots,X_{40}\}$，使用随机模拟的方法比较两者的好坏。

将 θ 的值设置为 4，创建 M 文件，命名为 test4. m，输入以下代码。

```
s=4;
N=10000;
a1=0;a2=0;
for k=1:N
```

```
    x=4. * rand(1,40);
    s1=2 * mean(x);
    s2=max(x);
    a1=a1+(s1-s)^2;
    a2=a2+(s2-s)^2;
end
a1=a1/N;
a2=a2/N;
[a1,a2];
```

在命令窗口中输入以下代码，即可得到结果。

```
[a1,a2]
ans=
    0.1312     0.0181
```

观察最终结果可知，最大似然估计法的精度是较高的。

```
N=10000;
m=5;
n=30;
f1=0;
f2=0;
f3=0;
for k=1:N
    x=chi2rnd(m,1,n);
    m1=100 * x(1)-99 * x(2);
    m2=median(x);
m3=mean(x);
    y1=f1+(m1-m)^2;
    y2=f2+(m2-m)^2;
    y3=f3+(m3-m)^2;
end
f1=y1/N;
f2=y2/N;
f3=y3/N;
```

在命令窗口中输入以下代码，即可得到结果。

```
>> f1=y1/N
f1=
    6.7982
>> f2=y2/N
f2=
    3.9018e-04
>> f3=y3/N
f3=
    4.7240e-05
```

由上述结果可知，第一种方法均方误差非常大，第二种方法为有偏估计，但取得的结果与第三个差不多，也是较好的估计量。

2. 有效性

比较参数 θ 的两个无偏估计量$\hat{\theta}_1$ 和$\hat{\theta}_2$，若在样本容量 n 相同的情况下，$\hat{\theta}_1$ 的观察值较$\hat{\theta}_2$更密集地集中在真值 θ 的附近，此时$\hat{\theta}_1$ 就比$\hat{\theta}_2$ 更加理想。由于方差是随机变量取值与其数

学期望的偏离程度的度量，因此无偏估计方差越小认为越好。

设$\hat{\theta}_1=\hat{\theta}_1(X_1,X_2,\cdots,X_n)$和$\hat{\theta}_2=\hat{\theta}_2(X_1,X_2,\cdots,X_n)$都为$\theta$的无偏估计量，若对于任意$\theta\in A$都有

$$D(\hat{\theta}_1)\leqslant D(\hat{\theta}_2)$$

且至少对于某一个$\theta\in A$，上式中不等号成立，则称$\hat{\theta}_1$和$\hat{\theta}_2$有效。

3. 相合性

设$\hat{\theta}(X_1,X_2,\cdots,X_n)$为参数$\theta$的估计量，若对于任意的$\theta\in A$，当$n$趋于无穷时，$\hat{\theta}(X_1,X_2,\cdots,X_n)$收敛于$\theta$，则称$\hat{\theta}$为$\theta$的相合估计量，即对于任意$\theta\in A$都满足：对于任意$\varepsilon>0$都有

$$\lim_{n\to\infty}P\{|\hat{\theta}-\theta|<\varepsilon\}=1$$

则称$\hat{\theta}$为θ的相合估计量。

7.6.2 区间估计的四种置信区间

在测量或计算一个未知量时，只得到其近似值是远远不够的，还需要对误差进行估计，即要求知道近似值的精确程度。同样，对于未知参数θ，除了求出它的点估计值外，还希望得到一个值的范围，并知道这个范围内的参数θ的可信程度。这种形式的估计称为区间估计，这样的区间称为置信区间。

设总体X的分布函数$F(X;\theta)$含有一个未知参数θ，$\theta\in A$，对于给定值$\alpha(0<\alpha<1)$，若有来自X的样本$X_1,X_2,\cdots,X_n$确定的两个统计量$\underline{\theta}=\underline{\theta}(X_1,X_2,\cdots,X_n)$和$\overline{\theta}=\overline{\theta}(X_1,X_2,\cdots,X_n)$，且$\underline{\theta}<\overline{\theta}$，则对于任意$\theta\in A$，都有

$$P\{\underline{\theta}(X_1,X_2,\cdots,X_n)<\theta<\overline{\theta}(X_1,X_2,\cdots,X_n)\}\geqslant 1-\alpha$$

则称随机区间$(\underline{\theta},\overline{\theta})$是$\theta$的置信水平为$1-\alpha$的置信区间，$\underline{\theta}$和$\overline{\theta}$分别称为置信水平为$1-\alpha$的双侧置信区间的置信下限和置信上限，$1-\alpha$称为置信水平。

在MATLAB统计工具箱中给出了最大似然法估计的常用概率分布的参数的点估计和区间估计值函数，还提供了分布的对数似然函数的计算功能，下面将逐一介绍。

1. 单个总体均值的情况

这里分为两种情况，即方差已知情形和方差未知情形。

(1) 方差σ^2已知

通过查表可知求$u_{\frac{\alpha}{2}}$满足：对于$\xi\sim N(0,1)$，$P(\xi>u_{\frac{\alpha}{2}})=\frac{\alpha}{2}$。

此时对于总体$N(\mu,\sigma_0^2)$中的样本$X_1,X_2,\cdots,X_n$，μ的置信区间为

$$(\overline{X}-u_{\frac{\alpha}{2}}\sigma_0,\overline{X}+u_{\frac{\alpha}{2}}\sigma_0)$$

在MATLAB中对$u_{\frac{\alpha}{2}}$的求解可以使用norminv函数进行计算，其调用格式如下：

```
norminv(1-a/2)
```

【例7-31】 已知一大批糖果，从中随机抽取8袋，称得质量如下：

506，508，499，503，504，510，497，493

设袋装糖果的质量近似服从正态分布，求 μ 的置信水平为95%的置信区间。

```
>> x=[506  508  499  503  504  510  497  493];
>> f=mean(x)
f=
    502.5000
>> c=1
c=
    1
>> d=c * norminv(0.975);
>> a=f-d;
>> b=f+d;
>> [a,b]
ans=
    500.5400  504.4600
```

最终求得置信区间为[500.54,504.46]。

（2）方差 σ^2 未知

对于总体 $N(\mu,\sigma^2)$ 中的样本 $X_1,X_2,\cdots,X_n$，μ 的置信区间为

$$(\overline{X}-t_{\frac{\alpha}{2}}S,\overline{X}+t_{\frac{\alpha}{2}}S)$$

其中，$t_{\frac{\alpha}{2}}$ 为自由度 $n-1$ 的 t 分布临界值。

【例 7-32】 求例 7-31 中总体标准差 σ 的置信水平为 0.95 的置信区间。

```
>> x=[506  508  499  503  504  510  497  493];
>> f=mean(x)
f=
  502.5000
>> s=std(x);
>> d=s * tinv(0.975,5);
>> a=f-d;
>> b=f+d;
>> [a,b]
ans=
  487.6376  517.3624
```

2. 单个总体方差的情况

由于 $W=\frac{1}{\sigma^2}\sum_{i=1}^{n}(X_i-\overline{X})^2 \sim \chi^2(n-1)$，查表可得临界值 c_1 与 c_2，满足 $P(c_1<W<c_2)=1-\alpha$，则 σ^2 的置信区间为

$$\left(\frac{1}{c_2}\sum_{i=1}^{n}(X_i-\overline{X})^2,\frac{1}{c_1}\sum_{i=1}^{n}(X_i-\overline{X})^2\right)$$

在 MATLAB 中使用 chi2inv 函数进行计算。

【例 7-33】 求例 7-31 中 σ^2 的置信区间。

```
>> x=[506  508  499  503  504  510  497  493];
>> f=mean(x)
f=
  502.5000
>> c1=chi2inv(0.025,5);
>> c2=chi2inv(0.975,5);
>> T=var(x) * 5;
```

```
>> a=T/c2;
>> b=T/c1;
>> [a,b]
ans=
   13.0250   201.0834
```

3. 两正态总体均值差的情况

（1）方差已知

设 $X_1,X_2,\cdots,X_m \sim N(\mu_1,\sigma_1^2)$ 和 $Y_1,Y_2,\cdots,Y_n \sim N(\mu_2,\sigma_2^2)$，两样本独立，则 $\mu_1-\mu_2$ 的置信区间为

$$\left(\overline{X}-\overline{Y}-u_{\frac{\alpha}{2}}\sqrt{\frac{\sigma_1^2}{m}+\frac{\sigma_2^2}{n}},\overline{X}-\overline{Y}+u_{\frac{\alpha}{2}}\sqrt{\frac{\sigma_1^2}{m}+\frac{\sigma_2^2}{n}}\right)$$

由于前面已经介绍了 $u_{\frac{\alpha}{2}}$ 可以使用 norminv(0.975)进行计算，因此该问题在 MATLAB 中很容易解决。

（2）方差未知

虽然此时方差未知，但方差是相等的，即 $\sigma_1^2=\sigma_2^2=\sigma^2$，则 $\mu_1-\mu_2$ 的置信区间为

$$(\overline{X}-\overline{Y}-t_{\frac{\alpha}{2}}C,\overline{X}-\overline{Y}+t_{\frac{\alpha}{2}}C)$$

其中，$C=\sqrt{\frac{1}{m}+\frac{1}{n}}\sqrt{\frac{(m-1)S_1^2+(n-1)S_2^2}{m+n-2}}$，而 $t_{\frac{\alpha}{2}}$ 依照自由度 $m+n-2$ 进行计算。

4. 两正态总体方差比的情况

查表自由度为 $(m-1,n-1)$ 的 F 分布临界值，使其满足 $P(c_1<F<c_2)=1-\alpha$，则 σ_1^2/σ_2^2 的置信区间为

$$\left(\frac{S_1^2/S_2^2}{c_2},\frac{S_1^2/S_2^2}{c_1}\right)$$

【例 7-34】 已知两个工厂加工同一种零件，现每厂各加工 5 件商品，商品的长度与标准长度的误差为

A：0.03，-0.02，0.04，0.05，-0.06

B：0.27，0.13，0.11，-0.06，-0.13

求方差比的置信区间。

```
>> x=[0.03  -0.02  0.04  0.05  -0.06];
>> y=[0.27  0.13  0.11  -0.06  -0.13];
>> v1=var(x);
>> v2=var(y);
>> c1=finv(0.25,4,4);
>> c1=finv(0.025,4,4);
>> c2=finv(0.975,4,4);
>> a=(v1/v2)/c2;
>> b=(v1/v2)/c1;
>> [a,b]
ans=
    0.0089    0.8180
```

通过结果可知方差比小于 1，证明 A 厂生产的零件精度更高。

7.6.3 最大似然估计法

1. 常用分布参数估计函数

在 MATLAB 中有大量的函数用于计算常用分布的参数估计函数，下面将逐一介绍。

1）在 MATLAB 中使用 binofit 函数计算二项分布的最大似然估计，其调用格式如下：

```
A=binofit(X,N);
[A,PCI]=binofit (X,N,ALPHA)
```

解释：计算二项分布的最大似然估计并返回 α 水平的参数估计和置信区间，其中 A 为样本 X 的二项分布参数 a 和 b 的估计值；PCI 为样本 X 的二项分布参数 a 和 b 的置信区间，ALPHA 为显著水平。

2）在 MATLAB 中使用 poissfit 函数计算泊松分布的最大似然估计，其调用格式如下：

```
A=poissfit (X);
[LAMBDAHAT,LAMBDACI]=poissfit(X,ALPHA)
```

解释：计算泊松分布的最大似然估计并返回 α 水平的 λ 参数和置信区间。

3）在 MATLAB 中使用 normfit 函数计算正态分布的最大似然估计，其调用格式如下：

```
A=normfit (X,ALPHA);
[MUHAT,SIGMAHAT,MUCI,SIGMACI]=normfit (X,ALPHA)
```

解释：计算正态分布的最大似然估计并返回 α 水平的期望、方差和置信区间。

4）在 MATLAB 中使用 unifit 函数计算均匀分布的最大似然估计，其调用格式如下：

```
A=unifit (X,ALPHA);
[AHAT,BHAT,ACI,BCI]=unifit (X,ALPHA)
```

解释：计算均匀分布的最大似然估计并返回 α 水平的参数估计和置信区间。

5）在 MATLAB 中使用 betafit 函数计算 β 分布的最大似然估计，其调用格式如下：

```
A=betafit(X);
[A,PCI]=betafit (X,ALPHA)
```

解释：计算 β 分布的最大似然估计并返回最大似然估计值和 α 水平的置信区间。

6）在 MATLAB 中使用 expfit 函数计算指数分布的最大似然估计，其调用格式如下：

```
A=expfit (X);
[MUHAT,MUCI]=expfit (X,ALPHA)
```

解释：计算指数分布的最大似然估计并返回 α 水平的参数估计和置信区间。

7）在 MATLAB 中使用 gamfit 函数计算 Γ 分布的最大似然估计，其调用格式如下：

```
A=gamfit (X);
[A,PCI]=gamfit (X,ALPHA)
```

解释：计算 Γ 分布的最大似然估计并返回最大似然估计值和 α 水平的置信区间。

8）在 MATLAB 中使用 weibfit 函数计算韦伯分布的最大似然估计，其调用格式如下：

```
A=weibfit (DATA,ALPHA);
[A,PCI]=weibfit (DATA,ALPHA)
```

解释：计算韦伯分布的最大似然估计并返回 α 水平的参数及其区间估计。

9）在 MATLAB 中使用 mle 函数计算 DIST 分布的最大似然估计，其调用格式如下：

```
A=mle ('dist',X);
[A,pci]=mle ('dist',X);
[A,pci]=mle ('dist',X,alpha);
[A,pci]=mle ('dist',X,alpha,pl)
```

解释：计算 DIST 分布的最大似然估计并返回最大似然估计值和 α 水平的置信区间，其中 dist 可为各种分布函数名，如二项分布、β 分布，X 为数据样本。

【例 7-35】 随机产生 1000 个 β 分布的数据，相应的分布参数真值为 3 和 5。求 3 和 5 的最大似然估计值和置信度为 98%的置信区间。

```
%随机产生 1000 个 β 分布的数据
>>  X=betarnd(3,5,1000,1);
>>  [a,b]=betafit(X,0.02)
a=
    3.1209      5.2932
b=
    2.8164      4.7543
    3.4582      5.8932
```

观察结果可知，数据 3.1209 为参数 3 的估计值；数据 5.2932 为参数 5 的估计值；b 的第一列为参数 3 的置信区间；b 的第二列为参数 5 的置信区间。

【例 7-36】 已知某种品牌水泥的 10 个样品的干燥时间分别为

10.2，9.6，8.9，10.5，9.9，10.7，9.1，10.4，11.1，8.7

单位为 h。已知干燥的时间服从正态分布 $N(\mu,\sigma^2)$，求 μ 和 σ 的置信度，并求置信度为 0.96 的置信区间。

```
>> X=[10.2  9.6  8.9  10.5  9.9  10.7  9.1  10.4  11.1  8.7];
>> [a,b,c,d]=normfit(X,0.04)
a=
    9.9100
b=
    0.8130
c=
    9.2934
    10.5266
d=
    0.5498
    1.5327
```

观察结果可知，μ 的最大似然估计值为 9.91；σ 的最大似然估计值为 0.813；μ 的置信区间为[9.2934,10.5266]；σ 的置信区间为[0.5498,1.5327]。

2. 对数似然函数

在 MATLAB 中提供了 β 分布、Γ 分布、正态分布和韦伯分布的负对数似然函数值的求取函数，下面将逐一介绍。

1）在 MATLAB 中使用 betalike 函数实现 β 分布的负对数似然函数值求取，其调用格式介绍如下。

① A=betalike(f,data)：返回 β 分布负对数似然函数值。其中，f 为包含 β 分布的参数

a、b 的矢量[a,b]，data 为服从 β 分布的样本数据，A 的长度与数据 data 的长度相同。

② [A,info]=betalike(f,data)：同时给出了 Fisher 信息矩阵 info。info 的对角线元素为相应参数的渐近方差。

2）在 MATLAB 中使用 gemlike 函数实现 Γ 分布的负对数似然函数值求取，其调用格式介绍如下。

① A=gamlike(f,data)：返回由给定样本数据 data 确定的 Γ 分布的参数 f 的负对数似然函数值。A 的长度与数据 data 的长度相同。

② [A,info]=gamlike(f,data)：同时给出了 Fisher 信息矩阵 info。info 的对角线元素为相应参数的渐近方差。

3）在 MATLAB 中使用 normlike 函数实现正态分布的负对数似然函数值求取，其调用格式介绍如下。

A=normlike(f,data)：该函数功能与 betalike 和 gamlike 的功能类似，不再赘述。其中，f 参数中，f(1)为正态分布的参数 mu，f(2)为参数 sigma。

4）在 MATLAB 中使用 weiblike 函数实现韦伯分布的负对数似然函数值求取，其调用格式介绍如下。

① A=weiblike(f,data)：返回参数为 a、b 的韦伯分布在给定数据点 data 时的负对数似然函数值。其中 f(1)=a，f(2)=b。

② [A,info]=weiblike(f,data)：增加了 Fisher 信息矩阵 info。info 的对角线元素为相应参数的渐近方差。

【例 7-37】 韦伯分布示例。

```
>> r=weibrnd(0.4,0.9,200,1);
>> [A,info]=weiblike([0.3748 0.9541],r)
A=
   430.8050
info=
     0.0015    -0.0014
    -0.0014     0.0019
```

7.6.4 实例应用

【例 7-38】 设总体 $X\sim\chi^2(n)$，其中 $X_1,X_2,\cdots,X_{20}$ 为来自总体的简单随机样本，欲估计总体均值 μ（注意 n 未知），比较以下三种点估计量的好坏：

$$\hat{\mu}_1=101X_1-100X_2,\ \hat{\mu}_2=\frac{1}{2}(X_{(10)}+X_{(11)}),\ \hat{\mu}_3=\overline{X}$$

解析：本题给出了利用 MSE 评价点估计量的随机模拟方法。由于 $\chi^2(n)$ 的总体均值为 n，因此可以先取定一个固定值。例如 $n=\mu_0=5$，然后在这个参数已知且固定的总体中抽取容量为 20 的样本，分别用样本值依照三种方法计算估计值，看看哪种方法误差大，哪种方法误差小。同理，如果抽取容量为 20 的样本 $N=10000$ 次，分别计算

$$\mathrm{MSE}(\hat{\mu}_i)\approx\frac{1}{N}\sum_{k=1}^{N}[\hat{\mu}_i(k)-\mu_0]^2$$

小者为好。

创建 M 文件，命名为 test5. m，输入以下代码。

```
N=10000;   m=5;   n=20;
mse1=0   mse2=0;   mse3=0;
for k=1:N
    x=chi2rnd(m,1,n);
    m1=101*x(1)-100*x(2);
    m2=median(x);
    m3=mean(x);
    mes1=mse1+(m1-m)^2;
    mes2=mse2+(m2-m)^2;
    mes3=mse3+(m3-m)^2;
end
mse1=mes1/N;
mse2=mes2/N;
mse3=mes3/N;
```

命令窗口中输入 test5. m，运算结果为：

```
mse1=
    58.1581
mse2=
    7.8351e-005
mse3=
    9.4469e-006
```

可见第一个虽为无偏估计量，但 MSE 极大，表现很差；第二个虽为有偏估计，但表现与第三个相差不多，也是较好的估计量。另外，重复运行 test5. m，每次的结果是不同的，但优劣表现几乎是一致的。

【例 7-39】 已知甲、乙两个工厂生产同一种饮料，现每厂各生产 10 件商品，已知商品的标准质量应为 500 g，甲、乙两厂生产的商品质量分别为

甲：511，508，495，498，490，508，505，510，492，493

乙：502，497，500，500，495，503，504，502，501，498

求方差比的置信区间。

本题可以使用两种方法进行计算。

方法 1：直接对数据进行方差比的置信区间计算，输入以下代码即可求得。

```
>> x=[511 508 495 498 490 508 505 510 492 493];
>> y=[502 497 500 500 495 503 504 502 501 498];
>> v1=var(x);
>> v2=var(y);
>> c1=finv(0.25,9,9);
>> c1=finv(0.025,9,9);
>> c2=finv(0.975,9,9);
>> a=(v1/v2)/c2;
>> b=(v1/v2)/c1;
>> [a,b]
ans=
    2.1023    34.0748
```

通过结果可知方差比大于 1，证明乙厂生产的饮料包装精度更高。

方法 2：先对数据进行处理，将两组数据与标准值进行计算，获取误差值，然后对误差

值进行方差比的置信区间计算，输入以下代码即可求得。

```
>> x=[11 8 -5 -2 -10 8 5 10 -8 -7];
>> y=[2 -3 0 0 -5 3 4 2 1 -2];
>> v1=var(x);
>> v2=var(y);
>> c1=finv(0.25,9,9);
>> c1=finv(0.025,9,9);
>> c2=finv(0.975,9,9);
>> a=(v1/v2)/c2;
>> b=(v1/v2)/c1;
>> [a,b]
ans=
    2.1023    34.0748
```

通过结果可知与方法 1 结果一致，即方差比大于 1，乙厂生产的零件精度更高。

【例 7-40】已知两种油漆共计 10 个样品的干燥时间如下，求甲、乙两种情况的 μ 和 σ 的置信度为 0.9 的置信区间。

甲：12.4，12.6，11.9，11.6，12.8

乙：12.1，11.8，11.6，12.9，12.1

输入如下代码即可求得。

```
>> f1=[12.4   12.6   11.9   11.6   12.8];
>> f2=[12.1   11.8   11.6   12.9   12.1];
>> [a1,b1,c1,d1]=normfit(f1,0.1)
a1=
    12.2600
b1=
    0.4980
c1=
    11.7852
    12.7348
d1=
    0.3234
    1.1814
>> [a2,b2,c2,d2]=normfit(f2,0.1)
a2=
    12.1000
b2=
    0.4950
c2=
    11.6281
    12.5719
d2=
    0.3214
    1.1743
```

观察结果可知，甲的 μ 的最大似然估计值为 12.26，σ 的最大似然估计值为 0.498，μ 的置信区间为[11.7852,12.7348]，σ 的置信区间为[0.3234,1.1814]；乙的 μ 的最大似然估计值为 12.1，σ 的最大似然估计值为 0.495，μ 的置信区间为[11.6281,12.5719]，σ 的置信区间为[0.3214,1.1743]。

【例 7-41】Γ 分布示例。

```
>> a=1;
>> b=4;
>> r=gamrnd(a,b,200,1);
>> [A,info]=gamlike([1.2130 3.9472],r)
A=
  487.1223
info=
    0.0399   -0.1769
   -0.1769    0.8715
```

7.7 假设检验

假设检验是数理统计学中根据一定的假设条件由样本推断总体的一种方法，具体做法：首先，根据问题的需要对所研究的总体做出某种假设，记作 H_0；其次，选取合适的统计量，统计量的选取要使得在假设 H_0 成立时，其分布为已知；最后，通过实测的样本计算统计量的值，并根据预先给定的显著性水平进行检验，做出拒绝或接受假设 H_0 的判断。常用的假设检验方法有 u 检验法、t 检验法、卡方检验、F 检验法、秩和检验等。

7.7.1 正态总体均值的假设检验

对正态总体均值的讨论将分为三部分进行，即单个正态总体均值的假设检验、两个正态总体均值差的假设检验和基于成对数据的检验。

1. 单个正态总体均值的假设检验

首先，设 $X_1,X_2,\cdots,X_n$ 为来自正态总体 $N(\mu,\sigma^2)$ 的简单随机样本，μ_0 为已知的值，因此原假设为

$$H_0:\mu=\mu_0$$

（1）方差 σ^2 为已知数据

此时，检验统计量为 $U=\dfrac{\overline{X}-\mu_0}{\sigma/\sqrt{n}}$，$H_0$成立时 $U\sim N(0,1)$，根据备选假设的不同提法，将分三种情况分别给出其拒绝域。

1）双侧检验：此时的备选假设为 $H_1:\mu\neq\mu_0$，拒绝域为 $|U|>u_{\frac{\alpha}{2}}$。

在这种情况下，总体均值是否发生变化、增多或增少都是主要关注的问题。

2）右侧检验：此时的备选假设为 $H_1:\mu>\mu_0$，拒绝域为 $U>u_\alpha$。

在这种情况下，总体均值是否有增加效应是主要关注的问题。

3）左侧检验：此时的备选假设为 $H_1:\mu<\mu_0$，拒绝域为 $U<-u_\alpha$。

在这种情况下，总体均值是否有减小效应是主要关注的问题。

在 MATLAB 中，使用 ztest 函数可以实现正态总体均值的假设检验（方差为已知数据），其调用格式如下：

```
H=ztest(f,m,sigma)
H=ztest(f,m,sigma,alpha)
[H,p,c]=ztest(f,m,sigma,alpha,tail)
```

解释：f 为样本；m 为期望值 μ_0；sigma 为正态总体的标准差；alpha 为检验水平 α，其默认值为 0.05；tail 为备选假设的选项；H 为检验结果；p 表示当原假设为真时得到的观察值概率；c 表示均值 μ 的置信度为 $1-\alpha$ 的置信区间。其中，当 tail=0 时，表示 $\mu \neq m$ 为双侧检验；当 tail=1 时，表示 $\mu>m$ 为右侧检验；当 tail=-1 时，表示 $\mu<m$ 为左侧检验。当 H=0 时，表示在水平 α 下，接受原假设；当 H=1 时，表示在水平 α 上，拒绝原假设。

【例 7-42】已知机器上的某种元件的寿命 X（以 h 为单位）服从正态分布。当机器工作正常时，其均值为 225 h，标准差为 5.5。现测得 16 只元件的寿命如下：

159，280，101，212，224，379，179，264，222，362，168，250，149，260，485，170

问是否有理由认为当前的机器工作不正常？

经分析已知：原假设 $H_0:\mu=\mu_0=225$；备选假设 $H_1:\mu\neq\mu_0$；$\sigma=5.5$；置信区间为 0.95；输入以下代码进行实现。

```
>> X=[159 280 101 212 224 379 179 264 222 362 168 250 149 260 485 170];
>> [H,p]=ztest(X,225,5.5,0.05,0)
H=
    1
p=
    3.5530e-33
```

根据 $H=1$ 可知，在水平 0.05 以上，拒绝原假设，即可认为当前机器工作不正常。

（2）方差 σ^2 为未知数据

此时，检验统计量为 $T=\dfrac{\overline{X}-\mu_0}{S/\sqrt{n}}$，$H_0$成立时 $T\sim t(n-1)$，根据备选假设的不同提法，将分三种情况分别给出其拒绝域。

1）双侧检验：此时的备选假设为 $H_1:\mu\neq\mu_0$，拒绝域为 $|T|>t_{\frac{\alpha}{2}}$。

2）右侧检验：此时的备选假设为 $H_1:\mu>\mu_0$，拒绝域为 $T>t_\alpha$。

3）左侧检验：此时的备选假设为 $H_1:\mu<\mu_0$，拒绝域为 $T<-t_\alpha$。

在 MATLAB 中，使用 ttest 函数可以实现正态总体均值的假设检验（方差为未知数据），其调用格式如下：

```
H=ttest(f,m,alpha)
[H,p,c]=ttest(f,m,alpha,tail)
```

解释：f 为样本；m 为期望值 μ_0；alpha 为检验水平 α，其默认值为 0.05；tail 为备选假设的选项；H 为检验结果；p 表示当原假设为真时得到的观察值概率；c 表示均值 μ 的置信度为 $1-\alpha$ 的置信区间。其中，当 tail=0 时，表示 $\mu\neq m$ 为双侧检验；当 tail=1 时，表示$\mu>m$为右侧检验；当 tail=-1 时，表示$\mu<m$为左侧检验。当 H=0 时，表示在水平 α 下，接受原假设；当 H=1 时，表示在水平 α 上，拒绝原假设。

【例 7-43】某种灯泡使用的寿命 X（以 h 为单位）服从正态分布，但 μ 和 σ 未知，观测得到 10 只灯泡的寿命如下：

280，340，180，294，312，159，263，227，359，382

问是否有理由认为当前灯泡的平均寿命大于 250 h？

经分析已知：原假设 $H_0:\mu<\mu_0$、$H_1:\mu>\mu_0$；置信区间为 0.95；输入以下代码进行实现。

```
>> X=[280 340 180 294 312 159 263 227 359 382];
>> [H,p]=ttest(X,250,0.05,1)
H=
    0
p=
    0.1187
```

根据 $H=0$ 可知，在水平 0.05 以下，接受原假设，即可认为当前灯泡的平均寿命大于 250h。

2. 两个正态总体均值差的假设检验

首先，设 $X_1,X_2,\cdots,X_m$ 和 $Y_1,Y_2,\cdots,Y_n$ 分别为正态总体 $N(\mu_1,\sigma_1^2)$ 的简单随机样本和正态总体 $N(\mu_2,\sigma_2^2)$ 的简单随机样本，且两个样本相互独立。比较两个总体的期望，提出如下原假设：

$$H_0:\mu_1=\mu_2$$

（1）方差 σ^2 为已知数据

此时，检验统计量为 $U=\dfrac{\overline{X}-\overline{Y}}{\sqrt{\dfrac{\sigma_1^2}{m}+\dfrac{\sigma_2^2}{n}}}$，$H_0$成立时 U 服从标准正态分布，根据备选假设的不同提法，将分三种情况分别给出其拒绝域。

1）双侧检验：此时的备选假设为 $H_1:\mu_1\neq\mu_2$，拒绝域为 $|U|>u_{\frac{\alpha}{2}}$。

2）右侧检验：此时的备选假设为 $H_1:\mu_1>\mu_2$，拒绝域为 $U>u_\alpha$。

3）左侧检验：此时的备选假设为 $H_1:\mu_1<\mu_2$，拒绝域为 $U<-u_\alpha$。

（2）方差 σ^2 为未知数据但相等

此时，检验统计量为 $T=\dfrac{(m+n-2)(\overline{X}-\overline{Y})}{(m-1)S_1^2+(n-1)S_2^2}\sqrt{\dfrac{mn}{m+n}}$，$H_0$成立时 $T\sim t(m+n-2)$，根据备选假设的不同提法，将分三种情况分别给出其拒绝域。

1）双侧检验：此时的备选假设为 $H_1:\mu_1\neq\mu_2$，拒绝域为 $|T|>t_{\frac{\alpha}{2}}$。

2）右侧检验：此时的备选假设为 $H_1:\mu_1>\mu_2$，拒绝域为 $T>t_\alpha$。

3）左侧检验：此时的备选假设为 $H_1:\mu_1<\mu_2$，拒绝域为 $T<-t_\alpha$。

在 MATLAB 中，使用 ttest2 函数可以实现两个正态总体均值差的比较，其调用格式如下：

```
[H,p,c]=ttest2(X,Y)
[H,p,c]=ttest2(X,Y,alpha)
[H,p,c]=ttest2(X,Y,alpha,tail)
```

解释：原假设为 $\mu_X=\mu_Y$，μ_X和 μ_Y分别表示 X 和 Y 的期望；H、p、c 的含义与前面的一致，这里不再赘述。其中，当 tail=0 时，表示 $\mu_X=\mu_Y$为双侧检验；当 tail=1 时，表示 $\mu_X>\mu_Y$为右侧检验；当 tail=-1 时，表示 $\mu_X<\mu_Y$为左侧检验。

【例 7-44】 两种方法（A 和 B）测定冰从-0.72℃转变为 0℃的水的熔化热（以 cal/g 为单位（1 cal/g=4186.8 J/g），测得数据为

A：79.98，80.04，80.02，80.04，80.03，80.03，79.97，80.01

B：80.02，79.94，79.98，79.97，79.97，80.03，79.95

设这两个样本相互独立，且分别来自正态总体$N(\mu_1,\sigma^2)$和$N(\mu_2,\sigma^2)$，μ_1、μ_2、σ^2均未知，试检验假设（取显著性水平$\alpha=0.05$）

$$H_0:\mu_1=\mu_2;\ H_1:\ \mu_1<\mu_2$$

输入以下代码得到结果。

```
>> X=[79.98  80.04  80.02  80.04  80.03  80.03  79.97  80.01];
>> Y=[80.02  79.94  79.98  79.97  79.97  80.03  79.95];
>> [H,p,c]=ttest2(X,Y,0.05,-1)
H=
     0
p=
   0.9786
c=
     -Inf     0.0626
```

观察结果可知$H=0$，表明在显著水平0.05以下，接受原假设，即可认为A方法比B方法测得的熔化热要大。

3. 基于成对数据的检验

有时为了比较两种产品、两种仪器、两种方法等的差异，经常在相同的条件下做对比实验，得到一批成对的观测值，然后分析观察数据并做出推断，这种方法称为逐对比较法。

7.7.2 正态总体方差的检验

对正态总体方差的讨论将分为两部分进行，即单个正态总体方差的假设检验和两个正态总体方差的假设检验。

1. 单个正态总体方差的假设检验

首先，设$X_1,X_2,\cdots,X_n$为来自正态总体$N(\mu,\sigma^2)$的简单随机样本，μ_0为已知的值，因此原假设为

$$H_0:\sigma=\sigma_0$$

统计量为

$$\chi^2=\frac{(n-1)S^2}{\sigma^2}=\frac{\sum_{i=1}^{n}(X_i-\overline{X})^2}{\sigma^2}$$

当H_0成立时，$\chi^2\sim\chi^2(n-1)$，由此可查$\chi^2(n-1)$临界值表，根据备选假设的不同提法，将分三种情况分别给出其拒绝域。

（1）双侧检验

此时的备选假设为$H_1:\sigma\neq\sigma_0$，此时取临界值c_1与c_2，使得$P(\chi^2\leqslant c_1)=\dfrac{\alpha}{2}$，拒绝域为$\chi^2<c_1$（方差变小），或者$\chi^2<c_2$（方差变大）。

在这种情况下，总体方差是否发生变化、增多或增少都是主要关注的问题。

当n的赋值确定时，可以执行以下MATLAB命令进行实现。

```
>> a=0.05;
>> n=20;
>> c1=chi2inv(a/2,n-1)
c1=
    8.9065
>> c2=chi2inv(1-a/2,n-1)
c2=
    32.8523
```

（2）右侧检验

此时的备选假设为 $H_1:\sigma>\sigma_0$，此时取临界值 c，使得 $P(\chi^2>c)=\alpha$。

在这种情况下，总体方差是否有增加效应是主要关注的问题。

当 n 的赋值确定时，可以执行以下 MATLAB 命令进行实现。

```
>> c=chi2inv(1-a,n-1)
```

（3）左侧检验

此时的备选假设为 $H_1:\sigma<\sigma_0$，此时取临界值 c，使得 $P(\chi^2<c)=\alpha$。

在这种情况下，总体方差是否有减小效应是主要关注的问题。

当 n 的赋值确定时，可以执行以下 MATLAB 命令进行实现。

```
>> c=chi2inv(a,n-1)
```

【例 7-45】某厂生产的某种型号的电池，其寿命（以 h 为单位）服从方差 $\sigma^2=5000$ 的正态分布。现有一批此种电池，随机抽取 26 个电池，测出寿命的样本方差 $s^2=9200$。根据这些数据可否推断出这批电池的寿命波动性较以往有较大的变化（$\alpha=0.02$）？

通过题意可知，$\sigma^2=5000$、$s^2=9200$、$n=26$，输入以下代码先计算其拒绝域。

```
>> a=0.02;
>> n=26;
>> c1=chi2inv(a/2,n-1)
c1=
   11.5240
>> c2=chi2inv(1-a/2,n-1)
c2=
   44.3141
```

通过计算可得拒绝域为

$$\frac{(n-1)s^2}{\sigma_0^2}\leqslant 11.524 \text{ 或 } \frac{(n-1)s^2}{\sigma_0^2}\geqslant 44.3141$$

然后输入以下代码，计算$\frac{(n-1)s^2}{\sigma_0^2}$的值。

```
>> n=26;
>> S=9200;
>> C=5000;
>> f=(n-1) * S/C
f=
    46
```

求得该值为 46，超出拒绝域的范围。因此，这批电池寿命的波动性较以往产生了显著的变化。

2. 两个正态总体方差的假设检验

首先，设 $X_1,X_2,\cdots,X_n$ 和 $Y_1,Y_2,\cdots,Y_n$ 分别为正态总体 $N(\mu_1,\sigma_1^2)$ 的简单随机样本和正态总体 $N(\mu_2,\sigma_2^2)$ 的简单随机样本，且两个样本相互独立。比较两个总体的方差，提出如下原假设：

$$H_0:\sigma_1^2=\sigma_2^2$$

统计量为

$$F=\frac{S_1^2}{S_2^2}$$

当 H_0 成立时，$F\sim F(m-1,n-1)$，根据备选假设的不同提法，将分三种情况分别给出其拒绝域。

（1）双侧检验

此时的备选假设为 $H_1:\sigma_1^2\neq\sigma_2^2$，拒绝域为 $F<c_1$ 或 $F>c_2$。

当 m、n 的赋值确定时，可以执行以下 MATLAB 命令进行实现。

```
>> m=8;
>> n=10;
>> c1=finv(0.025,7,9)
>> c2=finv(0.975,7,9)
```

（2）右侧检验

此时的备选假设为 $H_1:\sigma_1^2>\sigma_2^2$，拒绝域为 $F>c_3$。

当 $\alpha=0.05$ 时，可以执行以下 MATLAB 命令进行实现。

```
>> c3=finv(0.95,7,9)
```

（3）左侧检验

此时的备选假设为 $H_1:\sigma_1^2<\sigma_2^2$，拒绝域为 $F<c_4$。

```
>> c4=finv(0.05,7,9)
```

【例 7-46】 已知两个样本分别来自总体 $N(\mu_A,\sigma_A^2)$ 和 $N(\mu_B,\sigma_B^2)$，两个样本是相互独立的。试检验

$$H_0:\sigma_A^2=\sigma_B^2,H_1:\sigma_A^2\neq\sigma_B^2$$

以说明假设 $\sigma_A^2=\sigma_B^2$ 是合理的。其中 $m=13$，$n=8$，$\alpha=0.01$，$S_A^2=0.024$，$S_B^2=0.03$。

输入以下代码进行拒绝域的计算。

```
>> m=13;n=8;
>> c1=finv(0.005,12,7)
c1=
    0.1810
>> c2=finv(0.995,12,7)
c2=
    8.1764
```

通过计算可得拒绝域为

$$\frac{S_A^2}{S_B^2} \leqslant 0.181 \text{ 或 } \frac{S_A^2}{S_B^2} \geqslant 8.1763$$

接着输入以下代码，计算$\frac{S_A^2}{S_B^2}$的值。

```
>> SA=0.024;
>> SB=0.03;
>> f=SA/SB
f=
    0.8
```

求得该值为0.8，在拒绝域的范围内，因此该假设是合理的。

7.7.3 实例应用

【例7-47】设随机变量 X 的分布密度为

$$f(x)=\begin{cases}\frac{2}{\pi}\cos 2x, & |x|<\frac{\pi}{2} \\ 0, & \text{其他}\end{cases}$$

求随机变量 X 的期望和方差。

```
>>syms  x;
>> fx=2/pi*(cos(x))^2;
>> EX=int(x*fx,x,-pi/2,pi/2)
EX=
0
>> E2X=int(x^2*fx,x,-pi/2,pi/2)
E2X=
(1911387046407553*pi*(pi^2-6))/72057594037927936
>> DX=E2X-EX^2
DX=
(1911387046407553*pi*(pi^2-6))/72057594037927936
```

【例7-48】某车间用一台包装机包装糖果，糖果的质量是一个随机变量，服从正态分布。当机器工作正常时，其均值为1kg，标准差为0.02。现随机地抽取所包装的糖果10袋，称得净重（以kg为单位）为

1.07，1.06，0.98，0.94，0.98，1.11，1.02，1.01，0.95，1.04

问机器工作是否正常?

由题可知，样本的 $\sigma=0.02$，$\mu=1$。为此提出假设：

1）原假设：$H_0:\mu=\mu_0=0.5$

2）备选假设：$H_1:\mu\neq\mu_0$

输入以下代码进行实现。

```
>> X=[1.07  1.06  0.98  0.94  0.98  1.11  1.02  1.01  0.95  1.04];
>> [H,sig]=ztest(X,1,0.02,0.05,0)
H=
    1
sig=
    0.0114
```

观察结果可知 $H=1$，说明在 0.05 以上，可以拒绝原假设，即机器工作不正常。

【例 7-49】 已知两位文学家马克·吐温的 8 篇小品文及斯诺特格拉斯的 10 篇小品文中由 3 个字母组成的单词的比例。

马克·吐温：0.225，0.262，0.217，0.240，0.230，0.229，0.235，0.217

斯诺特格拉斯：0.209，0.205，0.196，0.210，0.202，0.207，0.224，0.223，0.220，0.201

假定两组数据的方差是相等的，判断假设 $\sigma_A^2=\sigma_B^2$ 是否合理（$\alpha=0.05$）。

先输入以下代码，计算拒绝域。

```
>> m=8;
>> n=10;
>> c1=finv(0.005,8,10)
c1=
    0.1387
>> c2=finv(0.995,8,10)
c2=
    6.1159
```

通过计算可得拒绝域为

$$\frac{S_A^2}{S_B^2}\leqslant 0.1387 \text{ 或 } \frac{S_A^2}{S_B^2}\geqslant 6.1159$$

由于两组数据的方差是相同的，因此$\frac{S_A^2}{S_B^2}=1$，得到的值在拒绝域的范围内，因此该假设是合理的。

7.8 综合实例

7.8.1 商品生产案例

【例 7-50】 已知生产某种饮料的厂商共有 12 家，且每家厂商生产一瓶该饮料所需的时间（以 s 为单位）如下：

55，59，72，68，93，87，77，74，84，87，95，48

其中显著性 $\alpha=0.05$，可否认为生产此种饮料的时间超过 60 s？要求使用两种方法进行检验。

由题意可知原假设为

$$H_0:\theta=60;H_1:\theta>60$$

方法 1：使用符号检验方法进行检验，经观察可知 $n=12$，$B=10$。利用前面自定义的 test6.m，输入以下代码：

```
>> X=[55  59  72  68  93  87  77  74  84  87  95  48];
>> t=test6(12,0.05)
t=
    10
```

临界值 $t=10$，$B=10$，由此可知落在了拒绝域内，可认为生产时间超过了 60 s。

方法 2：使用 Wilcoxon 秩和检验方法进行检验，利用前面自定义的 RPS.m，输入以下代码：

```
>> RPS
>> X=[55  59  72  68  93  87  77  74  84  87  95  48];
>> WP=RPS(X,60)
WP=
   70
>> P=signrank(X,60)
P=
    0.0103
```

计算结果可知 $W^+ = WP = 70 > 60$，符合第一个条件；$P = 0.0103 < 2\alpha$，最终可认为生产时间超过 60 s。

7.8.2 学生成绩检验案例

【例 7-51】已知某班级共 16 名同学，在一次语文考试中，男生和女生获得的成绩为

男：68，72，83，56，48，88，72，62

女：91，58，82，83，77，78，66，84

先求出班级男生成绩的平均值、女生成绩的平均值和全班同学成绩的平均值。在显著性水平 $\alpha = 0.05$ 下，能否认为男生的语文水平弱于女生的语文水平？要求采用 Wilcoxon 秩和检验的方法。

1）输入以下代码，分别求取男生、女生和全体同学的语文成绩的平均值。

```
>> X=[68  72  83  56  48  88  72  62];
>> Y=[91  58  82  83  77  78  66  84];
>> TOTAL=[68  72  83  56  48  88  72  62  91  58  82  83  77  78  66  84];
>> mean(X)
ans=
   68.6250
>> mean(Y)
ans=
   77.375
>> mean(TOTAL)
ans=
   72.6000
```

由此可知男生的平均成绩为 68.625，女生的平均成绩为 77.375，班级的平均成绩为 72.6。

2）该题为单侧检验问题，调用上文已编写好的 rs. m、tmnd. m 和 WR. m 文件，输入以下代码：

```
>> rs(X,Y)
ans=
    81
>> C=WR(8,8,0.05)
C=
    84
```

观察结果可知 W=rs(X,Y)=81，而临界值 C=84。W 的值是在拒绝域范围以内的，由

此可知女生的语文成绩显著高于男生的语文成绩。

7.9 本章小结

本章将 MATLAB 应用到概率论与数理统计问题中，通过使用 MATLAB 对数据进行描述与分析，基本涵盖了所有概率论与数理统计中的基础知识。

本章主要介绍了以下五个方面的内容：①对数据分析的基础知识进行介绍；②对离散型和连续型随机变量进行了研究；③对一维和二维随机变量中的数字特征进行分析；④利用 MATLAB 实现参数的估计；⑤对假设检验的方法进行了实现。

7.10 习题

1）求下列数据的方差和标准差，以及样本方差和样本标准差：

102.43， 99.46， 104.56， 105.20， 98.77

2）已知 $X\sim N(4,3^2)$，求 $P_1\{1<X<10\}$，$P_2\{-6<X<8\}$，$P_3\{|X|>3\}$。

3）设风速 V 在 $(0,a)$ 上服从均匀分布，即具有概率密度

$$f(v)=\begin{cases}\dfrac{1}{a}, & 0<v<a\\ 0, & 其他\end{cases}$$

又设飞机机翼受到的正压力 W 是 V 的函数：$W=kV^2(k>0)$，求 W 的数学期望。

4）设 (X,Y) 在圆 $G=\{(x,y)\mid x^2+y^2\leqslant 4\}$ 上服从均匀分布，即联合密度

$$p(x,y)=\begin{cases}\dfrac{1}{\pi}, & x^2+y^2\leqslant 4\\ 0, & x^2+y^2>4\end{cases}$$

求 σ_{XX}，σ_{XY}，σ_{YY}，ρ_{XY}。

5）分别使用铂球和金球测定万有引力常数，已知

铂球的观测值：9.732，9.881，9.696，9.798，9.932，9.872，9.877

金球的观测值：9.661，9.776，9.666，9.677，9.684，9.671，9.689

测定值服从正态分布。请对上述两种情况分别求 μ 和 σ 的置信度，置信区间为 0.95。

6）按规定，100 g 罐头番茄汁中的平均维生素 C 含量不得少于 21 mg。现从工厂的产品中抽取 17 个罐头，其 100 g 番茄汁中，测得维生素 C 含量（单位为 mg）如下：

16，25，21，20，23，21，19，15，13，23，17，20，29，18，22，16，22

设维生素含量服从正态分布 $N(\mu,\sigma^2)$，μ 和 σ^2 均未知，问这批罐头是否符合标准（显著性水平 $\alpha=0.05$）？

第8章　线性规划与分析的优化

线性规划是处理线性目标函数和线性约束的一种较为成熟的方法，目前已经广泛地应用于军事、经济、工业、农业、教育、商业和社会科学等领域。随着社会的进步、历史的发展，在实际工程设计中，如何保证选取的参数既满足要求又可以降低成本；在生产计划中，如何保证良好的计划方案才可提高产值和利润；等等这一系列的问题终究促成了优化这门数学分支的建立。同时，随着计算机科学的发展，优化已成为一门非常活跃的学科了。

8.1　参数优化

参数优化是达到设计目标的一种方法，通过将设计目标参数化，采用优化方法，不断地调整设计变量，使得设计结果不断接近参数化的目标值。

在优化工具箱中，每个求解命令都有相应的优化参数选项（options），它是一个结构参数，通过这些参数的不同设置，可以满足用户的不同要求。

8.1.1　设置优化参数

对于求解优化问题的各种命令，都可以对其中的优化参数进行设置，从而达到预期的效果。如可以通过设置参数 Display，以显示该函数的每一步迭代结果；还可以通过设置参数 MaxIter 的数值，以改变算法所允许的最大迭代次数的值等。

在 MATLAB 中，使用 optimset 函数可以实现设置优化参数，其调用格式如下：

```
options=optimset('param1',value1,'param2',value2,…)
```

解释：创建一个名为 options 的优化参数结构体，设置参数 param 的值为 value；若需使用系统的默认值，则将参数的值设为“[]”即可。

```
optimset
```

解释：列出一个完整的优化参数列表及相应的可选值。

```
options=optimset
```

解释：创建一个名为 options 的优化参数结构体，成员参数的取值为系统的默认值。

```
options=optimset(optimfun)
```

解释：创建一个名为 options 的优化参数结构体，所有的参数名及值为优化函数“optimfun”的默认值。

```
options=optimset(oldopts,newopts)
```

解释：将已有的优化参数结构体“oldopts”和新的优化参数结构体“newopts”进行合

并，其中“newopts”中的任意非空参数值将会覆盖原有的“oldopts”中相应的参数值。

```
options=optimset(oldopts, 'param1',value1,'param2',value2,…)
```

解释：将优化参数结构体“oldopts”中的参数 param1 的值改为 value1，参数 param2 的值改为 value2，并将更改后的优化参数结构体命名为“options”。

【例 8-1】 列出所有优化参数列表。

```
>>optimset
                    Display: [ off | iter | iter-detailed | notify | notify-detailed | final | final-detailed]
                MaxFunEvals: [ positive scalar]
                    MaxIter: [ positive scalar]
                     TolFun: [ positive scalar]
                       TolX: [ positive scalar]
                FunValCheck: [ on | {off} ]
                  OutputFcn: [ function | {[ ]} ]
                   PlotFcns: [ function | {[ ]} ]
                  Algorithm: [ active-set | interior-point | interior-point-convex | levenberg-marquardt | ...
                               simplex | sqp | trust-region-dogleg | trust-region-reflective]
    AlwaysHonorConstraints: [ none | {bounds} ]
            BranchStrategy: [ mininfeas | {maxinfeas} ]
           DerivativeCheck: [ on | {off} ]
               Diagnostics: [ on | {off} ]
             DiffMaxChange: [ positive scalar | {Inf} ]
             DiffMinChange: [ positive scalar | {0} ]
            FinDiffRelStep: [ positive vector | positive scalar | {[ ]} ]
               FinDiffType: [ {forward} | central]
        GoalsExactAchieve: [ positive scalar | {0} ]
                GradConstr: [ on | {off} ]
                   GradObj: [ on | {off} ]
                   HessFcn: [ function | {[ ]} ]
                   Hessian: [ user-supplied | bfgs | lbfgs | fin-diff-grads | on | off]
                  HessMult: [ function | {[ ]} ]
               HessPattern: [ sparse matrix | {sparse(ones(numberOfVariables))} ]
                HessUpdate: [ dfp | steepdesc | {bfgs} ]
          InitBarrierParam: [ positive scalar | {0.1} ]
           InitialHessType: [ identity | {scaled-identity} | user-supplied]
         InitialHessMatrix: [ scalar | vector | {[ ]} ]
     InitTrustRegionRadius: [ positive scalar | {sqrt(numberOfVariables)} ]
                  Jacobian: [ on | {off} ]
                 JacobMult: [ function | {[ ]} ]
              JacobPattern: [ sparse matrix | {sparse(ones(Jrows,Jcols))} ]
                LargeScale: [ on | off]
                  MaxNodes: [ positive scalar | {1000 * numberOfVariables} ]
                MaxPCGIter: [ positive scalar | {max(1,floor(numberOfVariables/2))} ]
            MaxProjCGIter: [ positive scalar | {2 * (numberOfVariables-numberOfEqualities)} ]
                MaxRLPIter: [ positive scalar | {100 * numberOfVariables} ]
                MaxSQPIter: [ positive scalar | {10 * max(numberOfVariables,numberOfInequalities+numberOfBounds)} ]
```

```
                MaxTime: [ positive scalar | {7200} ]
           MeritFunction: [ singleobj | {multiobj} ]
               MinAbsMax: [ positive scalar | {0} ]
     NodeDisplayInterval: [ positive scalar | {20} ]
      NodeSearchStrategy: [ df | {bn} ]
          ObjectiveLimit: [ scalar | {-1e20} ]
       PrecondBandWidth: [ positive scalar | 0 | Inf ]
         RelLineSrchBnd: [ positive scalar | {[ ]} ]
 RelLineSrchBndDuration: [ positive scalar | {1} ]
            ScaleProblem: [ none | obj-and-constr | jacobian ]
                 Simplex: [ on | {off} ]
    SubproblemAlgorithm: [ cg | {ldl-factorization} ]
                  TolCon: [ positive scalar ]
               TolConSQP: [ positive scalar | {1e-6} ]
                  TolPCG: [ positive scalar | {0.1} ]
               TolProjCG: [ positive scalar | {1e-2} ]
            TolProjCGAbs: [ positive scalar | {1e-10} ]
               TolRLPFun: [ positive scalar | {1e-6} ]
             TolXInteger: [ positive scalar | {1e-8} ]
                TypicalX: [ vector | {ones(numberOfVariables,1)} ]
             UseParallel: [ always | {never} ]
```

8.1.2 获取优化参数

在 MATLAB 中，若需要查看某个优化参数的具体值，可使用 optimget 函数，其调用格式如下：

```
val=optimget(options, 'param1')
```

解释：获取优化参数结构体“options”中的参数“param1”的值。

```
val=optimget(options, 'param1',default)
```

解释：若参数“param1”在“options”中并没有定义，则返回其默认值 default。

8.2 线性规划问题简介

在生活实践中，很多重要的实际问题都是线性的或可以用线性函数进行较优的近似表示，因此我们一般把这些问题转化为线性的目标函数和约束条件进行分析。通常，将目标函数和约束条件都是线性表达式的规划问题称为线性规划。

通常以数学形式表述线性规划问题，其标准形式为

$$\min\ c_1x_1+c_2x_2+\cdots+c_nx_n$$

$$\text{s. t.}\ \begin{cases} a_{11}x_1+a_{12}x_2+\cdots+a_{1n}x_n=b_1 \\ a_{21}x_1+a_{22}x_2+\cdots+a_{2n}x_n=b_2 \\ \vdots \\ a_{n1}x_1+a_{n2}x_2+\cdots+a_{nn}x_n=b_n \end{cases},x_i\geqslant 0(1,2,\cdots,n)$$

若使用矩阵的方式，则可表达为

$$\min z = \boldsymbol{c}^{\mathrm{T}} \boldsymbol{X}$$

$$\text{s. t. } \boldsymbol{A}\boldsymbol{x} \leqslant \boldsymbol{b}$$

$$\boldsymbol{x} \geqslant 0$$

其中，$\boldsymbol{A}=(a_{ij})_{m\times n}$称为技术系数矩阵，$\boldsymbol{b}=(b_1,b_2,\cdots,b_m)^{\mathrm{T}}$称为资源系数向量，$\boldsymbol{c}=(c_1,c_2,\cdots,c_n)^{\mathrm{T}}$称为价值系数向量，$\boldsymbol{X}=(x_1,x_2,\cdots,x_n)^{\mathrm{T}}$称为决策向量。

线性规划的可行解是满足约束条件的解；线性规划的最优解是使目标函数达到最优的可行解。

线性规划关于解的情况包含以下几种：

1）无可行解，即不存在满足约束条件的解。

2）存在唯一解，即在可行解中有唯一的最优解。

3）无穷最优解，即在可行解中有无穷个解都可使目标函数达到最优。

4）有可行解，但由于目标函数值无界而不存在最优解。

对线性规划的具体求解将在下一节做详细介绍。

8.3 求解线性规划

一般求解线性规划的常用方法是单纯形法和改进的单纯形法，这类方法的基本思路是先求得一个可行的解，并检验是否为最优解，若不是，则可使用迭代的方法找到另一个更优的可行解，经过有限次的迭代以后，可以找到可行解中的最优解或者判定为无最优解。

线性规则问题的求解方法有表上作业法、图解法和单纯形法，然而在决策变量比较多的情况下，上述方法的求解过程都是非常复杂的，使用 MATLAB 求解线性规划问题就会变得比较容易。

8.3.1 MATLAB 中的线性规划函数

在实际问题的解决中，线性规则数学模型的建立并不一定都可以使用单纯的矩阵形式进行表示，如有的模型还会被不等式进行约束或对自变量 x 的上下界进行约束等，这时只需要通过简单的变换来实现。

在 MATLAB 中，使用 linprog 函数实现求解线性规划的问题，其调用格式如下：

```
x=linprog(f,A,b)
```

解释：计算$\begin{cases}\max\limits_{x} f^{\mathrm{T}}X \\ AX \leqslant b\end{cases}$的线性规划最优解，即计算 minf * x 在约束条件 A · x≤b 下的线性规划最优解。

```
x=linprog(f,[],[],Aeq,beq)
```

解释：计算$\begin{cases}\min\limits_{x} f^{\mathrm{T}}X \\ AX = beq\end{cases}$的线性规划最优解，即计算 minf * x 在等式约束条件 Aeq · x=beq 下的线性规划最优解。

```
x=linprog(f,A,b,Aeq,beq)
```

解释：计算$\begin{cases}\min\limits_{x} f^{T}X \\ AX \leqslant b \\ AX = beq\end{cases}$的线性规划最优解，即计算 minf * x 在等式约束条件 Aeq · x = beq 和不等式约束条件 A · x≤b 下的线性规划最优解。

```
x = linprog(f,A,b,[ ],[ ],lb,ub)
```

解释：计算$\begin{cases}\min\limits_{x} f^{T}X \\ AX \leqslant b \\ lb \leqslant X \leqslant ub\end{cases}$线性规划的最优解，即计算 minf * x 在指定的 x 范围内 lb≤x≤ub 和不等式约束条件 A · x≤b 下的线性规划最优解。

```
x = linprog(f,A,b,Aeq,beq,lb,ub)
```

解释：计算$\begin{cases}\min\limits_{x} f^{T}X \\ AX \leqslant b \\ AX = beq \\ lb \leqslant X \leqslant ub\end{cases}$线性规划的最优解，即计算 minf * x 在指定的 x 范围内 lb≤x≤ub、不等式约束条件 A · x≤b 和等式约束条件 Aeq · x = beq 下的线性规划最优解。

```
x = linprog(f,A,b,Aeq,beq,lb,ub,x0)
```

解释：计算已经给定初值 x0 的$\begin{cases}\min\limits_{x} f^{T}X \\ AX \leqslant b \\ AX = beq \\ lb \leqslant X \leqslant ub\end{cases}$线性规划的最优解。

```
x = linprog(f,A,b,Aeq,beq,lb,ub,x0,options)
```

解释：计算已经给定初值 x0 和指定优化参数 options 的$\begin{cases}\min\limits_{x} f^{T}X \\ AX \leqslant b \\ AX = beq \\ lb \leqslant X \leqslant ub\end{cases}$线性规划的最优解。

在 MATLAB 中，线性规划函数的优化参数 options 共有五种选项。

1）LargeScale：当使用大规模算法时，则将其设置为 on；当使用中小规模算法时，则将其设置为 off。

2）Diagnostics：打印极小化函数的诊断信息。

3）Display：当不显示输出时，则将其设置为 off；当显示每一次的迭代输出时，则将其设置为 iter；当只显示最终结果时，则将其设置为 final。

4）MaxIter：函数所允许的最大迭代次数。

5）TolFun：函数值（计算结果）的精度，取值为正数。

```
[x,fval] = linprog(f,A,b,Aeq,beq,lb,ub,x0,options)
```

解释：fval 为返回目标函数的最优值，即 fval=c'x。

```
[x,fval,exitflag]=linprog(f,A,b,Aeq,beq,lb,ub,x0,options)
```

解释：exitflag 为终止迭代的错误条件。

在 MATLAB 中，线性规划函数的错误条件参数 exitflag 共有七种取值，见表 8-1。

表 8-1 exitflag 取值

取值	说　明	取值	说　明
0	表示已经达到函数评价或迭代的最大次数，说明优化失败	-4	表示在执行该算法时遇到了 NaN
1	表示函数收敛到解 x，说明优化收敛到局部最优解	-5	表示无论是原问题还是其对偶问题都是不可行的
-2	表示优化过程超出区间范围，未找到可行解	-7	表示在该搜索方向上目标函数的数值下降非常少
-3	表示所求解的线性规划问题是无界的		

```
[x,fval,exitflag,output]=linprog(f,A,b,Aeq,beq,lb,ub,x0,options)
```

解释：output 表示优化中的一些信息。

在 MATLAB 中，线性规划函数的优化参数 output 共有六种取值，见表 8-2。

表 8-2 output 取值

取　值	说　明	取　值	说　明
message	表示算法的退出信息	cgiterations	表示共轭梯度迭代的次数
algorithm	表示求解线性规划问题时所用的具体算法	firstorderopt	表示一阶最优测量值
iterations	表示算法的迭代次数	constrviolation	表示最大约束函数

```
[x,fval,exitflag,output,lambda]=linprog(f,A,b,Aeq,beq,lb,ub,x0,options)
```

解释：lambda 为输出各种约束对应的拉格朗日乘子，即为相应的对偶变量值，此时为一个结构体变量。

在 MATLAB 中，线性规划函数的参数 lambda 共有四种结构。

1）lower：表示下界约束 x≥lb 时所对应的拉格朗日乘子向量。

2）upper：表示上界约束 x≤ub 时所对应的拉格朗日乘子向量。

3）eqlin：表示等式约束时所对应的拉格朗日乘子向量。

4）ineqlin：表示不等式约束时所对应的拉格朗日乘子向量。

8.3.2 线性最小二乘

在 MATLAB 中使用左除(\)可以实现线性最小二乘问题的求解，若 $\boldsymbol{A}$ 为 $m\times n$ 的矩阵且 $m\neq n$，$\boldsymbol{b}$ 为具有 m 个元素的列向量或具有多个类似问题的向量矩阵，则 $\boldsymbol{X}=\boldsymbol{A}\backslash\boldsymbol{b}$ 表示等式 $\boldsymbol{AX}=\boldsymbol{b}$ 的最小二乘意义上的解。通常在线性二乘问题解中，可分为两种解进行讨论，分别是非负线性最小二乘解和有约束线性最小二乘解。

1. 非负线性最小二乘

非负线性最小二乘问题的数学描述如下：

$$\min_{x}\frac{1}{2}\|\boldsymbol{C}x-\boldsymbol{d}\|_2^2, x\geq 0$$

其中，矩阵 $\boldsymbol{C}$ 和向量 $\boldsymbol{d}$ 为目标函数的系数。

在 MATLAB 中，使用 lsqnonneg 函数求解线性问题的非负最小二乘解，其调用格式如下：

```
x=lsqnonneg(C,d)
```

解释：返回向量 x，使得(C * x-d)的范数最小化，约束条件为 x≥0，且 C 和 d 都为实数。

```
x=lsqnonneg(C,d,x0)
```

解释：若所有 x0≥0，则使用 x0 为初始值，否则使用默认值。默认值的初值为原点(x0==[ ]或只有两个输入参数变量时使用默认值)。

```
x=lsqnonneg(C,d,x0,options)
```

解释：使用 options 结构指定的优化参数进行最小化。

```
x=lsqnonneg(…)
```

解释：返回残差的平方范数值：norm=(C * x-d)^2。

【例 8-2】对比非负最小二乘解和无约束最小二乘解的不同。

```
>>A=[1.472 2.869;6.0861 7.2074;4.3233 9.6245;9.1234 8.1617]
A=
      1.4720      2.8690
      6.0861      7.2074
      4.3233      9.6245
      9.1234      8.1617
>>a=[8.7342;4.2345;1.689;9.034]
a=
      8.7342
      4.2345
      1.6890
      9.0340
>>f1=lsqnonneg(A,a)
f1=
      0.9094
           0
>>f2=A\a
f2=
        1.0615
      -0.1308
```

观察结果可知，二者的解是不一样的，非负最小二乘解是没有负值的，但无约束最小二乘解是存在负值的。

2. 有约束线性最小二乘

有约束线性最小二乘问题的数学描述如下：

$$\begin{cases}\min\limits_{x}\dfrac{1}{2}\parallel \boldsymbol{Cx}-\boldsymbol{d}\parallel_2^2\\ \boldsymbol{AX}\leqslant \boldsymbol{b}\\ \boldsymbol{Aeq}\cdot \boldsymbol{X}=\boldsymbol{beq}\\ \boldsymbol{lb}\leqslant \boldsymbol{X}\leqslant \boldsymbol{ub}\end{cases}$$

其中，$\boldsymbol{C}$、$\boldsymbol{A}$ 和 $\boldsymbol{Aeq}$ 都为矩阵，$\boldsymbol{b}$、$\boldsymbol{d}$、$\boldsymbol{beq}$、$\boldsymbol{lb}$、$\boldsymbol{ub}$ 和 $\boldsymbol{X}$ 都为向量。

在 MATLAB 中，使用 lsqlin 函数实现有约束线性最小二乘的求解，其调用格式如下：

```
x=lsqlin(C,d,A,b)
```

解释：求解最小二乘意义上的线性系统 Cx-d=0，其中约束条件为 AX≤b，C 为 m∗n 的矩阵。

```
x=lsqlin(C,d,A,b,Aeq,beq)
```

解释：在上述问题求解中加上等式约束 Aeq · x=beq 以后进行求解，若不等式不存在，则令 A=[ ]、b=[ ]。

```
x=lsqlin(C,d,A,b,lb,ub)
```

解释：求解最小二乘意义上的线性系统 Cx-d=0，并对 x 的范围进行下界（lb）和上界（ub）的定义。

```
[x,resnorm,residual,exitflag,output]=lsqlin(C,d,A,b,lb,ub)
```

解释：返回与优化信息有关的结构输出参数 output，参数值在上文中已做介绍。

【例 8-3】 求解该问题的最小二乘解：

$$\begin{cases} \boldsymbol{Cx}=\boldsymbol{d} \\ \boldsymbol{Ax}\leqslant\boldsymbol{b} \\ \boldsymbol{lb}\leqslant\boldsymbol{x}\leqslant\boldsymbol{ub} \end{cases}$$

在 MATLAB 中输入以下代码进行实现。

```
>>C=[9.2501 7.4620 6.3233 5.6705 4.9367;2.3212 4.5655 7.0204 9.4832 8.7968;6.7068 1.0185 9.9218 8.9169 7.7735;5.4859 2.8224 7.7382 3.4102 5.8342;7.8912 3.4447 1.1762 9.8936 6.6843]
C=
    9.2501    7.4620    6.3233    5.6705    4.9367
    2.3212    4.5655    7.0204    9.4832    8.7968
    6.7068    1.0185    9.9218    8.9169    7.7735
    5.4859    2.8224    7.7382    3.4102    5.8342
    7.8912    3.4447    1.1762    9.8936    6.6843
>>d=[1.0577;4.3256;8.9312;1.0054;1.8976]
d=
    1.0577
    4.3256
    8.9312
    1.0054
    1.8976
>>A=[2.0356 3.1236 7.9864 4.7892 5.8931;1.9888 1.9999 4.0555 5.1234 6.3476;6.3824 0.9999 9.4882 8.6732 7.4821]
A=
    2.0356    3.1236    7.9864    4.7892    5.8931
    1.9888    1.9999    4.0555    5.1234    6.3476
    6.3824    0.9999    9.4882    8.6732    7.4821
>>b=[6.0123;2.9832;6.8921]
b=
    6.0123
    2.9832
    6.8921
>>lb= -0.5 * ones(5,1);
>>ub= 2 * ones(5,1);
>>x= lsqlin(C,d,A,b)
```

```
Warning: Large-scale algorithm can handle bound
constraints only;
    using medium-scale algorithm instead.
>In lsqlin at 270
Optimization terminated.
x=
    -0.2221
    -0.3481
     0.7216
     1.1124
    -1.0474
```

8.3.3 MATLAB 中的线性规则实现

下面通过示例来演示 MATLAB 在线性规则中的应用。

【例 8-4】对下列方程进行线性规划问题的求解。

$$\min f(x) = -5a-4b-6c$$
$$\text{s. t. } a-b+c \leqslant 20$$
$$3a+2b+4c \leqslant 42$$
$$3a+2b \leqslant 30$$
$$a,b,c \geqslant 0$$

在 MATLAB 中输入以下代码进行实现。

```
%用矩阵表示目标函数
>>f=[-5;-4;-6]
f=
    -5
    -4
    -6
%用矩阵表示约束条件系数
>>A=[1 -1 1;3 2 4;3 2 0]
A=
     1    -1     1
     3     2     4
     3     2     0
%约束条件
>>b=[20;42;30]
b=
    20
    42
    30
%下界约束
>>lb=zeros(3,1);
>>[x,fval,exitflag,output,lambda]=linprog(f,A,b,[],[],lb,[],[],optimset('Display','iter'))

  Residuals:   Primal      Dual      Duality     Total
               Infeas     Infeas       Gap         Rel
               A*x-b     A'*y+z-f     x'*z        Error
-----------------------------------------------------
Iter    0:   1.13e+03 1.87e+01 2.62e+03 1.50e+03
Iter    1:   1.64e+02 8.88e-16 4.34e+02 2.96e+00
Iter    2:   4.38e-14 2.18e-15 7.92e+01 5.41e-01
```

```
Iter      3:  1.00e-14 8.04e-15 7.70e+00 9.50e-02
Iter      4:  5.94e-12 4.44e-16 7.74e-01 9.84e-03
Iter      5:  5.90e-14 2.29e-16 2.01e-04 2.57e-06
Iter      6:  7.11e-15 5.55e-17 2.01e-09 2.57e-11
Optimization terminated.
x=
      0.0000
     15.0000
      3.0000
fval=
    -78.0000
exitflag=
      1
output=
           iterations: 6
            algorithm: 'interior-point'
         cgiterations: 0
              message: 'Optimization terminated.'
      constrviolation: 0
        firstorderopt: 5.8705e-10
lambda=
      ineqlin: [3x1 double]
        eqlin: [0x1 double]
        upper: [3x1 double]
        lower: [3x1 double]
```

在 Lambda 域中，向量里的非零元素可以反映出求解过程中的主动约束。通过本例可以看出，第二个和第三个不等式约束和第一个下界约束是主动约束。

【例 8-5】 求解线性规划问题：

$$\max \quad f(x,y,z)=3x-y-z$$
$$\text{s. t. } x-2y+z\leqslant 11$$
$$-4x+y+2z\geqslant 3$$
$$2x-z=-1$$
$$x_i\geqslant 0, i=1,2,3$$

在 MATLAB 中输入以下代码进行实现。

```
>>c=[-3;1;1];
>>A=[1 -2 1;4 -1 -2]
A=
     1    -2     1
     4    -1    -2
>>b=[11;-3]
b=
    11
    -3
>>aeq=[2 0 -1];
>>beq=-1;
>>vlb=[0;0;0];
>>[x,fval]=linprog(c,A,b,aeq,beq,vlb)
Optimization terminated.
x=
    4.0000
```

```
        1.0000
        9.0000
fval =
       -2.0000
```

最终获得的目标函数的最大值为-2，此时 $x=4$、$y=1$、$z=9$。

8.4 优化工具简介

Optimization Tool 是用来解决优化问题的一个 GUI（Graphical User Interface，图形用户界面）工具，该工具可以调用优化工具箱、遗传算法和模式搜索工具箱中的优化函数。使用 Optimization Tool，使用者可以通过选择列表中的各种求解器，设置指定的参数，进行优化问题的求解。使用者通常可从 MATLAB 工作空间中进行数据的导入，或者将数据导出到工作空间中，还可产生相应的包含指定求解器和各种参数设置的 M 文件。

在 MATLAB 中，有多种方法可以启动 Optimization Tool，具体方法如下。

方法一：在 MATLAB 命令行中输入以下命令可启动 Optimization Tool。

```
>>optimtool
```

方法 2：在主界面中选择“APPS”选项卡，单击图标按钮“ ”，如图 8-1 所示。单击后即可进入 Optimization Tool 界面，如图 8-2 所示。

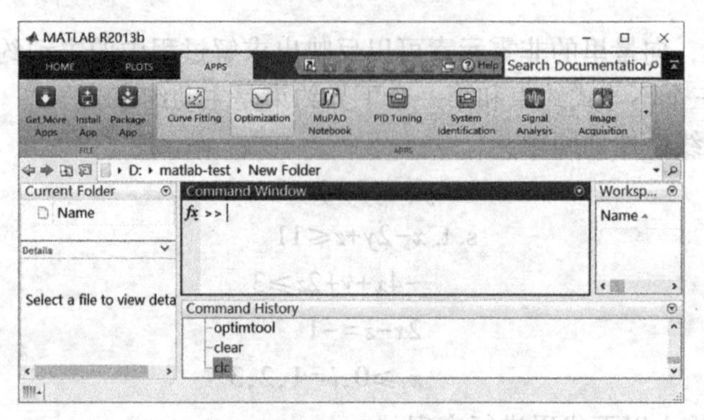

图 8-1 启动 Optimization Tool

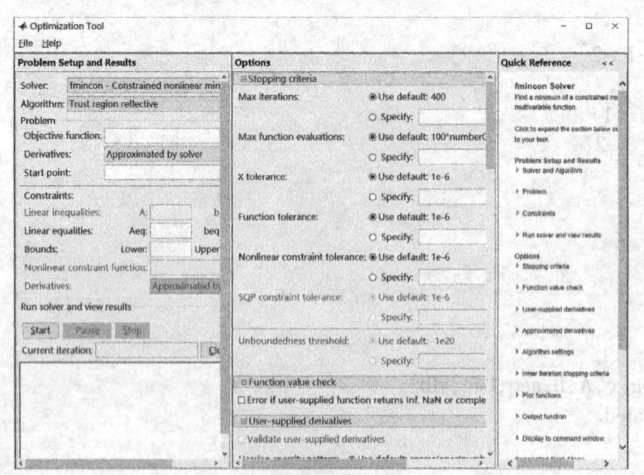

图 8-2 Optimization Tool 界面

在 MATLAB R2013b 版本优化工具箱中，Optimization Tool 求解器包括 bintprog、fgoalattain、fminbnd、fmincon、fminimax、fminsearch、linprog 等 20 种求解器。

为了便于读者理解，下面将举例介绍，这里以 linprog 求解器为例。

【例 8-6】 使用 Optimization Tool，以 linprog 求解器对如下线性规划进行求解。

$$\min f(x) = -4x_1 - x_2$$

已知约束条件为

$$\text{s.t.} \quad -x_1+2x_2 \leqslant 4$$
$$2x_1+3x_2 \leqslant 12$$
$$x_1-x_2 \leqslant 3$$
$$x_1, x_2 \geqslant 0$$

在 Optimization Tool 中输入待求解问题。

1）在 MATLAB 命令行中输入"optimtool"，打开用户图形界面。

2）在"Solver"下拉列表框中选取"linprog"求解器，并在"Algorithm"下拉列表框中选取"Simplex"选项，如图 8-3 所示。

图 8-3　Solver 设置

3）在问题描述组"Problem"栏中输入［-4；-1］，如图 8-4 所示。

图 8-4　问题描述设置

4）定义约束条件，在"A"栏中输入"［-1 2；2 3；1 -1］"，在"b"栏中输入"［4；12；3］"，如图 8-5 所示。

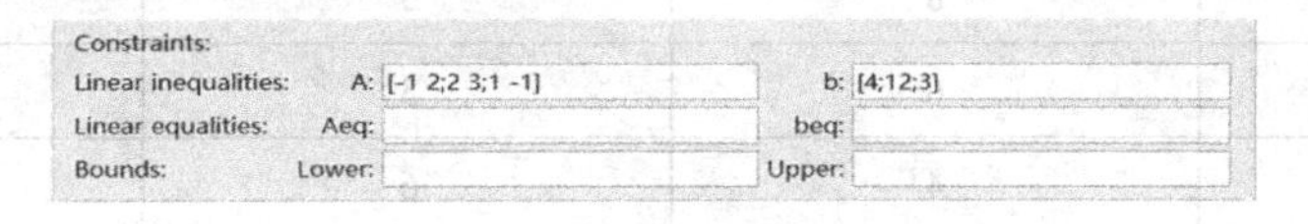

图 8-5　约束条件设置

5）选择起始点，在"Start point"栏中选中"Let algorithm choose point"单选按钮，如图 8-6 所示。

图 8-6　起始点设置

6）单击"Start"按钮，运行结果如图 8-7 所示。

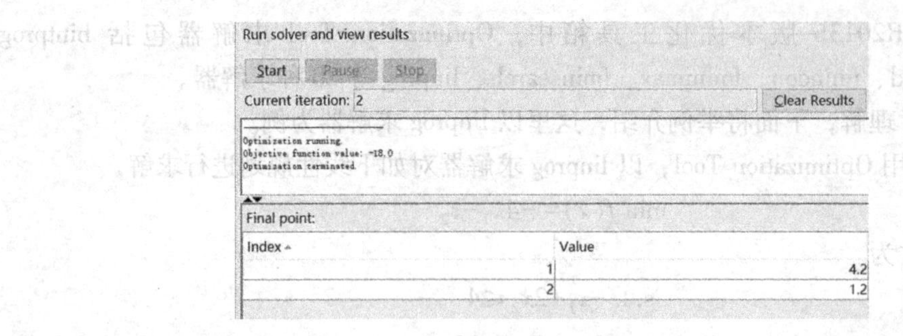

图 8-7　运行结果

```
Optimization running.
Objective function value：-18.0
Optimization terminated.
```

观察结果可知，最终的优化结果所得值为-18，即当 $x_1=4.2$、$x_2=1.2$ 时，函数 $f=-4x_1-x_2$，可以得到最小值为-18。

8.5　综合实例

8.5.1　材料使用最优化案例

【例 8-7】已知某工厂计划生产 A、B 两种产品，主要生产材料为钢材 4000 t，铁材 2100 t，专用设备 3000 台，材料与设备能力的消耗定额及所获利润见表 8-3。问如何安排生产，才可使所获利润最大?

表 8-3　材料与设备能力的消耗定额及所获利润

	A/件	B/件	定　额
钢材/t	8	5	4000
铁材/t	6	3	2100
设备能力/台	4	6	3000
利润/万元	0.8	1	f

通过题意，设生产 A 产品 x_1 件，生产 B 产品 x_2 件，总利润为 $f(x)$ 万元，模型构建如下：

$$\max f(x)=0.8x_1+x_2$$

$$\begin{aligned} \text{s.t. } & 8x_1+5x_2\leqslant 4000 \\ & 6x_1+3x_2\leqslant 2100 \\ & 4x_1+6x_2\leqslant 3000 \\ & x_1,x_2\geqslant 0 \end{aligned}$$

使用 linprog 函数求极小值，因此需将上述模型变为

$$\min f(x)=-0.8x_1-x_2$$

$$\text{s. t. } 8x_1+5x_2\leqslant 4000$$
$$6x_1+3x_2\leqslant 2100$$
$$4x_1+6x_2\leqslant 3000$$
$$x_1,x_2,x_3\geqslant 0$$

模型建立好以后，在 MATLAB 中输入以下代码进行实现。

```
>>f=[-0.8;-1];
>>A=[8 5;6 3;4 6]
A=
      8      5
      6      3
      4      6
>>b=[4000;2100;3000]
b=
        4000
        2100
        3000
>>lb=[0;0];
>>ub=[inf;inf];
>>[x,fval,exitflag]=linprog(f,A,b,[],[],lb)
Optimization terminated.
x=
    150.0000
    400.0000
fval=
   -520.0000
exitflag=
      1
```

观察结果可知，当 $x_1=150$、$x_2=400$ 时，会得到最优解，此时最小值为−520。最终可知，当生产 A 产品 150 件、B 产品 400 件时，该工厂获得最大利润为 520 万元。

8.5.2 粮食生产与利润最优化案例

【例 8-8】 已知某农场 A、B、C 等耕地的面积分别为 100 hm^2、300 hm^2 和 200 hm^2，且每块耕地里都必须至少种植水稻、大豆和玉米各 10 hm^2。计划种植三种作物的最低收获量分别为190000 kg、130000 kg 和 350000 kg。A、B、C 等耕地种植作物的单产见表 8-4。若三种作物的售价分别为水稻 1.2 元/kg、大豆 1.5 元/kg、玉米 0.8 元/kg。问：①如何制订种植计划，才能使总产量最大？②如何制订种植计划，才能使总利润最大？

表 8-4 不同等级耕地种植不同作物的单产

	A 等	B 等	C 等
水稻/kg	11000	9500	9000
大豆/kg	8000	6800	6000
玉米/kg	14000	12000	10000

由题意可知，先建立线性规划模型，决策变量设置见表 8-5。其中 x_{ij} 表示第 i 种作物在 j 等级的耕地上的种植面积。

表 8-5　作物计划种植面积

	A	B	C
水稻	x_{11}	x_{12}	x_{13}
大豆	x_{21}	x_{22}	x_{23}
玉米	x_{31}	x_{32}	x_{33}

耕地面积约束方程如下：

$$\begin{cases} x_{11}+x_{21}+x_{31}\leqslant 100 \\ x_{12}+x_{22}+x_{32}\leqslant 300 \\ x_{31}+x_{32}+x_{33}\leqslant 200 \\ x_{i,j}\geqslant 10 \end{cases}$$

最低收获量约束方程如下：

$$\begin{cases} -11000x_{11}-9500x_{21}-9000x_{31}\leqslant -190000 \\ -8000x_{12}-6800x_{22}-6000x_{32}\leqslant -130000 \\ -14000x_{31}-12000x_{32}-10000x_{33}\leqslant -350000 \end{cases}$$

1）当希望产量最大时，此时目标函数为

$$\max f_1=11000x_{11}+9500x_{12}+9000x_{13}+8000x_{21}+6800x_{22}+$$
$$6000x_{23}+14000x_{31}+12000x_{32}+10000x_{33}$$

将该模型转换为目标最小化，即

$$\min f_1=-(11000x_{11}+9500x_{12}+9000x_{13}+8000x_{21}+6800x_{22}+$$
$$6000x_{23}+14000x_{31}+12000x_{32}+10000x_{33})$$

$$\text{s.t. } x_{11}+x_{21}+x_{31}\leqslant 100$$
$$x_{12}+x_{22}+x_{32}\leqslant 300$$
$$x_{31}+x_{32}+x_{33}\leqslant 200$$
$$-11000x_{11}-9500x_{21}-9000x_{31}\leqslant -190000$$
$$-8000x_{12}-6800x_{22}-6000x_{32}\leqslant -130000$$
$$-14000x_{31}-12000x_{32}-10000x_{33}\leqslant -350000$$
$$x_{i,j}\geqslant 10$$

在 MATLAB 中输入以下代码进行求解。

```
>>f1=[-11000;-9500;-9000;-8000;-6800;-6000;-14000;-12000;-10000]
f1=
        -11000
         -9500
         -9000
         -8000
         -6800
         -6000
        -14000
```

```
     -12000
     -10000
>>A1=[1 0 0 1 0 0 1 0 0;0 1 0 0 1 0 0 1 0;0 0 1 0 0 1 0 0 1;-11000 0 0 -9500 0 0 -9000 0 0;0 -8000 0 0 -6800 0 0 -6000 0;0 0 -14000 0 0 -12000 0 0 -10000]
A1=
  Columns 1 through 4
         1          0          0          1
         0          1          0          0
         0          0          1          0
    -11000          0          0      -9500
         0      -8000          0          0
         0          0     -14000          0
  Columns 5 through 8
         0          0          1          0
         1          0          0          1
         0          1          0          0
         0          0      -9000          0
     -6800          0          0      -6000
         0     -12000          0          0
  Column 9
         0
         0
         1
         0
         0
    -10000
>>b1=[100;300;200;-19000;-13000;-35000];
>>lb1=[10;10;10;10;10;10;10;10;10];
>>[xopt1 fxopt1]=linprog(f1,A1,b1,[],[],lb1,[])
Optimization terminated.
xopt1=
   10.0000
   10.0000
   10.0000
   10.0000
   10.0000
   10.0000
   80.0000
  280.0000
  180.0000
fxopt1=
   -6.7830e+06
```

观察结果可知，最终在 A 等耕地种植水稻 10 hm^2、大豆 10 hm^2、玉米 80 hm^2，在 B 等耕地种植水稻 10 hm^2、大豆 10 hm^2、玉米 28 0hm^2，在 C 等耕地种植水稻 10 hm^2、大豆 10 hm^2、玉米 180 hm^2，可使产量达到最大值，最大值为 6.783×10^6 kg。

2）当希望获得最大利润时，此时目标函数为

$$\max f_2=1.2\times(1000x_{11}+9500x_{12}+9000x_{13})+1.5\times(8000x_{21}+6800x_{22}+6000x_{23})+$$
$$0.8\times(14000x_{31}+12000x_{32}+10000x_{33})$$

将该模型转换为目标最小化，即

$$\min f_2=-1.2\times(1000x_{11}+9500x_{12}+9000x_{13})-1.5\times(8000x_{21}+6800x_{22}+6000x_{23})-$$
$$0.8\times(14000x_{31}+12000x_{32}+10000x_{33})$$
$$=-13200x_{11}-11400x_{12}-10800x_{13}-12000x_{21}-10200x_{22}-9000x_{23}-$$
$$11200x_{31}-9600x_{32}-8000x_{33}$$

$$\text{s. t. } x_{11}+x_{21}+x_{31}\leqslant 100$$
$$x_{12}+x_{22}+x_{32}\leqslant 300$$
$$x_{31}+x_{32}+x_{33}\leqslant 200$$
$$-11000x_{11}-9500x_{21}-9000x_{31}\leqslant -190000$$
$$-8000x_{12}-6800x_{22}-6000x_{32}\leqslant -130000$$
$$-14000x_{31}-12000x_{32}-10000x_{33}\leqslant -350000$$
$$x_{i,j}\geqslant 10$$

在 MATLAB 中输入以下代码进行实现。

```
>>f2=[-13200;-11400;-10800;-12000;-10200;-9000;-11200;-9600;-8000]
f2=
      -13200
      -11400
      -10800
      -12000
      -10200
       -9000
      -11200
       -9600
       -8000
>>A2=[1 0 0 1 0 0 1 0 0;0 1 0 0 1 0 0 1 0;0 0 1 0 0 1 0 0 1;-11000 0 0 -9500 0 0 -9000 0 0;0 -8000 0
0 -6800 0 0 -6000 0;0 0 -14000 0 0 -12000 0 0 -10000]
A2=
  Columns 1 through 4
           1           0           0           1
           0           1           0           0
           0           0           1           0
      -11000           0           0       -9500
           0       -8000           0           0
           0           0      -14000           0
  Columns 5 through 8
           0           0           1           0
           1           0           0           1
           0           1           0           0
           0           0       -9000           0
       -6800           0           0       -6000
           0      -12000           0           0
  Column 9
           0
           0
           1
           0
```

```
        0
   -10000
>>b2=[100;300;200;-19000;-13000;-35000];
>>lb2=[10;10;10;10;10;10;10;10;10];
>>[xopt2 fxopt2]=linprog(f2,A2,b2,[],[],lb2,[])
Optimization terminated.
xopt2=
    80.0000
   280.0000
   180.0000
    10.0000
    10.0000
    10.0000
    10.0000
    10.0000
    10.0000
fxopt2=
   -6.7920e+06
```

观察结果可知，最终在 A 等耕地种植水稻 $80hm^2$、大豆 $10hm^2$、玉米 $10hm^2$，在 B 等耕地种植水稻 $280hm^2$、大豆 $10hm^2$、玉米 $10hm^2$，在 C 等耕地种植水稻 $180hm^2$、大豆 $10hm^2$、玉米 $10hm^2$，可使利润达到最大值，最大值为 6.792×10^6元。

8.6 本章小结

本章主要对线性规划与分析进行了优化，首先解释了什么是优化参数、如何设置与获取优化参数；其次，对 MATLAB 数值计算中较为常见的线性规划问题进行介绍，并在 MATLAB 中进行实现与计算；最后对 MATLAB 中的优化工具进行简介，并将其应用到线性规划问题的求解中。通过大量的实例可以加深读者对线性规划的理解。

8.7 习题

1）计算 $\min Z=4a+b+7c$ 的最小值，其约束条件如下：

$$\begin{aligned} \text{s. t. } & a+b-c=5 \\ & 3a-b+c\leqslant 4 \\ & a+b-4c\leqslant -7 \\ & a,\ b\geqslant 0 \end{aligned}$$

2）求 $f=3x_1+6x_2+2x_3$ 的最大值，已知满足的条件为 $\begin{cases} 3x_1+4x_2+x_3\leqslant 2 \\ x_1+3x_2+2x_3\leqslant 1 \\ x_1,x_2,x_3\geqslant 0 \end{cases}$。

3）某工厂生产 A、B 两种产品，所用原料均为甲、乙、丙三种。生产一件产品所需原料和所获利润及实际库存情况如下所示：

	原料甲/kg	原料乙/kg	原料丙/kg	利润/元
A	8	4	4	7000
B	6	8	6	10000
库存	380	300	220	

问如何安排 A、B 两种产品的生产量才可使利润最大？

4）已知某市拟建立五个车站，这五个车站的净收益如下：

车站	A	B	C	D	E
收益	10%	12%	15%	8%	6%

现拟投资金额为 1 千万元，每个车站的投资额度需大于或等于 10%，用于投资车站 C 的投资不得大于其他各项投资之和，用于车站 A 和车站 D 的投资需大于或等于车站 B 和车站 E 的投资，试确定投资分配方案，使得所获收益最大。

5）使用 Optimization Tool 工具实现最小二乘优化问题：

$$\min S=(x^2+x-1)^2+(2x^2-3)^2$$

其中初始点 x 取 5。

第9章　非线性规划与分析的优化

非线性规划问题是运筹学中的重要分支之一，并广泛地应用于最优化设计、管理科学及系统控制等领域。本章将根据目标函数和约束条件的不同，承接上一章中所介绍的内容，对MATLAB中提供的fminbnd、fmincon、quadprog、fseminf、fminimax及lsqlin等函数的用法进行详细的介绍。

9.1　无约束与有约束的非线性规划

9.1.1　非线性规划定义

当目标函数或约束条件中有一个或多个非线性规划函数时，则称这样的规划问题为非线性规划。在实际的工程应用问题中，一般遇到的问题大部分都是非线性的，其数学模型为

$$\begin{aligned}&\min(\max)\ f(x_1,x_2,\cdots,x_n)\\&\text{s. t. } g_i(x_1,x_2,\cdots,x_n)\\&x_j\geqslant 0\\&i=1,2,\cdots,m\\&j=1,2,\cdots,n\end{aligned}$$

9.1.2　无约束非线性规划

对于无约束优化问题，使用时可以根据自身的实际需求选择合适的算法，在MATLAB中通常可以使用fminsearch函数和fminunc函数进行求解。

1. fminsearch 函数

fminsearch函数用于求解目标函数不可导的问题，包括不连续、在最优解附近出现奇异值等问题，最终只能得到局部的最优解。此外，该函数只能用于求解实数最优解问题。

在MATLAB中，fminsearch函数的调用格式如下：

```
x=fminsearch(fun,x0)
```

解释：fun代表目标函数，x0为初始点，它可以是标量、向量或者矩阵，最终返回目标函数的局部最小值。

```
x=fminsearch(fun,x0,options)
```

解释：options为指定的优化参数，可以使用optimset命令来设置这些参数。

在MATLAB中，fminsearch函数的优化参数options共有七个选项。

1）Display：当不显示输出时，则将其设置为 off；当显示每一次的迭代输出时，则将其设置为 iter；当只显示最终结果时，则将其设置为 final。

2）FunValCheck：检查目标函数值是否有效。

3）MaxFunEvals：函数评价所允许的最大次数。

4）MaxIter：函数所允许的最大迭代次数。

5）OutputFcn：返回自定义函数的每一步迭代过程。

6）TolFun：函数值（计算结果）的精度，取值为正数。

7）TolX：自变量的精度，取值为正数。

```
[x,fval]=fminsearch(fun,x0,options)
```

解释：x 代表极小值点，fval 代表最优值。

```
[x,fval,exitflag]=fminsearch(fun,x0,options)
```

解释：exitflag 为返回算法的终止标志。

在 MATLAB 中，fminsearch 函数的返回算法终止标志 exitflag 共有三种取值，见表 9-1。

表 9-1　exitflag 取值

取　值	说　明
0	表示已经达到函数评价或迭代的最大次数
−1	表示算法被输出函数所终止
1	表示函数收敛到解 x

```
[x,fval,exitflag,output]=fminsearch(fun,x0,options)
```

解释：output 为输出关于算法的信息变量。

在 MATLAB 中，fminsearch 函数共有四种算法的变量。

1）Iterations：表示算法的迭代次数。

2）Algorithm：表示所使用的算法名称。

3）funcCount：表示函数的赋值次数。

4）message：表示算法的终止信息。

【例 9-1】 求 banana 方程在区间［-1.2，1］内的最小值：

$$f(x)=100\,(x_2-x_1^2)^2+(a-x_1)^2$$

通过分析可知，最小值所对应的点应为(a,a^2)。

在 MATLAB 中输入以下代码进行实现。

```
>>a=sqrt(2);
>>f=@(x)100*(x(2)-x(1)^2)^2+(a-x(1))^2;
>>[x,fval,exitflag,output]=fminsearch(f,[-1.2,1],optimset('TolX',1e-8))
x=
      1.4142       2.0000
fval=
     4.2065e-18
```

```
exitflag=
        1
output=
      iterations: 131
        funcCount: 249
        algorithm: [1x33 char]
          message: [1x194 char]
            2.fminunc
```

2. fminunc 函数

fminunc 函数在进行无约束优化问题求解时，需要判断出目标函数在优化变量处的梯度和黑塞矩阵，但只适用于函数连续的情况且优化变量为实数的问题。当优化变量为复数时，需将问题分解成实部和虚部，分别进行无约束优化求解。

在 MATLAB 中，fminunc 函数的调用格式如下：

```
x=fminunc(fun,x0)
```

解释：fun 代表目标函数，x0 为初始点，它可以是标量、向量或者矩阵，最终返回目标函数的局部最小值。

```
x=fminunc(fun,x0,options)
```

解释：options 为指定的优化参数，可以使用 optimset 命令来设置这些参数。

在 MATLAB 中，fminunc 函数的优化参数 options 有多种选项。

1）Display：当不显示输出时，则将其设置为 off；当显示每一次的迭代输出时，则将其设置为 iter；当只显示最终结果时，则将其设置为 final。

2）GradObj：用户自定义的目标函数梯度，对于大规模问题是必选项，对于中、小规模问题则为可选项。

3）LargeScale：若使用大规模算法，则将其设置为 on；若使用中、小规模算法，则将其设置为 off。

4）Diagnostics：打印极小化的函数的诊断信息。

5）MaxFunEvals：函数评价的最大次数。

6）MaxIter：函数所允许的最大迭代次数。

7）TolFun：函数值的精度。

8）TolX：自变量的度。

而在面对中、小规模算法时，MATLAB 提供了特有的优化参数进行实现。

1）DerivativeCheck：对用户提供的导数和有限差分求出的导数进行对比。

2）DiffMaxChange：变量有限差分梯度的最大变化。

3）DiffMinChange：变量有限差分梯度的最小变化。

4）LinesearchType：选择线搜索方法。

在面对大规模算法时，MATLAB 提供了特有的优化参数进行实现。

1）Hessian：用于定义的目标函数黑塞矩阵。

2）HessMult：用于定义有限分支的黑塞矩阵。

3）HessPattern：用于有限差分的黑塞矩阵的系数形式。

4）TypicalX：典型 X 值。

5）TolPCG：共轭梯度迭代的终止精度。

6）MaxPCGIter：共轭梯度迭代的最大次数。

7）PrecondBamdWidth：带宽处理，对于一些问题，增加带宽可以减少迭代的次数。

```
[x,fval]=fminuc(fun,x0,options)
```

解释：fval 为返回相应的最优值。

```
[x,fval,exitflag]=fminuc(fun,x0,options)
```

解释：exitflag 为返回算法的终止标志。

在 MATLAB 中，fminunc 函数返回算法终止标志 exitflag 共有六种取值，见表 9-2。

表 9-2　exitflag 取值

取　值	说　明
0	表示迭代次数超过 option. MaxIter 或函数值大于 options. FunEvals
-1	表示算法被输出函数终止
1	表示函数收敛到解 x
2	表示相邻的两次迭代点的变化小于预先给定的精度
3	搜索方向的幅值<给定容差（约束违背<约束容差 TolCon）
5	搜索方向的变化率<给定容差（约束违背<约束容差 TolCon）

```
[x,fval,exitflag,output]=fminunc(fun,x0,options)
```

解释：output 为输出关于算法的信息变量。

在 MATLAB 中，fminunc 函数共有七种算法的变量。

1）Iterations：表示算法的迭代次数。

2）Algorithm：表示所使用的算法名称。

3）funcCount：表示函数的赋值次数。

4）message：表示算法的终止信息。

5）firstorderopt：表示目标函数在点 x 处的梯度，即一阶最优性条件。

6）stepsize：在 x 轴上的最终位移（只适用于中规模算法）。

7）cgiterations：共轭梯度迭代次数（只适用于大规模算法）。

```
[x,fval,exitflag,output,grad]=fminunc(fun,x0,options)
```

解释：grad 为输出目标函数在解 x 处的梯度值。

```
[x,fval,exitflag,output,grad,hessian]=fminunc(fun,x0,options)
```

解释：hessian 为输出目标函数在解 x 处的黑塞矩阵。

【例 9-2】分别使用 fminunc 函数和 fminsearch 函数求解无约束优化问题：

$$f(x)=3x_1^2+2x_1x_2+x_2^2$$

1）使用 fminunc 函数进行优化。

建立 M 文件，文件名为 test1. m，输入以下代码并保存。

```
function f=test1(x)
f=3*x(1)^2+2*x(1)*x(2)+x(2)^2;
```

在命令窗口中调用 fminunc 函数求解无约束优化问题，输入以下代码。

```
>>x0=[1,1];
>>[x,fval,exitflag,output,grad,hessian]=fminunc(@test1,x0)
```

运行结果如下：

```
x=
    1.0e-06 *
     0.2541    -0.2029
fval=
    1.3173e-13
exitflag=
        1
output=
          iterations: 8
           funcCount: 27
            stepsize: 1
     firstorderopt: 1.1633e-06
           algorithm: [1x38 char]
             message: [1x436 char]
grad=
    1.0e-05 *
     0.1163
     0.0087
hessian=
     6.0000      2.0000
     2.0000      2.0000
```

2）使用 fminsearch 函数进行优化。

在命令窗口中调用 fminsearch 函数求解无约束优化问题，输入以下代码。

```
>>x0=[1,1];
>>[x,fval,exitflag,output]=fminsearch(@test1,x0)
```

运行结果如下：

```
x=
    1.0e-04 *
    -0.0675     0.1715
fval=
    1.9920e-10
exitflag=
        1
output=
    iterations: 46
     funcCount: 89
     algorithm: [1x33 char]
       message: [1x194 char]
```

9.1.3 有约束非线性规划

当面对有约束条件的优化情况时则比无约束条件的优化情况复杂得多，种类也更加复杂，因此处理起来比较困难。本小节对 MATLAB 中的 fminbnd 函数和 fmincon 函数进行介绍。

1. fminbnd 函数

在 MATLAB 中，使用 fminbnd 函数用于求解单变量的约束优化问题，单变量的约束优化问题的标准形式为

$$\min f(x)$$
$$a<x<b$$

求出在目标函数(a,b)区间上的极小点。

在 MATLAB 中，fminbnd 函数的调用格式如下：

```
x=fminbnd(fun,x1,x2)
```

解释：返回目标函数 fun 在条件 x1<x<x2 下取最小值时自变量 x 的值。

```
x=fminbnd(fun,x1,x2,options)
```

解释：options 为指定的优化参数，可以使用 optimset 命令来设置这些参数，并且与 fminsearch 函数中的 options 参数一致，这里不再赘述。

```
x=fmind(problem)
```

解释：求解 problem，其中 problem 为一个使用输入变量进行表达的结构数组。

```
[x,fval]=fminbnd(fun,x1,x2,options)
```

解释：fval 为返回相应的目标函数值，x 代表极小值点。

```
[x,fval,exitflag]=fminbnd(fun,x1,x2,options)
```

解释：exitflag 为返回算法的终止标志。

在 MATLAB 中，fminbnd 函数的返回算法终止迭代信息的参数 exitflag 共有四种取值，见表 9-3。

表 9-3 exitflag 取值

取 值	说 明
0	表示达到函数的最大估计值或迭代次数
1	表示函数收敛到解 x
-1	表示算法被输出函数终止
-2	表示输入区间错误，即 x1>x2

```
[x,fval,exitflag,output]=fminbnd(fun,x1,x2,options)
```

解释：返回包含优化信息的结构数组 output。output 结构及说明与 fminsearch 函数中的参数 output 一致，这里不再赘述。

【例 9-3】计算如下函数在区间（-3，3）内的最小值：

$$f(x)=\frac{x^3+x^2+3}{x^3-2x^2+4}$$

首先，需创建 M 文件，文件名为 test2. m，输入以下代码并保存。

```
function y=test2(x)
y=(x^3+x^2+3)/(x^3-2*x^2+4);
```

接着，在 MATLAB 命令窗口中调用 fminbnd 函数进行非线性规划的求解，输入以下代码：

```
>>[x,fval,exitflag,output]=fminbnd(@test2,-3,3)
x=
   -1.3679e-05
fval=
     0.7500
exitflag=
       1
output=
      iterations: 9
        funcCount: 10
        algorithm: [1x46 char]
          message: [1x111 char]
```

观察结果可知该函数的最小值为 0. 75。

2. fmincon 函数

非线性规划优化问题的标准形式为

$$\begin{aligned}\min_x\ & f(\boldsymbol{x})\\ \text{s. t. }\ & C(\boldsymbol{x})\leqslant 0\\ & \mathrm{Ceq}(\boldsymbol{x})=0\\ & \boldsymbol{Ax}\leqslant\boldsymbol{B}\\ & \mathrm{Aeq}\cdot\boldsymbol{x}=\mathrm{Beq}\\ & \mathrm{lb}\leqslant\boldsymbol{x}\leqslant\mathrm{ub}\end{aligned}$$

其中，$f(x)$为目标函数，它既可以是线性函数，也可以是非线性函数；$C(\boldsymbol{x})$为非线性向量函数；$\boldsymbol{A}$ 为矩阵。

在 MATLAB 中，fmincon 函数可以用来求解多元函数的极小值，其调用格式如下：

```
x=fmincon(fun,x0,A,B)
```

解释：fun 代表目标函数，x0 为初值，它可以是标量、向量或矩阵，线性约束条件为 Ax≤B 时找到函数的最小值。

```
x=fmincon(fun,x0,A,B,Aeq,Beq)
```

解释：在约束条件 Ax≤B 和 Aeq * x=Beq 下，找到函数的最小值。若等式不存在，则 A、B 可为空“[ ]”。

```
x=fmincon(fun,x0,A,B,Aeq,Beq,lb,ub)
```

解释：在约束条件 Ax≤B 和 Aeq * x=Beq 下且定义了 x 的上界“ub”和下界“lb”时，

找到函数的最小值。若没有等式存在，则 Aeq、Beq 可为空“[ ]”。

```
x=fmincon(fun,x0,A,B,Aeq,Beq,lb,ub,nonlcon)
```

解释：计算非线性有约束条件($C(\boldsymbol{x})\leqslant 0, Ceq(\boldsymbol{x})=0$)下 fun 函数的极小值点。若没有变量和边界，则 lb 和 ub 可以为空“[ ]”。其中 nonlcon 函数的定义为

function[C,Ceq]=mycon(X)

其中，C 为非线性不等式约束；Ceq 为非线性等式约束。

```
x=fmincon(fun,x0,A,B,Aeq,Beq,lb,ub,nonlcon,options)
```

解释：计算非线性有约束条件（$C(\boldsymbol{x})\leqslant 0$，$Ceq(\boldsymbol{x})=0$）下 fun 函数的极小值点，其中 options 为指定的优化参数。

在 MATLAB 中，fmincon 函数的参数 options 的取值见表 9-4。

表 9-4　options 取值

取　值	说　明
Algorithm	选择优化算法： 'trust-region-reflective'(默认值) 'active-set' 'interior-point' 'sqp'
Diagnostics	打印极小化的函数的诊断信息
Display	当不显示输出时，则将其设置为 off；当显示每一次的迭代输出时，则将其设置为 iter；当只显示最终结果时，则将其设置为 final
FunValCheck	当检查目标与约束是否都有效时，设置为 on；当遇到复数、NaN、Inf 等，将显示错误信息；当不显示出错信息时，则为默认值，设置为 off
FinDiffType	表示变量有限差分梯度的类型，当取“forward”时表示向前差分；当取“central”时表示中心差分，精度更高
GradObj	用户自定义的目标函数梯度，面对大规模问题时是必选项，面对中、小规模问题时是可选项
GradConstr	表示用户定义的非线性约束函数，当设置为 on 时，返回 4 个输出；当设置为 off 时，则为非线性约束的梯度估计有限差
MaxFunEvals	函数评价的最大次数
MaxIter	函数所允许的最大迭代次数
OutputFcn	在每次迭代中制订一个或多个用户定义的目标优化函数
TolFun	函数值的精度，默认值为 1×10^{-6}
TolX	自变量的精度
TolCon	表示目标函数的约束性，默认值为 1×10^{-6}
UseParallel	表示用户定义的目标函数梯度。当取值为“always”时，表示估计度；当取值为“never”时，表示客观梯度
TypicalX	典型 X 值（适合大规模算法）
DerivativeCheck	对用户提供的导数和有限差分求出的导数进行对比（适合中、小规模算法）
DiffMaxChange	变量有限差分梯度的最大变化（适合中、小规模算法）
DiffMinChange	变量有限差分梯度的最小变化（适合中、小规模算法）

```
[x,fval]=fmincon(fun,x0,A,B,Aeq,Beq,lb,ub,nonlcon,options)
```

解释：x 为返回的最优解，fval 为最优解的目标函数。

```
[x,fval,exitflag]=fmincon(fun,x0,A,B,Aeq,Beq,lb,ub,nonlcon,options)
```

解释：exitflag 为返回算法的终止标志。

在 MATLAB 中，fmincon 函数的返回算法终止迭代信息的 exitflag 共有九种取值，见表 9-5。

表 9-5 exitflag 取值

取　值	说　明
-3	表示所求解的线性规划问题是无解的
-2	表示该优化问题不存在可行解
-1	表示算法被输出函数终止
0	表示迭代次数超过 options. MaxIter 或函数的赋值次数超过 options. FunEvals
1	表示满足一阶最优性条件
2	表示相邻两次迭代点的变化小于预先给定的精度
3	表示目标函数值在相邻两次迭代点处的变化小于预先给定的容忍度
4	表示重要搜索方向小于规定的容许范围并且约束违背小于 options. TolCon
5	表示重要方向导数小于规定的容许范围并且约束违背小于 options. TolCon

```
[x,fval,exitflag,output]=fmincon(fun,x0,A,B,Aeq,Beq,lb,ub,nonlcon,options)
```

解释：output 为输出算法的信息变量。

在 MATLAB 中，fmincon 函数的 output 结构共有九种算法的变量。

1）iterations：表示算法的迭代次数。

2）algorithm：表示所使用的算法名称。

3）funcCount：表示函数的赋值次数。

4）lssteplength：线性搜索步长及方向

5）message：表示算法的终止信息。

6）constrviolation：最大约束。

7）firstorderopt：表示目标函数在点 x 处的梯度，即一阶最优性条件。

8）stepsize：在 x 轴上的最终位移（只适用于中规模算法）。

9）cgiterations：共轭梯度迭代次数（只适用于大规模算法）。

```
[x,fval,exitflag,output,lambda]=fmincon(fun,x0,A,B,Aeq,Beq,lb,ub,nonlcon,options)
```

解释：lambda 为输出各个约束所对应的拉格朗日乘子。

在 MATLAB 中，fmincon 函数共有六种 lambda 结构。

1）lower：表示下界约束 x≥lb 所对应的拉格朗日乘子向量。

2）upper：表示上界约束 x≤lb 所对应的拉格朗日乘子向量。

3）eqlin：表示等式约束对应的拉格朗日乘子向量。

4）ineqlin：表示不等式约束对应的拉格朗日乘子向量。

5）eqnonlin：表示非线性等式约束对应的拉格朗日乘子向量。

6）ineqnonlin：表示非线性不等式约束对应的拉格朗日乘子向量。

```
[x,fval,exitflag,output,lambda,grad]=fmincon(fun,x0,A,B,Aeq,Beq,lb,ub,nonlcon,options)
```

解释：lambda 为输出各个约束所对应的拉格朗日乘子，grad 为输出目标函数在最优解 x 处的梯度。

```
[x,fval,exitflag,output,lambda,grad,hessian]=fmincon(fun,x0,A,B,Aeq,Beq,lb,ub,nonlcon,options)
```

解释：lambda 为输出各个约束所对应的拉格朗日乘子，grad 为输出目标函数在最优解 x 处的梯度，hessian 为输出目标函数在最优解 x 处的墨塞矩阵。

【例 9-4】 求解下面函数的最小值：

$$f(x_1,x_2,x_3)=-2x_1x_2x_3$$

$$\text{s. t. } -x_1-2x_2-2x_3\leqslant 0$$

$$x_1+2x_2+2x_3\leqslant 75$$

已知其初始值为 $x_0=[5\ 5\ 5]$。

首先，创建 M 文件，命名为 test3. m，输入以下代码并保存。

```
function y=test3(x)
y=-2*x(1)*x(2)*x(3);
```

接着，在 MATLAB 命令窗口中调用 fmincon 函数进行非线性规划的求解，输入以下代码：

```
>>x0=[5;5;5];
>>A=[-1 -2 -2;1 2 2];
>>b=[0;75];
>>[x,fval]=fmincon(@test3,x0,A,b)
x=
   25.0000
   12.5000
   12.5000
fval=
  -7.8125e+03
```

观察结果可知，当 $x_1=25$、$x_2=12.5$、$x_3=12.5$ 时，函数 $f(x)$ 存在最小值，即 -7.8125×10^3。

最后，对约束条件进行验证，输入以下代码：

```
>>A*x-b
ans=
    -75
      0
```

9.2 二次规划问题

二次规划问题是最简单的约束非线性规划问题，研究成果是比较成熟的，也比较容易理解。通常，把约束条件全为线性且目标函数为二次函数的最优化问题称为二次规划问题，其数学模型为

$$\min f(x)=\boldsymbol{C}^{\mathrm{T}}\boldsymbol{x}+\frac{1}{2}\boldsymbol{x}^{\mathrm{T}}\boldsymbol{H}\boldsymbol{x}$$

$$\begin{aligned}\text{s. t. } & \boldsymbol{A}\boldsymbol{x}\leqslant\boldsymbol{B}\\ & \mathrm{Aeq}\cdot\boldsymbol{x}=\mathrm{Beq}\\ & \mathrm{lb}\leqslant\boldsymbol{x}\leqslant\mathrm{ub}\\ & \boldsymbol{x}\geqslant 0\end{aligned}$$

在 MATLAB 中，quadprog 函数用于求解二次规划问题，其调用格式如下：

```
x=quadprog(H,f,A,B)
```

解释：计算 $\begin{cases}\min\limits_{x}\left(\dfrac{1}{2}x'Hx+f'x\right)\\ Ax\leqslant B\end{cases}$ 二次规划的最优解。

```
x=quadprog(H,f,A,B,Aeq,Beq)
```

解释：计算 $\begin{cases}\min\limits_{x}\left(\dfrac{1}{2}x'Hx+f'x\right)\\ Ax\leqslant B\\ Aeq\cdot x=Beq\end{cases}$ 二次规划的最优解。

```
x=quadprog(H,f,A,B,Aeq,Beq,lb,ub)
```

解释：计算 $\begin{cases}\min\limits_{x}\left(\dfrac{1}{2}x'Hx+f'x\right)\\ Ax\leqslant B\\ Aeq\cdot x=Beq\\ lb\leqslant x\leqslant ub\end{cases}$ 二次规划的最优解。

```
x=quadprog(H,f,A,B,Aeq,Beq,lb,ub,x0)
```

解释：将初始值设为 x0，计算 $\begin{cases}\min\limits_{x}\left(\dfrac{1}{2}x'Hx+f'x\right)\\ Ax\leqslant B\\ Aeq\cdot x=Beq\\ lb\leqslant x\leqslant ub\end{cases}$ 二次规划的最优解。

```
x=quadprog(H,f,A,B,Aeq,Beq,lb,ub,x0,options)
```

解释：将初始值设为 x0 并根据 options 参数进行优化，计算 $\begin{cases}\min\limits_{x}\left(\dfrac{1}{2}x'Hx+f'x\right)\\ Ax\leqslant B\\ Aeq\cdot x=Beq\\ lb\leqslant x\leqslant ub\end{cases}$ 二次规划的最优解。

在 MATLAB 中，二次规划问题 options 的取值见表 9-6。

表 9-6　options 取值

取　值	说　明
Algorithm	选择优化算法： 'trust-region-reflective'（默认值） 'active-set' 'interior-point' 'sqp'
Diagnostics	打印极小化的函数的诊断信息
Display	当不显示输出时，将其设置为 off；当显示每一次的迭代输出时，将其设置为 iter；当只显示最终结果时，将其设置为 final
MaxIter	函数所允许的最大迭代次数
TolFun	函数值的精度，默认值为 1×10^{-6}
TolX	自变量的精度
HessMult	用于定义有限分支的黑塞矩阵（适合大规模算法）
TypicalX	典型 X 值（适合大规模算法）

```
[x,fval]=quadprog(H,f,A,B,Aeq,Beq,lb,ub,x0,options)
```

解释：增加了目标函数返回的最小值。

```
[x,fval,exitflag]=quadprog(H,f,A,B,Aeq,Beq,lb,ub,x0,options)
```

解释：增加了目标函数返回的最小值并增加了输出中值迭代条件信息的 exitflag。

在 MATLAB 中，对二次规划问题中返回算法终止迭代信息的 exitflag 共有八种取值，见表 9-7。

表 9-7　exitflag 取值

取　值	说　明
-7	表示当前点的搜索方向幅值太小，迭代无法继续
-4	表示当前点的搜索方向不是下降方向，迭代无法继续
-3	表示目标函数无解
-2	表示目标函数无最优可行解
0	表示迭代部署超过最大允许值
1	表示成功求得最优解
3	求得一个解，且对应的目标函数值的精度等于给定值
4	表示求得的解为局部极小点

```
[x,fval,exitflag,output]=quadprog(H,f,A,B,Aeq,Beq,lb,ub,x0,options)
```

解释：增加了目标函数返回的最小值、输出中值迭代条件信息的 exitflag 和算法的信息变量 output。

在 MATLAB 中，二次规划问题中参数 output 的取值同表 8-2，这里不再赘述。

```
[x,fval,exitflag,output,lambda]=quadprog(H,f,A,B,Aeq,Beq,lb,ub,x0,options)
```

解释：增加了目标函数返回的最小值、输出中值迭代条件信息的 exitflag 和算法的信息变量 output，同时还需输出各个约束所对应的拉格朗日乘子 lambda。

在 MATLAB 中，二次规划问题中的参数 lambda 结构与 fmincon 函数中的 lambda 结构相同，这里不再赘述。

【例 9-5】 计算 $\min f(x)=\frac{1}{3}(x_1^2-2x_1x_2+2x_2^2-3x_1-5x_2)$ 的二次规划。其中

$$\text{s. t. } x_1+3x_2\leqslant 2$$
$$-x_1+x_2\leqslant 8$$
$$0\leqslant x_1$$
$$0\leqslant x_2$$

通过观察可知目标函数可以使用矩阵的形式表示：

$$f(\boldsymbol{x})=\frac{1}{2}\boldsymbol{x}^{\mathrm{T}}\boldsymbol{H}\boldsymbol{x}+\boldsymbol{f}^{\mathrm{T}}\boldsymbol{x}$$

其中

$$\boldsymbol{H}=\begin{pmatrix}1 & -1\\ -1 & 2\end{pmatrix},\boldsymbol{f}=\begin{pmatrix}-3\\ -5\end{pmatrix}$$

$$\boldsymbol{A}=\begin{pmatrix}1 & 3\\ -1 & 2\end{pmatrix},\boldsymbol{b}=\begin{pmatrix}2\\ 8\end{pmatrix}$$

在 MATLAB 命令窗口中输入以下代码即可实现。

```
>>H=[1 -1;-1 2];
>>f=[-3;-5];
>>A=[1 3;-1 2];
>>b=[2;8];
>>[x,fval]=quadprog(H,f,A,b,[],[],[0;0])
```

按〈Enter〉键，即可得到以下答案。

```
Optimization terminated.
x=
     1.2941
     0.2353
fval=
    -4.4706
```

【例 9-6】 求解如下最优化问题：

$$\min f(x)=-2x_1-6x_2+x_1^2-2x_1x_2+2x_2^2$$
$$\text{s. t. } x_1+x_2\leqslant 2$$
$$-x_1+2x_2\leqslant 2$$
$$0\leqslant x_1$$
$$0\leqslant x_2$$

通过观察可知目标函数可以使用矩阵的形式表示：

$$f(\boldsymbol{x})=\frac{1}{2}\boldsymbol{x}^{\mathrm{T}}\boldsymbol{H}\boldsymbol{x}+\boldsymbol{f}^{\mathrm{T}}\boldsymbol{x}$$

其中

$$H=\begin{pmatrix}2&-2\\-2&4\end{pmatrix},f=\begin{pmatrix}-2\\-6\end{pmatrix}$$

$$A=\begin{pmatrix}1&1\\-1&2\end{pmatrix},b=\begin{pmatrix}2\\2\end{pmatrix},lb=\begin{pmatrix}0\\0\end{pmatrix}$$

在 MATLAB 命令窗口中输入以下代码即可实现。

```
>>H=[2 -2;-2 4];
>>f=[-2;-6];
>>A=[1 1;-1 2];
>>b=[2;2];
>>lb=zeros(2,1);
>>[x,fval,exitflag,output,lambda]=quadprog(H,f,A,b,[],[],lb)
```

按〈Enter〉键，即可得到以下答案。

```
Optimization terminated.
x=
      0.8000
      1.2000
fval=
     -7.2000
exitflag=
        1
output=
              iterations: 2
       constrviolation: 0
              algorithm: 'active-set'
                 message: 'Optimization terminated.'
          firstorderopt: 1.3323e-15
            cgiterations: []
lambda=
          lower: [2x1 double]
          upper: [2x1 double]
          eqlin: [0x1 double]
       ineqlin: [2x1 double]
```

9.3 多目标规划

在实际工程应用中，对于一个设计系统的评价与衡量，只使用一个指标是远远不够的。我们往往会希望得到多个指标的最优解，即使多个目标函数均达到最优解。这种含有多个不同优化目标的问题称为多目标规划问题。多目标规划问题的标准形式为

$$\begin{cases}\min\limits_{x\in\mathbf{R}^n} \boldsymbol{F}(\boldsymbol{x})\\ G_i(x)=0,i=1,\cdots,m_e\\ G_i(x)\leqslant 0,i=m_e+1,\cdots,m\\ x_l\leqslant x\leqslant x_u\end{cases}$$

其中，$\boldsymbol{F}(\boldsymbol{x})$为目标函数。

由于多目标寻优问题往往没有唯一解，因此还须引进非劣解的概念。

若 $x^*\in\Omega$ 且对于 x^* 不存在 Δx 使得①和②同时成立，

① $(x^*+\Delta x)\in\Omega$

② $F_i(x^*+\Delta x)\leqslant F_i(x^*)$，　　　$i=1,\cdots,m$

$f_j(x^*+\Delta x)F_j(x^*)$，　　　for some j

那么就定义 x^* 为多目标寻优问题的非劣解。

1. 多目标寻优解法

多目标寻优有多种解法，如线性加权和法、约束法、目标达到法和改进的目标达到法。

（1）线性加权和法

权和法是将多目标向量问题转化为所有目标的加权求和的简单标量问题，数学描述如下：

$$\min_{x\in\Omega}F(x)=\sum_{i=1}^{m}\omega_i\cdot f_i(x)$$

其中，ω_i 为加权因子，它的选取方法很多，如专家打分法、加权因子分解法和容限法等。

（2）约束法

约束法是对目标函数向量中的主要目标 F_p 进行最小化，将其他目标不等式约束的形式写出：

$$\min_{x\in\Omega}F_p(x)$$

$$\text{sub.}\,f_i(x)\leqslant\varepsilon_i,i=1,\cdots,m;i\neq p$$

（3）目标达到法

目标函数为 $F(x)=(f_1(x),f_2(x),\cdots,f_m(x))$，对应的目标值为 $F^*=(f_1^*,f_2^*,\cdots,f_m^*)$。允许目标函数存在正负偏差，偏差的大小由加权系数 $\omega=(\omega_1,\omega_2,\cdots,\omega_m)$ 控制，再设 γ 为一松弛因子，于是目标达到问题就可以表述为标准的寻优问题：

$$\min_{x\in\Omega,\gamma\in\mathbf{R}}\gamma$$

$$\text{sub.}\,f_i(x)-\omega_i\gamma\leqslant f_i^*,i=1,\cdots,m$$

指定的目标为 $\{F_1^*,F_2^*\}$，定义目标点 P。权重向量定义从 P 到可行域空间的搜索方向。在寻优过程中，γ 的变化可以改变可行域的大小，将约束边界变为唯一解点 (F_{1S},F_{2S})。

（4）改进的目标达到法

使用目标达到法的一个好处是可以将多目标寻优问题转化为非线性规划问题。通过将目标达到问题变为最大/最小化问题来获得更为适合的目标函数：

$$\min_{x\in\mathbf{R}^n}\max_i\{\Lambda_i\}$$

其中，$\Lambda_i=\dfrac{F_i(x)-F_i^*}{W_i},i=1,\cdots,m$。

2. 多目标寻优的有关函数

在 MATLAB 中，将目标函数作为约束条件来处理，即将多目标规划转为如下形式来求解：

$$\min_{x,\gamma}\gamma$$

$$\text{s.t.}\ \boldsymbol{F(x)-weight\cdot\gamma\leqslant goal}$$

$$\boldsymbol{c(x)\leqslant 0}$$

$$\boldsymbol{Ceq(x)=0}$$

$$\boldsymbol{A\cdot x\leqslant b}$$

$$\boldsymbol{Aeq\cdot x=Beq}$$

$$\boldsymbol{lb\leqslant x\leqslant ub}$$

其中，$\boldsymbol{x}$、$\boldsymbol{weight}$、$\boldsymbol{goal}$、$\boldsymbol{b}$、$\boldsymbol{Aeg}$、$\boldsymbol{Beq}$、$\boldsymbol{lb}$、$\boldsymbol{ub}$ 为向量，$\boldsymbol{A}$、$\boldsymbol{Aeq}$ 为矩阵，$c(\boldsymbol{x})$、$Ceq(\boldsymbol{x})$、$F(\boldsymbol{x})$为函数，返回向量。$c(\boldsymbol{x})$、$Ceq(\boldsymbol{x})$、$F(\boldsymbol{x})$也可以是非线性函数。

在 MATLAB 中，使用 fgoalattain 函数来实现多目标规划的求解，其调用格式如下：

```
x=fgoalattain(fun,x0,goal,weight)
```

解释：初始值为 x0，求解无约束的多目标规划问题。其中 fun 为目标函数向量，goal 为希望得到的目标函数数值向量，weight 为权重向量。

```
x=fgoalattain(fun,x0,goal,weight,A,b)
```

解释：求解目标寻优问题，约束条件为线性不等式 A * x≤b。

```
x=fgoalattain(fun,x0,goal,weight,A,b,Aeq,beq)
```

解释：求解目标寻优问题，约束条件为线性不等式 A * x≤b 和线性等式 Aeq * x=beq。

```
x=fgoalattain(fun,x0,goal,weight,A,b,Aeq,beq,lb,ub)
```

解释：求解目标寻优问题，约束条件为线性不等式 A * x≤b、线性等式 Aeq * x=beq 和范围约束 lb≤x≤ub。

```
x=fgoalattain(fun,x0,goal,weight,A,b,Aeq,beq,lb,ub,nonlcon)
```

解释：nonlcon 为用户自定义的函数 function[c,ceq]=mycon(x)，根据状态向量 x 计算非线性约束 c(x)≤0 和非线性等式约束 ceq(x)=0，若不存在边界，则设置 lb=[]，ub=[]。

```
x=fgoalattain(fun,x0,goal,weight,A,b,Aeq,beq,lb,ub,nonlcon,options)
```

解释：options 为指定优化参数。

在 MATLAB 中，多目标寻优规划中的 options 参数取值众多，具体见表 9-8。

表 9-8　options 取值

取　值	说　明
Diagnostics	打印极小化的函数的诊断信息
DerivativeCheck	对用户提供的导数和有限差分求出的导数进行对比
Display	当不显示输出时，则将其设置为 off；当显示每一次的迭代输出时，则将其设置为 iter；当只显示最终结果时，则将其设置为 final
MaxIter	函数所允许的最大迭代次数
TolCon	目标函数的约束性，默认值为 1×10^{-6}
TolX	自变量的精度
TolConSQP	目标函数 SQP 的约束性，默认值为 1×10^{-6}
GradObj	用户自定义的目标函数梯度，面对大规模问题时是必选项，面对中、小规模问题面对可选项
GradConstr	用户自定义的约束函数梯度
GoalsExactAchieve	使得目标个数刚好到达
MaxFunEvals	函数评价的最大次数

（续）

取　值	说　明
FunValCheck	检测目标函数与约束是否都有效。当设置为 on 时，遇到复数、NaN、Inf 等将显示出错信息；当设置为 off 时，不显示出错信息
FinDiffType	变量有限差分梯度的类型。当取"forawrd"时为向前差分；取"central"时为中心差分
OutputFcn	在每次迭代中指定一个或多个用户定义的目标优化函数
RelLineSrchBnd	有关编写自定义绘图功能的信息
RelLineSrchBndDuration	线搜索迭代次数，默认值为 1
MeritFunction	若设置为"multiobj"，则使用目标达到或最大最小化目标函数的方法；若设置为"singleobj"，则使用 fmincon 函数计算目标函数
UseParallel	用户定义的目标函数梯度。当取值为"always"时，为估计梯度；当取值为"never"时，为客观梯度
TypicalX	典型 X 值（适合大规模算法）
DiffMaxChange	变量有限差分梯度的最大变化（适合中、小规模算法）
DiffMinChange	变量有限差分梯度的最小变化（适合中、小规模算法）

```
[x,fval]=fgoalattain(fun,x0,goal,weight,A,b,Aeq,beq,lb,ub,nonlcon,options)
```

解释：x 为返回的最优解，fval 为返回多目标函数在 x 处的函数值。

```
[x,fval,attainfactor]=fgoalattain(fun,x0,goal,weight,A,b,Aeq,beq,lb,ub,nonlcon,options)
```

解释：attainfactor 为解 x 处的目标规划因子。

```
[x,fval,attainfactor,exitflag]=fgoalattain(fun,x0,goal,weight,A,b,Aeq,beq,lb,ub,nonlcon,options)
```

解释：exitflag 为输出迭代终止条件信息。

在 MATLAB 中，多目标寻优规划中的 exitflag 取值与最大值最小化中的 exitflag 取值相同，这里不再赘述。

```
[x,fval,attainfactor,exitflag,output]=fgoalattain(fun,x0,goal,weight,A,b,Aeq,beq,lb,ub,nonlcon,options)
```

解释：output 为输出算法的信息。

在 MATLAB 中，多目标寻优规划中的 output 取值与最大值最小化中的 output 取值相同，这里不再赘述。

```
[x,fval,attainfactor,exitflag,output,lambda]=fgoalattain(fun,x0,goal,weight,A,b,Aeq,beq,lb,ub,nonlcon,options)
```

解释：lambda 为输出目标函数在解 x 处的黑塞矩阵。

在 MATLAB 中，多目标寻优规划中的 lambda 取值与最大值最小化中的 lambda 取值相同，这里不再赘述。

【例 9-7】 求解以下多目标最小化问题：

$$\begin{cases}\dot{\boldsymbol{x}}=(\boldsymbol{A}+\boldsymbol{BMC})\boldsymbol{x}+\boldsymbol{Bu}\\ \boldsymbol{y}=\boldsymbol{Cx}\end{cases}$$

已知：

$$A=\begin{pmatrix}-1 & 0 & 0\\ 0 & -2 & 8\\ 0 & 1 & -2\end{pmatrix}, B=\begin{pmatrix}1 & 0\\ -1 & 1\\ 0 & 1\end{pmatrix}, C=\begin{pmatrix}1 & 0 & 0\\ 0 & 0 & 1\end{pmatrix}$$

M0=[-1-1;-1-1],goal=[-7,-4,-2]

根据题意，创建 M 文件，命名为 test7. m，输入以下代码并保存。

```
function f=test7(M,A,B,C)
f=sort(eig(A+B*M*C));
```

接着在 MATLAB 命令窗口中输入以下代码。

```
>>A=[-0.5 0 0;0 -2 10;0 1 -2];
>>B=[1 0;-1 1;0 1];
>>C=[1 0 0;0 0 1];
>>M0=[-1 -1;-1 -1];
>>goal=[-7 -4 -2];
>>weight=abs(goal);
>>lb=-4*ones(size(M0));
>>ub=4*ones(size(M0));
>>options=optimset('Display','iter');
>>[M,fval,attainfactor]=fgoalattain(@(M)test7(M,A,B,C),M0,goal,weight,[],[],[],[],lb,ub,
[],options)
```

按〈Enter〉键进行实现，结果如下：

```
Attainment              Max       Line search      Directional
Iter F-count            factor     constraint    steplength      derivative   Procedure
   0      6                 0        1.27069
   1     13            1.142      0.003358             1           0.954
   2     20           0.3999        0.1731             1           -0.32
   3     27           0.3781         0.044             1         -0.0192
   4     34           0.4177     9.761e-05             1            0.49
   5     41           0.3048       0.04991             1         -0.0606    Hessian modified
   6     48           0.3114             0             1         0.00807
   7     55             0.2183        0.006998              1              -0.185      Hessian
modified twice
   8     62             0.1566        0.007011              1              -0.12       Hessian
modified twice
   9     69           0.1571     0.0002482             1          0.0083
  10     76            0.155      0.002764             1        -0.00553    Hessian modified
  11     83           0.1546     0.0002079             1        -0.00339    Hessian modified
  12     90           0.1546     1.342e-08             1          0.0276    Hessian modified
Local minimum possible.  Constraints satisfied.
fgoalattain stopped because the size of the current search direction is less than
twice the default value of the step size tolerance and constraints are
satisfied to within the default value of the constraint tolerance.
<stopping criteria details>
M=
   -1.9904    0.7626
   -4.0000   -4.0000
fval=
   -5.9179
   -3.3817
   -1.6908
```

```
attainfactor=
    0.1546
```

9.4 最小二乘拟合的规划

给定数据(x_i,y_i),$i=1,2,\cdots,n$，设拟合函数的形式为

$$S(x)=a_0\varphi_0(x)+a_1\varphi_1(x)+\cdots+a_n\varphi_n(x)$$

其中，$\varphi_k(x)$,$k=0,1,2,\cdots,n$ 为已知的线性无关函数。求系数 $a_0,a_1,a_2,\cdots,a_n$ 使得

$$\varphi(a_0,a_1,a_2,\cdots,a_n)k=0=\sum_{i=1}^{n}[S(x_i)-y_i]^2=\sum_{i=1}^{n}[\sum_{k=0}^{m}a_k\varphi_k(x_i)-y_i]^2$$

最小，若

$$\sum_{i=1}^{n}[\sum_{k=0}^{m}a_k\varphi_k(x_i)-y_i]^2=\min_{\substack{S(x)\in\varphi\\0\leqslant k\leqslant m}}\sum_{i=0}^{n}[\sum_{k=0}^{m}a_k\varphi_k(x_i)-y_i]^2$$

则称

$$S(x)=a_0^*\varphi_0(x)+a_1^*\varphi_1(x)+\cdots+a_n^*\varphi_n(x)$$

为最小二乘拟合函数。若

$$S(x)=a_0^*+a_1^*x+\cdots+a_n^*x^m$$

则称 $S(x)$ 为 n 次最小二乘拟合多项式。

在 MATLAB 中，lsqcurvefit 函数用于求解最小二乘曲线拟合问题，其调用格式如下：

```
x=lsqcurvefit(fun,x0,xdata,ydata)
```

解释：以 x0 为初始点求解该数据拟合问题。其中，fun 为拟合函数，（xdata，ydata）为一组观测数据。

```
x=lsqcurvefit(fun,x0,xdata,ydatalb,ub)
```

解释：以 x0 为初始点求解该数据拟合问题。其中，fun 为拟合函数，（xdata，ydata）为一组观测数据，lb、ub 为向量，表示变量 x 的下界和上界。

```
x=lsqcurvefit(fun,x0,xdata,ydatalb,ub,options)
```

解释：以 x0 为初始点求解该数据拟合问题。其中，fun 为拟合函数，（xdata，ydata）为一组观测数据，lb、ub 为向量，表示变量 x 的下界和上界，options 为指定优化参数。

在 MATLAB 中，最小二乘拟合规划中的 options 参数取值众多，具体见表 9-9。

表 9-9 options 取值

取　值	说　明
Diagnostics	打印极小化的函数的诊断信息
DerivativeCheck	对用户提供的导数和有限差分求出的导数进行对比
Display	当不显示输出时，则将其设置为 off；当显示每一次的迭代输出时，则将其设置为 iter；当只显示最终结果时，则将其设置为 final

（续）

取　值	说　明
MaxIter	函数所允许的最大迭代次数
MaxFunEvals	函数评价的最大次数
TolX	自变量的精度
TolFun	函数值的精度
OutputFcn	在每一次迭代后给出用户定义的输出函数
TypicalX	典型 X 值
Jacobian	当设置为 on 时，利用用户定义的雅可比矩阵或信息；若设置为 off，则利用有限差分
DiffMaxChange	变量有限差分梯度的最大变化（适合中、小规模算法）
DiffMinChange	变量有限差分梯度的最小变化（适合中、小规模算法）
LevenbergMarquardt	在高斯-牛顿算法上选择 Levenberg-Marquardt（适合中、小规模算法）
LineSearchType	选择线性搜索算法（适合中、小规模算法）
JacobMult	雅可比矩阵乘法函数的句柄（适合大规模算法）
JacobPattern	用于有限差分的雅可比矩阵的稀疏形式（适合大规模算法）
MaxPCGIter	共轭梯度迭代的最大次数（适合大规模算法）
PrecondBandWidth	带宽处理，对于有些问题，增加带宽可以减少迭代次数（适合大规模算法）
TolPCG	共轭梯度迭代的终止精度（适合大规模算法）

```
[x,resnorm]=lsqcurvefit(fun,x0,xdata,ydatalb,ub,options)
```

解释：以 x0 为初始点求解该数据拟合问题，输出变量 resnorm=sum((fun(x,xdata)-ydata).^2)，即求 x 处残差的平方和。其中，fun 为拟合函数，(xdata,ydata)为一组观测数据，lb、ub 为向量，表示变量 x 的下界和上界，options 为指定优化参数。

```
[x,resnorm,residual]=lsqcurvefit(fun,x0,xdata,ydatalb,ub,options)
```

解释：输出变量 residual=r(x)。

```
[x,resnorm,residual,exitflag]=lsqcurvefit(fun,x0,xdata,ydatalb,ub,options)
```

解释：exitflag 为终止迭代的条件信息。

在 MATLAB 中，最小二乘拟合规划中的参数 exitflag 共有八种取值，见表 9-10。

表 9-10　exitflag 取值

取　值	说　明
-4	表示沿着当前的搜索方向无法使残差继续下降
-2	表示违背了变量的上下界约束
-1	表示算法被输出函数所终止
0	表示超出了最大迭代次数或超出函数的最大赋值次数
1	表示函数收敛到解 x
2	表示相邻两次迭代点处的变化小于预先给定的容许范围
3	表示残差的变化小于预先给定的容许范围
4	表示当前的搜索方向偏离预先给定的容许范围

```
[x,resnorm,residual,exitflag,output] = lsqcurvefit(fun,x0,xdata,ydatalb,ub,options)
```

解释：output 为输出关于变量的信息。

在 MATLAB 中，最小二乘拟合规划中的参数 output 共有六种取值。

1）iterations：表示算法的迭代次数。

2）algorithm：表示所使用的算法名称。

3）funcCount：表示函数的赋值次数。

4）message：表示算法的终止信息。

5）firstorderopt：表示目标函数在点 x 处的梯度，即一阶最优性条件。

6）cgiterations：表示共轭梯度迭代次数（只适用于大规模算法）。

【例 9-8】 在实验中得到一组数据：

A1：0，0.5，1，1.5，2，2.5，3，3.5，4

B1：0，3.2，4，4.5，5.8，6.9，8.1，9.9，10.8

求系数 a、b、c、d，使得函数

$$f(t)=a+b\sin t+c\cos t+dt^3$$

根据题意，先创建 M 文件，命名为 test8.m，输入以下代码并保存。

```
function f=test8(x,A1)
n=length(A1);
for i=1:n
    f(i)=x(1)+x(2)*sin(A1(i))+x(3)*cos(A1(i))+x(4)*A1(i)^2;
end
```

接着，在 MATLAB 命令窗口中输入以下代码。

```
>>A1=[0 0.5 1 1.5 2 2.5 3 3.5 4];
>>B1=[0 3.2 4 4.5 5.8 6.9 8.1 9.9 10.8];
>>X0=[1;1;1;1]
X0=
    1
    1
    1
    1
>>[x,resnorm,residual,exitflag,output,lambda,J]=lsqcurvefit('test8',X0,A1,B1)
```

按〈Enter〉键进行实现，结果如下：

```
x=
    0.6009
    2.6252
    0.1567
    0.7939
resnorm=
    2.6502
residual=
  Columns 1 through 5
    0.7576   -1.0045   -0.3115    0.5169    0.2984
  Columns 6 through 9
    0.1085   -0.1385   -0.6412    0.4144
exitflag=
```

```
    1
output=
firstorderopt: 5.6231e-08
      iterations: 2
funcCount: 15
cgiterations: 0
         algorithm: 'trust-region-reflective'
           message: [1x425 char]
lambda=
   lower: [4x1 double]
   upper: [4x1 double]
J=
   (1,1)       1.0000
   (2,1)       1.0000
   (3,1)       1.0000
   (4,1)       1.0000
   (5,1)       1.0000
   (6,1)       1.0000
   (7,1)       1.0000
   (8,1)       1.0000
   (9,1)       1.0000
   (2,2)       0.4794
   (3,2)       0.8415
   (4,2)       0.9975
   (5,2)       0.9093
   (6,2)       0.5985
   (7,2)       0.1411
   (8,2)      -0.3508
   (9,2)      -0.7568
   (1,3)       1.0000
   (2,3)       0.8776
   (3,3)       0.5403
   (4,3)       0.0707
   (5,3)      -0.4161
   (6,3)      -0.8011
   (7,3)      -0.9900
   (8,3)      -0.9365
   (9,3)      -0.6536
   (2,4)       0.2500
   (3,4)       1.0000
   (4,4)       2.2500
   (5,4)       4.0000
   (6,4)       6.2500
   (7,4)       9.0000
   (8,4)      12.2500
   (9,4)      16.0000
```

通过观察可知，拟合后的函数为$f(t)=0.6009+2.6252\sin t+0.1567\cos t+0.7939t^3$。

9.5 综合实例

9.5.1 投资与效益案例

某化工厂拟生产两种新的产品A和B，已知生产设备费用分别为：产品A要2万元/t；

产品 B 要 5 万元/t。这两种产品均会造成环境污染，造成的公害损失为：产品 A 为 4 万元/t；产品 B 为 1 万元/t。由于受到条件限制，该工厂生产产品 A 和 B 的最大生产能力各为每月 5t 和 6t，而市场需要这两种产品的总量每月不少于 7t。问工厂如何安排生产计划，才可以既满足市场需求，又使设备投资和公害损失达到最小。工厂决策者认为环境污染问题需要优先考虑。已知设备投资的目标值为 20 万元，公害损失的目标为 12 万元。

由题意可设工厂每月生产产品 A 为 x_1 t，产品 B 为 x_2 t，设备投资费用为 $f_1(x)$，公害损失费为 $f_2(x)$，则这个问题可表达为多目标优化问题。约束条件如下：

$$\begin{cases} f_1 = 2x_1 + 5x_2 \\ f_2 = 4x_1 + x_2 \\ x_1 \leqslant 5 \\ x_2 \leqslant 6 \\ x_1 + x_2 \geqslant 7 \end{cases}$$

$$goal = [20, 12]$$

在 MATLAB 中，创建 M 文件，命名为 test9. m，输入以下代码并保存。

```
function f=test9(x)
f(1)= 2 * x(1)+5 * x(2);
f(2)= 4 * x(1)+x(2);
```

接着，在 MATLAB 命令窗口中输入以下代码。

```
>>goal=[20 12]
goal=
     20     12
>>weight=[20 12]
weight=
     20     12
>>x0=[2 5]
x0=
      2      5
>>A=[1 0;0 1;-1 -1]
A=
      1      0
      0      1
     -1     -1
>>b=[5 6 -7]
b=
      5      6     -7
>>lb=zeros(2,1);
>>[x,fval,attainfactor,exitflag]=fgoalattain(@test9,x0,goal,weight,A,b,[],[],lb,[])
```

按〈Enter〉键进行实现，结果如下：

```
Local minimum possible.  Constraints satisfied.
fgoalattain stopped because the size of the current search direction is less than
twice the default value of the step size tolerance and constraints are
satisfied to within the default value of the constraint tolerance.
<stopping criteria details>
x=
     2.9167     4.0833
```

```
fval=
   26.2500    15.7500
attainfactor=
     0.3125
exitflag=
     4
```

观察最终结果可知，当工厂每月生产产品 A 为 2.9167 t、生产产品 B 为 4.0833 t 时，设备投资费和公害损失费的目标值分别为 26.25 万元和 15.75 万元，可实现设备投资和公害损失达到最小。

9.5.2 采购案例

某工厂因生产需要欲采购一种原材料，已知市场上的这种原料有两个等级，A 级单价为 2 万元/kg，B 级单价为 1 万元/kg。现要求总共花费不超过 200 万元，购得的原材料总量不少于 100 kg，还规定 A 级原料不少于 50 kg，问如何进行采购可使采购费用较低。

由题意可设采购 A 级产品 x_1，B 级产品 x_2，采购总费用为 f，要求采购总费用尽可能低，采购总重量尽可能大。约束条件如下：

$$\begin{cases} f_1 = 2x_1 + x_2 \\ f_2 = -x_1 - x_2 \\ f_3 = -x_1 \\ x_1 \geqslant 50 \\ x_1 + x_2 \geqslant 100 \\ 2x_1 + x_2 \leqslant 200 \end{cases}$$

$$\text{goal} = [200, -100, -50]$$

在 MATLAB 中，创建 M 文件，命名为 test10.m，输入以下代码并保存。

```
function f=test10(x)
f(1)=2*x(1)+x(2);
f(2)=-x(1)-x(2);
f(3)=-x(1);
```

接着，在 MATLAB 命令窗口中输入以下代码。

```
>>goal=[200 -100 -50]
goal=
   200  -100   -50
>>weight=[2040 -100 -50]
weight=
        2040          -100          -50
>>x0=[55 55]
x0=
    55     55
>>A=[2 1;-1 -1;-1 0]
A=
     2      1
    -1     -1
    -1      0
>>b=[200 -100 -50]
```

```
b=
   200  -100   -50
>>lb=zeros(2,1);
>>[x,fval,attainfactor,exitflag]=fgoalattain(@test10,x0,goal,weight,A,b,[],[],lb,[])
```

按〈Enter〉键进行实现，结果如下：

```
Local minimum possible. Constraints satisfied.
fgoalattain stopped because the size of the current search direction is less than
twice the default value of the step size tolerance and constraints are
satisfied to within the default value of the constraint tolerance.
<stopping criteria details>
x=
    50    50
fval=
   150  -100   -50
attainfactor=
   3.4101e-10
exitflag=
     4
```

观察最终结果可知，最好的采购方案是采购 A 级原料 50 kg，B 级原料 50 kg，此时采购的总费用为 150 万元，总重量为 100 kg，既满足了采购总重量的需求，又可使采购总费用较低。

9.6　本章小结

本章主要对非线性规划与分析进行了优化，将非线性规划的优化问题分为五类进行介绍，即无约束的非线性规划、有约束的非线性规划、二次规划、多目标规划和最小二乘拟合的规划。在每一小节中都采用大量调用格式的介绍和具有代表性实例相结合的方法，加深读者对其求解方法的理解，为大量复杂的非线性规划问题提供了求解方法。

9.7　习题

1）对边长为 3m 的正方形铁板，在 4 个角处各剪去一个大小相同的正方形，以此制成一个方形无盖的水槽，问如何进行修剪才可使水槽的容积最大？

2）求解如下二次规划函数的最小值：

$$f(x)=\frac{1}{2}(x_1^2+2x_2^2-2x_1x_2)-2x_1-6x_2$$

$$\begin{aligned}\text{s.t. } & x_1+x_2\leqslant 2\\ & -x_1+2x_2\leqslant 2\\ & 2x_1+x_2\leqslant 3\\ & 0\leqslant x_1\\ & 0\leqslant x_2\end{aligned}$$

3）求解如下最优化问题：

$$\begin{cases}f_1(x)=2x_1^2+x_2^2-48x_1-40x_2+304\\f_2(x)=-x_1^2-3x_2^2\\f_3(x)=-x_1-x_2\\f_4(x)=x_1+x_2-8\\f_5(x)=x_1+3x_2-18\end{cases}$$

4）求解如下“半无限”多元约束优化问题：

$$\max f(x)=8x_1+4.5x_2^2+3x_3$$

$$\begin{aligned}\text{s.t. }&1.5x_3^2-x_2^2\geqslant 3\\&x_1+4x_2+5x_3\leqslant 32\\&x_1+3x_2+2x_3\leqslant 29\\&x_1,x_2,x_3\geqslant 0\end{aligned}$$

其中，约束条件为

$$\text{s.t. }K_1(x,w_1)=\sin(w_1x_1)\cos(w_1x_1)-\frac{1}{1000}(\omega_1-45)^2-\sin(w_1x_3)-x_3\leqslant 1,1\leqslant w_1\leqslant 100$$

$$K_2(x,w_2)=\sin(w_2x_2)\cos(w_2x_2)-\frac{1}{1000}(\omega_2-45)^2-\sin(w_2x_3)-x_3\leqslant 1,1\leqslant w_2\leqslant 100$$

5）某工厂制作两种不同的涂料产品 A 和 B，已知生产 A 涂料 100 kg 需要 8 个工时，生产 B 涂料 100 kg 需要 10 个工时。限定每日的工时数为 80。这两种涂料每 100 kg 均可获利 100 元。此外，必须至少生产 B 涂料 600 kg。问应如何制订生产计划，才可使利润最大?

第 10 章　其他数值计算的求解问题

在解决数值计算问题时，用户不仅可使用 MATLAB 提供的多种函数，还可以自行编写程序。本章将对实际应用较为广泛的求解问题（如单变量函数的求解问题、共轭梯度法、遗传算法、模拟退火算法和神经元网络方法）进行较为全面的介绍。

10.1　单变量函数的求解

10.1.1　二分法

二分法在数值计算中是求解非线性方程根的最简单方法。已知若连续函数 $f(x)$ 在区间 $[a,b]$ 内满足 $f(a)$ 和 $f(b)$ 符号相反的条件，则存在零点，此时称区间 $[a,b]$ 内存在有根区间。因此，需要将有根区间依次进行逐步区间对分，直至找到一个包含零点的区间，最终该区间的中点称为方程根的近似值。

通常二分法的第一步是在区间 $[a,b]$ 内选择中点 $c=(a+b)/2$，然后对以下三种情况进行分析：

1）若 $f(a)$ 和 $f(c)$ 符号相反，则在区间 $[a,c]$ 内存在零点。

2）若 $f(c)$ 和 $f(b)$ 符号相反，则在区间 $[c,b]$ 内存在零点。

3）若 $f(c)=0$，则 c 为零点。

此时有根区间的长度比起初始区间缩小了一半。不断按该方法重复查找，直至找到零点。

二分法的算法如下：

1）已知初始有根区间 $[a,b]$，满足 $f(a)\cdot f(b)<0$，精度要求为 ε。

2）若 $(b-a)/2<\varepsilon$，则停止计算。

3）取 $x=(a+b)/2$，若 $f(a)\cdot f(b)<0$，则令 $b=x$；否则令 $a=x$，转第 2）步。

在 MATLAB 中没有现成的函数可以实现二分法求解非线性方程根的解，可以自行编写函数进行实现。创建 M 文件，文件名为 test1.m，输入以下代码并保存。

```
function [c,error,yc]=test1(fun,a,b,delta)
if nargin<4
    delta=1e-5;
end
ya=feval('fun',a);
yb=feval('fun',b);
if yb==0
    c=b;
    return
end
if ya * yb>0
```

```
disp('(a,b)不是有根区间');
    return;
end
max1=1+round((log(b-a)-log(delta))/log(2));
for k=1:max1
    c=(a+b)/2;
    yc=feval('fun',c);
    if yc==0
        a=c;
        b=c;
        break;
    elseif yb * yc>0
        b-c;
        b=yc;
    else
        a=c;
        ya=c;
    end
    if(b-a)<delta
        break;
    end
end
k,c=(a+b)/2,error=abs(b-a),yc=feval('fun',c)
```

代码中，f 为所求解的函数，a 和 b 分别是有根区间的左右极限，delta 为所允许的误差界限，c 为所求解的近似解，yc 为函数 f 在 c 上的值，error 为 c 的误差估计。

【例 10-1】 使用二分法求解 $f(x)=x^3\cos x+2x^2-2\sin x$ 在区间[1,4]内的根。

根据题意可知，先进行方程的绘制，输入以下代码进行实现。

```
>>fplot('[x^3 * cos(x)+2 * x^2-2 * sin(x)]',[1,4])
```

交点图如图 10-1 所示。

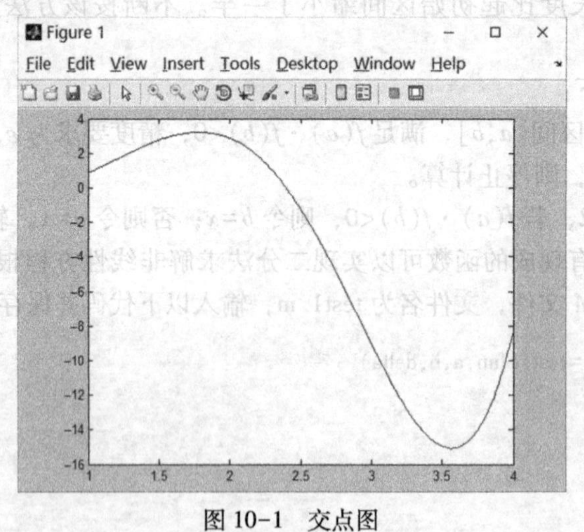

图 10-1　交点图

接着，创建 M 文件，命名为 fun. m，输入以下代码并保存。

```
function f=fun(x)
f=x^3 * cos(x)+2 * x^2-2 * sin(x);
```

最后，在 MATLAB 命令窗口中输入以下代码进行实现。

```
>> test1('fun',1,4)
```

得到以下结果：

```
k=
     1
c=
   -0.1074
error=
    2.2148
yc=
    0.2362
ans=
   -0.1074
```

10.1.2 迭代法

设给定的一个实数域上的光滑实值函数为 $\varphi(x)$，初值为 x_0，定义数列

$$x_{n+1}=\varphi(x_n),n=0,1,\cdots$$

其中，数列 $x_n(n=0,1,\cdots)$ 称为迭代函数 $\varphi(x)$ 的迭代序列。

若数列 $x_n(n=0,1,\cdots)$ 满足 $\lim\limits_{n\to\infty}x_n=x^*$，则有

$$x^*=\lim_{n\to\infty}x_n=\lim_{n\to\infty}x_{n+1}=\lim_{n\to\infty}\varphi(x_n)=\varphi(\lim_{n\to\infty}x_n)=\varphi(x^*)$$

即 x^* 为方程 $f(x)=0$ 的解，此时称 x^* 为 $\varphi(x)$ 的不动点，求 $f(x)=0$ 的解就可以转化为求 $\varphi(x)$ 的不动点问题。而在实际计算中，选取满足精度要求的 x_n 作为方程的近似解。若迭代过程不收敛则称为发散。

迭代过程的几何意义就是将求方程 $f(x)=0$ 的根的问题转化为求 $\begin{cases}y=\varphi(x)\\y=x\end{cases}$ 两曲线的交点问题，交点的横坐标就是方程的根 x^*。

迭代法的算法如下：

1）取初始点 x_0，最大迭代次数 N 和精度要求 ε，令 $k=0$。

2）计算 $x_{k+1}=\varphi(x_k)$。

3）若 $|x_{k+1}-x_k|<\varepsilon$，则停止计算。

4）若 $k=N$，则停止计算；否则，令 $k=k+1$，转第 2）步。

已知 $\varphi(x)$ 在区间 $[a,b]$ 上存在连续的一阶导数，且满足任意的 $x\in[a,b]$，有 $a\leqslant\varphi(x)\leqslant b$ 则函数 $\varphi(x)$ 在区间 $[a,b]$ 上存在唯一的不动点 x^*，即为方程的根。

在 MATLAB 中没有现成的函数可以实现迭代法求解非线性方程根的解，可以自行编写函数进行实现。创建 M 文件，命名为 test2.m，输入以下代码并保存。

```
function [p0,k,error,p]=test2(fun2,p0,tol,max1)
P(1)=p0;
for k=2:max1
    P(k)=feval('li6_29fun',P(k-1));
```

```
        k,error=abs(P(k)-P(k-1))
        p=P(k);
        if(error<tol),
            break;
        end
        if k==max1
            disp('达到最大迭代次数,退出迭代');
        end
end
x=P'
```

代码中，p0 为给定的初始值，max1 为所允许的最大迭代次数，k 为所进行的迭代次数加 1，p 为不动点的近似值，error 为误差。

【例 10-2】使用迭代法求解 $\sin x-x^2=0$ 的一个近似解，已知初始值“x0=0.5”，误差为“1e-5”。

```
>>fplot('[sin(x)-x^2,0]',[-4,4])
>>xlabel('x');ylabel('y')
>> title('交点图')
```

交点图如图 10-2 所示。

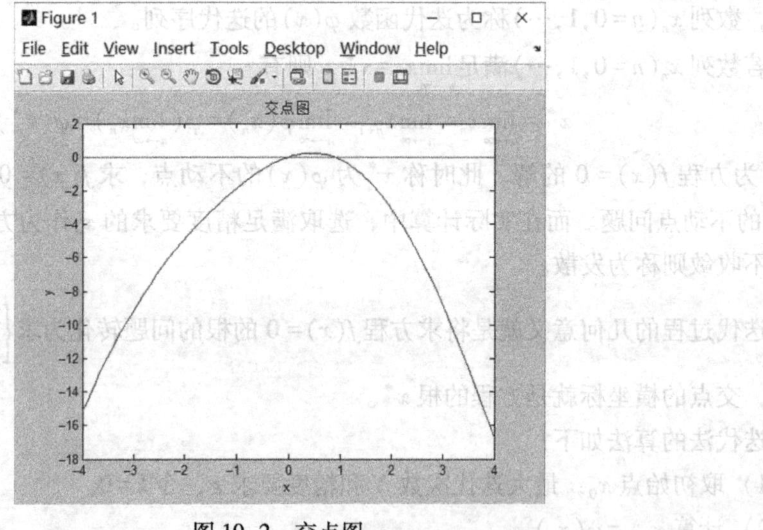

图 10-2　交点图

接着，创建 M 文件，命名为 fun2.m，输入以下代码并保存。

```
function g=fun2(x)
g=sin(x)/x;
```

最后，在 MATLAB 命令窗口中输入以下代码进行实现。

```
>> test2('g',0.5,1e-5,20)
k=
    2
error=
    0.4589
k=
    3
```

```
error =
    0.1052
k =
     4
error =
    0.0292
k =
     5
error =
    0.0078
k =
     6
error =
    0.0021
k =
     7
error =
  5.7408e-04
k =
     8
error =
  1.5525e-04
k =
     9
error =
  4.1975e-05
k =
    10
error =
  1.1350e-05
k =
    11
error =
  3.0688e-06
x =
    0.5000
    0.9589
    0.8537
    0.8829
    0.8751
    0.8772
    0.8766
    0.8768
    0.8767
    0.8767
    0.8767
ans =
    0.8767
```

10.1.3 抛物线法

二分法主要使用两个点进行准确根的逼近，但此做法有时是不够的，而抛物线法是使用三个点进行准确根的逼近。假定方程 $f(x)=0$ 的根为 x'，使用迭代计算的相邻的三个点的横坐标分别为 x_{k-2}、x_{k-1} 和 x_k。接着将使用三点推导获得下个横坐标 x_{k+1}，即 $f(x_{k-2})=f_{k-2}$，

$f(x_{k-1})=f_{k-1},f(x_k)=f_k$，则过三个点的抛物线可写成

$$p_2(x)=f_k+\frac{f_k-f_{k-1}}{x_k-x_{k-1}}(x-x_k)+\frac{\frac{f_{k-2}-f_k}{x_{k-2}-x_k}-\frac{f_k-f_{k-1}}{x_k-x_{k-1}}}{x_{k-2}-x_{k-1}}(x-x_k)(x-x_{k-1})$$

由此可知该式通过曲线上的三个点分别为(x_{k-2},f_{k-2})、(x_{k-1},f_{k-1})、(x_k,f_k)。

在该方法中，使用多项式$p_2(x)$来近似函数$f(x)$。这里的$p_2(x)$为一个二次多项式，一般情况下具有两个根，选择离x_k较近的根作为下一个近似的根，要使$|x_{k+1}-x_k|$取得最小值，则需要将上式转换为另一种等价的形式：

$$p_2(x)=f_k+\frac{f_k-f_{k-1}}{x_k-x_{k-1}}(x-x_k)+\frac{\frac{f_{k-2}-f_k}{x_{k-2}-x_k}-\frac{f_k-f_{k-1}}{x_k-x_{k-1}}}{x_{k-2}-x_{k-1}}[(x-x_k)^2(x_k-x_{k-1})(x-x_{k-1})]$$

令$p_2(x)=0$，则

$$a_k+b_k(x-x_k)+c_k\ (x-x_k)^2=0$$

得到

$$a_k=f_k,c_k=\frac{\frac{f_{k-2}-f_k}{x_{k-2}-x_k}-\frac{f_k-f_{k-1}}{x_k-x_{k-1}}}{x_{k-2}-x_{k-1}},b_k=\frac{f_k-f_{k-1}}{x_k-x_{k-1}}+c_k(x_k-x_{k-1})$$

在一元二次方程中，当$a_k=f_k=0$时，可得$x=x_k$，此时的x_k为方程的解，则可以终止迭代。

当$a_k=f_k\neq0$时，$x\neq x_k$成立需要解如下方程：

$$a_k\ (\frac{1}{x-x_k})^2+b_k\frac{1}{x-x_k}+c_k=0$$

得

$$x=x_k-\frac{2a_k}{-b_k\mp\sqrt{b_k^2-4a_kc_k}}$$

为保证x和x_k之间的距离尽可能大，只需保证分母最大即可。

在 MATLAB 中没有现成的函数可以实现抛物线法求解非线性方程根的解，可以自行编写函数进行实现。创建 M 文件，命名为 test3. m，输入以下代码并保存。

```
function xr=test3(fun3,x0,x1,x2,D)
if nargin<5
    D=1e-6;
end
ak=inf;
while abs(ak)>D;
    f2=feval(fun3,x2);
    f1=feval(fun3,x1);
    f0=feval(fun3,x0);
    ak=f2;
    ck=[(f0-f2)/(x0-x2)-(f0-f2)/(x0-x2)]/(x0-x2);
    bk=(f2-f1)/(x2-x1)+ck*(x2-x1);
    x0=x1;
    x1=x2;
```

```
    x2=x2-2 * ak/[bk+sign(bk) * sqrt(bk^2-4 * ak * ck)];
end
xr=x2;
```

代码中，f 为给定的非线性方程；x_0、x_1、x_2为给定的初始值；D 为近似值的误差界限；x 为所求的近似解。

【例 10-3】使用抛物线法，求解方程$f(x)=x^3\cos x+2x^2-2\sin x$ 在区间[1,3]内的解。

创建 M 文件，命名为 fun3. m，输入以下代码并保存。

```
function y=fun3(x)
y=x.^3. * cos(x)+2 * x.^2-2 * sin(x);
```

在 MATLAB 命令窗口中输入以下代码，进行结果实现。

```
>> a=1;
>> b=2;
>> x0=3;
>> xr=test3('fun3',a,b,x0)
xr=
    2.3978
```

10.1.4 牛顿法

设x_0为方程$f(x)=0$ 的一个近似的根，将$f(x)$在x_0点附近展开成泰勒级数

$$f(x)=f(x_0)+(x-x_0)f'(x_0)+(x-x_0)^2\frac{f''(x_0)}{2!}+\cdots$$

取其线性部分作为非线性方程$f(x)=0$ 的近似方程，则有

$$f(x)=f(x_0)+(x-x_0)f'(x_0)$$

设$f'(x_0)\neq 0$，则其解为

$$x_1=x_0-\frac{f(x_0)}{f'(x_0)}$$

再把$f(x)$在x_1附近展开成泰勒级数，取其线性部分作为$f(x)=0$ 的近似方程；得到牛顿法的迭代序列为

$$x_{n+1}=x_n-\frac{f(x_n)}{f'(x_n)},n=0,1,\cdots$$

已知函数$f(x)$满足：$f(x^*)=0,f'(x^*)\neq 0$，且$f(x)$二次连续可微，则存在$\delta>0$，当$x_0\in[x^*-\delta,x^*+\delta]$时，牛顿迭代法是收敛的，且收敛的阶至少为平方收敛。

牛顿法的算法如下：

1）取初始点x_0，最大迭代次数为N，精度要求为ε，令$k=0$。

2）如果$f'(x_k)=0$，则停止计算；否则计算

$$x_{k+1}=x_k-\frac{f(x_k)}{f'(x_k)}$$

3）若$|x_{k+1}-x_k|<\varepsilon$，则停止计算。

4）若$k=N$，则停止计算；否则，令$k=k+1$，跳转到第 2）步。

在 MATLAB 中没有现成的函数可以实现牛顿法求解非线性方程根的解，可以自行编写函数进行实现。

【例 10-4】 使用牛顿法求解 $x-\cos x=0$ 的实根。

首先，在 MATLAB 命令行中输入以下代码，得到交点图如图 10-3 所示。

```
>>x=-2:0.01:2;
>>y1=cos(x);
>>y2=x;
>>plot(x,y1,x,y2);
>>grid on;
```

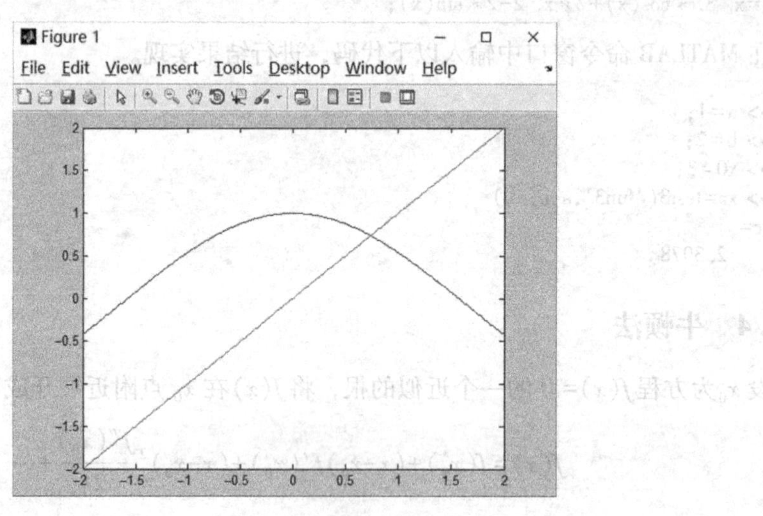

图 10-3　交点图

然后创建 M 文件，命名为 fun4. m，输入以下代码并保存。

```
function[y,dirv_y]=fun4(x)
         y=x-cos(x);
dirv_y=1+sin(x);
```

接着，创建牛顿法 M 文件，命名为 test4. m，输入以下代码并保存。

```
for k=1:20
   [y,dirv_y]=fun4(x);
     xk=x;
   x=x-y/dirv_y;
       if(abs(xk-x)<=Error)
     break;
   end
end
x
```

最后，在 MATLAB 命令窗口中输入以下代码，实现求解。

```
>> Error=1e-6;
>> format long ;
>> x=0.6;
```

```
>> Newton
x=
   0.739085133215161
```

10.1.5 正割法

牛顿法虽然具有收敛速度快的优点，但每迭代一次都需要计算函数$f(x)$和一阶导数$f'(x)$的数值，计算量较大且十分麻烦。若使用不计算导数的迭代方法，往往只有线性收敛的速度。弦截法是一种无须进行导数运算的求根方法。弦截法在迭代过程中不仅用到前一步x_k处的函数值，还使用x_{k-1}处的函数值来构造迭代函数，这样可提高迭代的收敛速度。

弦截法使用差商来代替牛顿法中的导数，这样可以降低函数值的计算量。将牛顿法中的迭代公式改为

$$x_{k+1}=x_k-f(x_k)\frac{x_k-x_{k-1}}{f(x_k)-f(x_{k-1})}$$

称为正割法迭代公式，相应的迭代法称为正割法。

在 MATLAB 中没有现成的函数可以实现正割法求解非线性方程根的解，可以自行编写函数进行实现。创建 M 文件，命名为 test5. m，输入以下代码并保存。

```
function xr=test5(fun,x0,x1,D)
ifnargin==3;
    D=1e-6;
end
f0=feval(fun,x0);
f1=feval(fun,x1);
while abs(x0-x1)>D;
    x2=x1-f1*[x0-x1]/[f0-f1];
    f0=f1;
    x0=x1;
    x1=x2;
    f1=feval(fun,x1);
end
xr=x2;
```

【例 10-5】使用正割法求非线性方程 $e^x-x-5=0$ 的解。

在 MATLAB 命令窗口中输入以下代码，运行结果如下，生成图 10-4。

```
>>fplot('[exp(x)-x-5]',[-5,5]);
>> grid on;
>> fun=inline('exp(x)-5-x');
>> x0=3.5;
>> x1=3;
>> xr=test5(fun,x0,x1)
xr=
   1.936847407220219
>> xq=fzero(fun,2)
xq=
   1.936847407220219
```

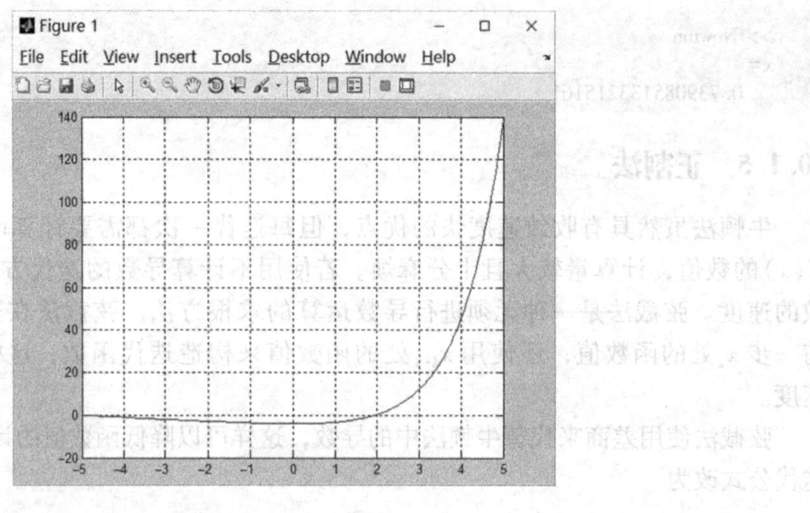

图 10-4　交点图

10.2　共轭梯度法

10.2.1　方法简介

共轭梯度法识别是介于最速下降法和牛顿法之间的一种无约束优化算法，它具有超线性收敛速度，且算法结构十分简单，编程也非常容易。共轭梯度法只用到了目标函数及梯度值，避免了二阶导数（黑塞矩阵）的计算，从而降低了计算量和存储量，因此它是求解无约束优化问题的一种十分有效且实用的算法。

目前已研究出多种约束优化方法，它们的不同点在于构造方向上的差别。

1）间接法：需要使用导数，如梯度法、牛顿法、变尺度法、共轭梯度法等。

2）直接法：不使用导数信息，如坐标轮换法、鲍威尔单纯形法等。

使用直接法寻找极小点时，不必求函数的导数，只需要计算目标函数值。这类方法更适用于解决变量个数较少的问题，一般情况下，间接法效率低下，不仅要计算目标函数的值，还需要计算目标函数的梯度，有的还需要计算其黑塞矩阵。

$$x^{k+1}=x^k+\alpha_k s^k, k=0,1,2,\cdots$$

通常，搜索方向的构成问题是无约束优化方法的关键。

共轭梯度法属于共轭方向法中的一种，它是沿着共轭方向进行搜索的。该方法中的每一个共轭向量都是依赖于迭代点处的负梯度而构造出来的。共轭梯度法作为一种实用的迭代法，具有以下优点：

1）无须预先估计任何参数就可以实现计算。

2）算法中，系数矩阵 $\boldsymbol{A}$ 的作用仅仅是用来由已知向量 $\boldsymbol{P}$ 产生向量 $\boldsymbol{W}=\boldsymbol{AP}$，这不仅可以充分利用 $\boldsymbol{A}$ 的稀疏性，而且对某些提供矩阵 $\boldsymbol{A}$ 较为困难而由已知向量 $\boldsymbol{P}$ 产生向量 $\boldsymbol{W}=\boldsymbol{AP}$ 又十分方便的应用问题有益。

3）每次迭代计算主要是向量之间的运算，便于并行化的操作。

10.2.2 基本原理

共轭梯度法是在每一迭代步中利用当前点处的最速下降方向来生成关于凸二次函数 f 的黑塞矩阵 $\boldsymbol{G}$ 的共轭方向，并建立求 f 在 $\mathbf{R}^n$ 上的极小点的方法。

已知在共轭梯度法中有

$$\beta^{(k)}=\frac{(g^{(k)})^{\mathrm{T}}g^{(k)}}{(g^{(k-1)})^{\mathrm{T}}g^{(k-1)}}$$

那么整个计算的流程为

$$x^{k+1}=x^k+\lambda^k p^k$$

$$\lambda^k=\frac{F(x^k)}{\sum_{i=1}^{n}\left(\frac{\partial F}{\partial x_i}\right)^2}$$

$$p^{k+1}=-\nabla F(x^{k+1})+\alpha^k p^k$$

$$\alpha^k=\frac{\nabla F(x^{k+1})^{\mathrm{T}}\nabla F(x^{k+1})}{\nabla F(x^k)^{\mathrm{T}}\nabla F(x^k)}$$

共轭梯度的计算方法步骤如下：

1）计算给定的迭代精度 $0\leqslant\varepsilon\ll 1$ 和初始点 x_0，计算 $g_0=\nabla f(x_0)$，令 $k=0$。

2）若 $\|g_k\|\leqslant\varepsilon$，则停止计算，输出 $x^*\approx x_k$。

3）计算搜索方向 d_k：

$$d_k=\begin{cases}-g_k, k=0\\ -g_k+\beta_{k-1}d_{k-1}, k\geqslant 1\end{cases}$$

4）令 $x_{k+1}=x_k+\alpha_k d_k$，并计算 $g_{k+1}=\nabla f(x_{k+1})$。

5）令 $k=k+1$，返回第 2）步。

10.2.3 共轭梯度法解线性方程组

在 MATLAB 中没有现成的函数可以实现共轭梯度法求解非线性方程根的解，可以自行编写函数进行实现。创建 M 文件，命名为 test6.m，输入以下代码并保存。

```
function [r,n]=test6(F,x0,h,eps)
format long;
ifnargin==3
eps=1.0e-6;
end
m=length(x0);
x0=transpose(x0);
fx0=subs(F,findsym(F),x0);
p0=zeros(m,m);
for i=1:m
    x1=x0;
    x1(i)=x1(i)*(1+h);
    p0(:,i)=-(subs(F,findsym(F),x1)-fx0)/h;
end
n=1;
```

```
tol=1;
while tol>eps
    fx=subs(F,findsym(F),x0);
    J=zeros(m,m);
    for i=1:m
        x1=x0;
        x1(i)=x1(i)+h;
        J(:,i)=(subs(F,findsym(F),x1)-fx)/h;
    end
    lambda=fx/sum(diag(transpose(J) * J));
    r=x0+p0 * lambda;
    fr=subs(F,findsym(F),r);
    g=zeros(m,m);
    for i=1:m
        x1=r;
        x1(i)=x1(i)+h;
        Jt(:,i)=(subs(F,findsym(F),x1)-fr)/h;
    end
    abs1=transpose(g) * g;
    abs2=transpose(J) * J;
    v=abs1/abs2;
    if (abs(det(v))<1)
        p1=-g+p0 * v;
    else
        p1=-g;
    end
    tol=norm(r-x0);
    p0=p1;
    x0=r;
    n=n+1;
    if(n>100000)
        disp('迭代的步数太多,可能不收敛');
        return;
    end
end
format short;
```

【例 10-6】 使用共轭梯度法求解以下非线性方程组：

$$\begin{cases}0.5\sin x+0.1\cos(xy)=x\\0.5\cos x-0.1\cos y=y\end{cases}$$

在 MATLAB 命令窗口中输入以下代码，即可实现求解。

```
>>syms x y
>> z=[0.5 * sin(x)+0.1 * cos(x * y)-x;0.5 * cos(x)-0.1 * cos(y)-y];
>> x0=[1 0.1];
>> [r,n]=test6(z,x0,1e-5)
```

最终得到的结果如下：

```
r=
(4604026660483515 * cos (1))/15600336306332745728 + (6731686850244104433 * cos (1/10))/
15600336306332745728 + (6582905179262765 * sin (1))/30469406848306144 +
8858520597435577665/15600336306332745728
```

```
      (7133821487269945 * cos(1))/243755254786449152+(4636692630725067 * cos(1/10))/
243755254786449152 + ( 1894830290055955 * sin ( 1 ))/15234703424153072 -
18842904050298169/1218776273932245760
n=
     3
```

10.3 遗传算法

10.3.1 方法介绍

遗传算法（Genetic Algorithm）是借鉴生物界的进化规律，即适者生存，优胜劣汰的遗传机制演化而来的，是一种随机化的搜索方法，由美国的 J. Holland 教授于1975年最先提出。该算法思想简单、易于实现且应用效果显著，因此它在解决工程问题时具有巨大的潜力。如今，在各个领域有大量的学者和专家都对其进行了深入的研究。遗传算法的特点如下：

1）遗传算法的处理对象不是参数本身，而是对参数进行了编码的个体，此操作使得遗传算法可以更直接地对结构对象进行操作。

2）许多传统搜索算法都是单点搜索算法，易陷入局部最优解，而遗传算法同时处理群体中的多个个体，减少了陷入局部最优解的风险，同时算法本身易于实现并行化。

3）遗传算法基本上不使用搜索空间的知识和其他辅助信息，仅仅使用适应度函数值来评估个体并进行遗传操作。适应度函数不仅不受连续可微的约束，而且其定义域可以任意设定，扩大了算法的应用范围。

4）遗传算法不采用确定性规则，而采用概率变迁规则指导搜索方向。

5）遗传算法利用进化过程获得的信息自行组织搜索，适应度大的个体具有较高的生存概率并可获得更适应环境的基因结构。

MATLAB 的遗传算法工具箱（GAOT）提供的解决方案可以处理各种优化问题。该工具箱具有多种优化算法，可使用户更为方便灵活地使用优化函数。工具箱构造合理，易于扩展，具有简单、易学、易用、易修改的特点，可轻松实现二进制编码和实数值编码等的模拟进化计算。

相比传统的优化算法，遗传算法具有以下优点：

1）从多个点构成的群体中进行搜索。

2）在搜索最优解的过程中，只需使用由目标函数值转换得来的适应值信息，无须导数等其他辅助信息。

3）搜索过程不易陷入局部最优点。

目前，遗传算法已渗透到许多领域中并成为解决各类复杂问题的有力工具。在遗传算法中，将问题空间中的决策变量通过一定的编码方法表示成遗传空间的一个个体，它是一个基因型串结构数据；同时，将目标函数值转换成适应值，用来评价个体的优劣，并作为遗传操作的依据。

遗传算法的基本步骤如下：

1）在一定编码方案下，随机产生一个初始种群。

2）使用相应的解码方法，将编码后个体转换成问题空间的决策变量并求得个体的适应值。

3）按照个体适应值大小，从种群中选出适应值较大的一些个体构成交配池。

4）使用交叉和变异这两个遗传算子对交配池中的个体进行操作，形成新一代的种群。

5）反复执行第3）~5）步，直至满足收敛判据为止。

使用遗传算法需要决定的运行参数包括：编码串长度、种群大小、交叉和变异概率。编码串长度由优化问题所要求的求解精度决定。种群大小表示种群中所含个体的数量，种群较小时，可提高遗传算法的运算速度，但群体的多样性将会降低，可能找不出最优解；种群较大时，会增加计算量，使遗传算法的运行效率降低。一般取种群数目为20~100个。交叉概率控制着交叉操作的频率，由于交叉操作是遗传算法中产生新个体的主要方法，所以交叉概率通常应取较大值；但若过大的话，群体的优良模式将会被破坏，一般取0.4~0.99。变异概率也是影响新个体产生的一个因素，变异概率小，产生新个体少；变异概率太大，又会使遗传算法变成随机搜索，故一般取变异概率为0.0001~0.1。

通常，遗传算法常采用的收敛判据有规定遗传代数、连续几次得到的最优个体的适应值没有变化或变化很小等。

10.3.2 基本原理

遗传算法是一种基于自然选择和遗传变异等生物进化机制的全局性概率搜索算法，它在形式上也是一种迭代方法，它从选定的初始解出发，通过不断地迭代逐步改进当前解，直至最后搜索到最优解或满意解。在进化计算中，迭代计算过程采用了模拟生物体的进化机制，从一组解出发，采用类似于自然选择和有性繁殖的方式，在继承原有优良基因的基础上，生成有更好性能指标的下一代解的群体。

遗传操作包括三个算子：选择、交叉和变异。选择用来实施适者生存的原则，即把当前群体中的个体按照和适应值成比例的概率复制到新的群体中，构成交配池。

通常遗传算法分为六步进行，即编码→适应度评价函数创建→选择算子→交叉算子→变异算子→终止代数，下面将逐一介绍。

1. 编码

解空间向*GA*空间的映射称为编码，它是连接问题与算法的桥梁。在编码问题研究中，设计的变量均为连续变量，为了克服二进制编码在进行连续函数离散化时产生的映射误差和便于处理各种约束条件，将采用浮点编码的方法，染色体（种群基因的载体）的长度和设计变量的维数是相同的。

染色体：

$$V_k=[v_{k1},v_{k2},\cdots,v_{kn}],k=1,2,3,\cdots,m$$

设计变量：

$$\boldsymbol{X}=[x_1,x_2,\cdots,x_n]$$

其中，x_i^u为设计变量的上限，x_i^l为设计变量的下限，$x_i^l\leqslant v_{ki}\leqslant x_i^u$，染色体的总数称为种群规模，初始种群将使用随机方法产生。

2. 适应度评价函数创建

度量个体适应度的函数称为适应度函数。在实际工程优化问题中一般都有一定的约束条件，其中最常用的求解约束优化问题的技术是惩罚技术。本质上它是通过惩罚不可行解将约束问题转化为无约束问题。在遗传算法中，惩罚技术用来在每代的种群中保持部分不可行解，使遗传搜索可以从可行域和不可行域两边来达到最优解。

在非线性规划问题中，已知条件如下：

$$\begin{aligned} &\min \quad f(\boldsymbol{X}) \\ &\text{s.t.} \quad g_i(\boldsymbol{X}) \geqslant 0, i=1,2,\cdots,m \end{aligned}$$

在该问题中进行惩罚函数的构造：

$$\varphi(\boldsymbol{X},\boldsymbol{r}^{(k)}) = f(\boldsymbol{X}) + \boldsymbol{r}^{(k)}\left\{\sum_{u=1}^{m}\min[g_u(\boldsymbol{X}),0]^2\right\}$$

其中，$\boldsymbol{r}^{(k)}$为惩罚因子，它是一个单调递增的正值序列，$\boldsymbol{r}^{(k+1)} = e \cdot \boldsymbol{r}^{(k)}$，通过大量的计算表明，若取$\boldsymbol{r}^{(0)}=1, e=5\sim10$，则获得的最终结果较为满意。

3. 选择算子

选择算子的作用是提高群体的平均适应值。由于选择算子没有产生新个体，因此群体中最好个体的适应值不会因选择操作而有所改进。

选择操作建立在对个体的适应度进行评价的基础上，选择操作的目的是把优化的个体直接遗传到下一代，也可通过配对交叉产生新的个体再遗传到下一代。比例选择是最常用的选择算子，它是一种放回式随机采样的方法。

设群体规模为m，个体i的适应度为F_i，个体i被选中的概率P_{is}，表达式为

$$P_{is} = \frac{F_i}{\sum_{i=1}^{m} F_i}$$

其中，适应度函数值越高的染色体被选中的机会越大。

4. 交叉算子

交叉算子可以产生新的个体，它首先使从交配池中的个体随机配对，然后将两两配对的个体按某种方式相互交换部分基因，交叉算子是产生新个体的主要方法，它决定了遗传算法的全局搜索能力。

定义交叉操作的概率P_c，一般较为合理的取值范围为$P_c \in [0.4, 0.99]$。然后按照概率P_c，把两个父代个体的部分结构加以交换重组而生成新个体。使用浮点数编码方法表示个体，在进行交叉时一般是进行算术交叉。

假设在两个个体X_A^t、X_B^t之间进行算术交叉，则交叉运算后产生的两个新个体是

$$X_A^{t+1} = \alpha X_B^t + (1-\alpha) X_A^t$$
$$X_B^{t+1} = \alpha X_A^t + (1-\alpha) X_B^t$$

其中，α为交叉参数，$\alpha \in (0,1)$，它既可以一个常数，称为均匀算术交叉，也可以是一个由进化代数所决定的变量，称为非均匀算术交叉。

5. 变异算子

变异是对个体的某一个或某一些基因值按某一较小概率进行改变。从产生新个体的能力方面来说，变异算子只是产生新个体的辅助方法，但也必不可少，因为它决定了遗传算法的局部搜索能力。

变异算子在实数编码遗传算法中起到了很大的作用，在实数编码时，变异算子的作用不再像二进制编码那样仅简单地恢复群体中多样性的损失，它已成为一个主要的搜索算子。定

义参数 P_m 作为变异操作的概率，建议取值范围 $P_m \in (0.01, 0.1)$。

采用非均匀变异：设个体 $X=x_1x_2\cdots x_k\cdots x_l$，若 x_k 为变异点，其取值范围为 $[U_{\min}^k, U_{\max}^k]$，在该点对个体 X 进行变异后，可得到一个新个体 $X=x_1x_2\cdots x_k\cdots x_l$，其中变异点的新基因值为

$$x_k'=\begin{cases} x_k+(U_{\max}^k-x_k)\cdot(1-r^{(1-G/T)\cdot b}), \mathrm{Random}(0,1)=1 \\ x_k-(x_k-U_{\min}^k)\cdot(1-r^{(1-G/T)\cdot b}), \mathrm{Random}(0,1)=0 \end{cases}$$

其中 Random(0,1)表示在均等的概率中从 0 和 1 中任取一个；r 表示在[0,1]范围内符合均匀分布的一个随机数；G 为当前代数；T 为终止代数；b 为调整变异步长的参数，它随进化代数 G 进行动态变化。

6. 终止代数

通过选择、交叉和变异操作将会得到一个新的种群，上述步骤通过给定的循环次数之后，遗传算法将会终止，当前群体中的最佳个体将作为所求问题的最优解输出。对于终止代数，建议取值范围为 100~500。

10.3.3 优化工具箱

对遗传算法的优化工具箱将分为四部分进行介绍，即 ga.m 函数、算子函数、选择函数、初始化函数和终止函数。

1. ga.m 函数

ga.m 函数是 MATLAB 遗传算法工具箱和外部的接口，在实际优化过程中，需编写好目标函数，进行参数的设定并调用 ga.m 函数，即可实现优化。

2. 算子函数

交叉算子和变异算子共同构成了算子函数，该函数提供了遗传算法的搜索机制，通过算子函数可在原来的种群基础上产生新的种群。

两种函数的调用格式如下。

交叉算子：

```
function[child1,child2] = crossover(parent1,parent2,bounds,params)
```

变异算子：

```
function[child1] = mutation(parent1,bounds,params)
```

交叉算子通常是由两个父代产生两个新的子代，而变异算子则是由一个父代产生一个新的子代。

3. 选择函数

选择函数通常用来决定哪些个体将进入下一代，其调用格式如下：

```
Funtion[newPop] = selectFuntion(oldPop,options)
```

其中，newPop 表示被选择的新种群，oldPop 表示当前种群，options 为其他可选参数向量。在遗传算法工具箱中给出了 roulette.m、normGeomSelect.m 和 tourn.m 三个选择函数。

4. 初始化函数和终止函数

在遗传算法工具箱中给出了两个种群初始化函数：initializega.m 和 initializeoga.m，同时给出了两个终止函数：maxGenTerm.m 和 optMaxGenTerm.m。

遗传算法工具箱已经在多维变量优化、非线性规划、参数优化和动态系统最优控制等一系列领域中有了很好的应用。

10.3.4 算法的实例及实现

在 MATLAB 中实现遗传算法将分为五步，即编码、解码、选择、交叉和变异，下面将逐一介绍。

1. 编码

遗传算法是不对优化问题的实际决策变量进行操作的，所以使用遗传算法首要的问题是通过编码将决策变量表示成串结构数据。本书将采用最为常见的二进制编码方案，即用二进制数构成的符号串来表示一个个体。使用如下 encoding 函数来实现编码并产生初始种群：

```
function[bin_gen,bits]=encoding(min_var,max_var,scale_var,popsize)
bits=ceil(log2((max_var-min_var)./scale_var));
bin_gen=randint(popsize,sum(bits));
```

在上面的代码中，需要根据决策变量的下界(min_var)、上界(max_var)及其搜索精度(scale_va)来确定各决策变量的二进制串的长度(bits)，然后随机产生一个种群大小为 popsize 的初始种群 bin_gen。编码后的实际搜索精度为 scale_dec=(max_var-min_var)/(2^bits-1)，该精度会在解码时用到。

2. 解码

编码后的个体构成的种群必须经过解码以转换成原问题空间的决策变量构成的种群，这样才能计算相应的适应值。创建 M 文件，命名为 decoding，输入以下代码进行实现。

```
function[var_gen, fitness]=decoding(funname,bin_gen,bits,min_var,max_var)
num_var=lenth(bits);
popsize=size(bin_gen,1);
scale_dec=(max_var-min_var)./(2.^bits-1);
bits=cumsum(bits);
bits=[o bits];
for i=1:num_var
    bin_var{i}=bin_gen(:,bits(i)+1:bits(i+1));
    var{i}=sum(ones(popsize,1)*2.^(size(bin_var{i},2)-1:-1:0).*bin_var{i},2).*scale_dec
(i)+min_var(i);
end
var_gen=[var{1,:}];
for i=1:popsize
   fitness(i)=eval(funname,¡¯(var_gen(I,:))¡¯);
end
```

解码函数最为关键的步骤就是通过二进制数求得对应的十进制数 D，根据以下代码即可求得实际决策变量值 X：

```
X=D*scale_dec+min_var
```

3. 选择

在选择中主要是利用解码后求得的各个体适应值的大小，以此淘汰一些较差个体，选择一些较优个体，以进行下一步的交叉和变异操作。创建 M 文件，命名为 select.m，输入以下代码进行实现。

```
function[ evo_gen,best_indiv,max_fitness] = select( old_gen,fitness)
popsize = length( fitness) ;
[ max_fitness,index1] = max( fitness) ;[ min_fitness,index2] = min( fitness) ;
best_indiv = old_gen( index1, :) ;
index = [ 1:popsize] ;index( index1) = 0; index( index2) = 0;
index = nonzeros( index) ;
evo. gen = old_gen( index, :) ;
evo_fitness = fitness( index, :) ;
evo_popsize = popsize-2;
ps = evo_fitness/sum( evo_fitness) ;
pscum = cumsum( ps) ;
r = rand( 1,evo_popsize) ;
selected = sum( pscum * ones( 1, evo_popsize) <ones( evo_popsize,1) * r) +1;
evo_gen = evo_gen( selected, :) ;
```

在该算子中，构建的思路是采用最优保存策略和比例选择法相结合的思想，即首先找出当前群体中适应值最高和最低的个体，将最佳个体进行保留并用其替换最差个体。为保证当前最佳个体不被交叉、变异操作所破坏，允许其不参与交叉和变异而直接进入下一代。然后将剩下的个体按比例选择法进行操作。

所谓比例选择法，也可称为轮盘赌选择法，是指个体被选中的概率和该个体的适应值大小成正比。将两种方法结合的目的是保证在遗传操作中，不仅可以不断提高群体的平均适应值，而且还能保证最佳个体的适应值不会减小。

4. 交叉

交叉算子将采用单点交叉的方法进行实现，即按照选择概率 P_C 在两两配对的个体编码串中随机设置一个交叉点，并在该点进行两个配对个体的部分基因的相互交换，从而形成两个新的个体。创建 M 文件，命名为 crossover. m，输入以下代码进行实现。

```
function new_gen = crossover( old_gen,pc)
[ nouse,mating] = sort( rand( size( old_gen,1) ,1) ) ;
mat_gen = old_gen( mating, :) ;
pairs = size( mat_gen, 1)/2;
bits = size( mat_gen,2) ;
cpairs = rand( pairs,1) <pc;
cpoints = randint( pairs,1,[ 1,bits] ) ;
cpoints = cpairs. * cpoints;
for i = 1:pairs
    new_gen( [ 2 * i-1   2 * i] , :) = [ mat_gen( [ 2 * i-1   2 * i] ,1 :cpoints( i) ) mat_gen( [ 2 * i   2 * i-
1] , cpoints( i) +1:bits) ] ;
end
```

5. 变异

对于二进制的基因串而言，变异操作就是按照变异概率随机地选择变异点，在变异点处将其按位取反即可。创建 M 文件，命名为 mutation. m，输入以下代码进行实现。

```
function new_gen = mutation ( old_gen,pm) ;
mpoints = find( rand( size( old_gen) ) <pm) ;
new_gen = old_gen;
new_gen( mpoints) = 1-old_gen( mpoints) ;
```

【例 10-7】 遗传算法实例。求下列函数的最大值：

$$f(x)=10\times\sin(5x)+7\times\cos(4x),x\in[0,10]$$

通过题意可知需要将 x 的值使用一个十位的二值数形式，将变量域离散化为二值域[0,1023]。

1）初始化编码。

创建 M 文件，命名为 test7. m，输入以下代码进行实现。

```
function pop=test7(popsize,chromlength)
pop=round(rand(popsize,chromlength));
```

代码中，popsize 表示群体的大小，chromlength 表示染色体的长度（二值数的长度）。

2）计算目标函数值。

① 将二进制数转换为十进制数。

创建 M 文件，命名为 test8. m，输入以下代码进行实现。

```
function pop2=test8(pop)
[px,py]=size(pop);
%求 pop 的行数和列数
for i=1:py
    pop1(:,i)=2.^(py-i).*pop(:,i);
end
pop2=sum(pop1,2);
%求 pop1 的每行之和
```

② 将二进制编码转换为十进制数。

创建 M 文件，命名为 test9. m，输入以下代码进行实现。

```
function pop2=test9(pop,spoint,length)
pop1=pop(:,spoint:spoint+length-1);
pop2=decodebinary(pop1);
```

代码中，该函数的功能是将染色体（或二进制编码）转换为十进制，参数 spoint 表示待解码的二进制串的起始位置。

③ 计算目标函数值。

创建 M 文件，命名为 test10. m，输入以下代码进行实现。

```
function [objvalue]=test10(pop)
temp1=decodechrom(pop,1,10);
%将 pop 的每行转化为十进制数
x=temp1*10/1023;
%将二值域中的数转化为变量域中的数
objvalue=10*sin(5*x)+7*cos(4*x);
%计算目标函数值
```

该函数的功能是实现目标函数的计算，可以根据不同的优化问题进行修改。

3）计算个体适应值。

创建 M 文件，命名为 test11. m，输入以下代码进行实现。

```
functionfitvalue=test11(objvalue)
global Cmin;
Cmin=0;
[px,py]=size(objvalue);
for i=1:px
    ifobjvalue(i)+Cmin>0
        temp=Cmin+objvalue(i);
```

```
        else
            temp=0.0;
        end
    fitvalue(i)=temp;
    end
    fitvalue=fitvalue';
```

4）选择复制。

创建 M 文件，命名为 test12. m，输入以下代码进行实现。

```
function [newpop]=test12(pop,fitvalue)
totalfit=sum(fitvalue);
%求适应值之和
fitvalue=fitvalue/totalfit;
%单个个体被选择的概率
fitvalue=cumsum(fitvalue);
%若 fitvalue=[1 2 3 4],则 cumsum(fitvalue)=[1 3 6 10]
[px,py]=size(pop);
ms=sort(rand(px,1));
%从小到大排列
fitin=1;
newin=1;
whilenewin<=px
    if(ms(newin))<fitvalue(fitin)
        newpop(newin)=pop(fitin);
        newin=newin+1;
    else
        fitin=fitin+1;
    end
end
```

其中，程序采用轮盘赌选择法选择，这种方法较易实现，具体选择步骤如下：

① 在第 t 代，计算 fsum 和 pi。

② 产生{0,1}的随机数 rand(.)，求 s=rand(.)∗fsum。

③ 求$\sum fi \geqslant s$中最小的 k，则第 k 个个体被选中。

④ 进行 N 次第②、③步操作，得到 N 个个体，成为第 t=t+1 代种群。

5）交叉。

交叉（Crossover）表示群体中的每个个体之间都以一定的概率进行交叉，即两个个体从各自字符串的某一位置开始互相交换，类似于生物进化过程中的基因分裂与重组。

创建 M 文件，命名为 test13. m，输入以下代码进行实现。

```
function [newpop]=test13(pop,pc)
[px,py]=size(pop);
newpop=ones(size(pop));
for i=1:2:px-1
    if(rand<pc)
        cpoint=round(rand*py);
        newpop(i,:)=[pop(i,1:cpoint),pop(i+1,cpoint+1:py)];
        newpop(i+1,:)=[pop(i+1,1:cpoint),pop(i,cpoint+1:py)];
    else
        newpop(i,:)=pop(i);
        newpop(i+1,:)=pop(i+1);
```

```
        end
    end
```

6）变异。

遗传算法的变异特性可以使求解过程随机搜索到的解可能存在于整个空间，因此可以在一定程度上求得全局最优解。

创建 M 文件，命名为 test14. m，输入以下代码进行实现。

```
function [newpop]=test14(pop,pm)
[px,py]=size(pop);
newpop=ones(size(pop));
for i=1:px
    if(rand<pm)
        mpoint=round(rand * py);
        ifmpoint<=0
            mponit=1;
        end
        newpop(i)=pop(i);
        if any(newpop(i,mpoint))= =0
            newpop(i,mpoint)= 1;
        else
            newpop(i,mpoint)= 0;
        end
    else
        newpop(i)= pop(i);
    end
end
```

7）求出群体中的最大适应值及其个体。

创建 M 文件，命名为 test15. m，输入以下代码进行实现。

```
function [bestindividual,bestfit]=test15(pop,fitvalue)
[px,py]=size(pop);
bestindividual=pop(1,:);
bestfit=fitvalue(1);
for i=2:px
    iffitvalue(i)>bestfit
        bestindividual=pop(i,:);
        bestfit=fitvalue(i);
    end
end
```

8）编写主程序。

创建 M 文件，命名为 main1. m，输入以下代码进行实现。

```
clear
clf
popsize=20;
%群体大小
chromlength=10;
%字符串长度
pc=0.6;
%交叉概率
pm=0.001;
```

```
%变异概率
pop=test7(popsize,chromlength);
%随机产生初始群体
for i=1:20
%迭代次数
    [objvalue]=test10(pop); %计算目标函数
    fitvalue=test11(objvalue); %计算群体中每个个体的适应度
    [newpop]=test12(pop,fitvalue); %复制
    [newpop]=test13(pop,pc); %交叉
    [newpop]=test14(pop,pc); %变异
    [bestindividual,bestfit]=test15(pop,fitvalue); %求出群体中适应值最大的个体及适应值
    y(i)=max(bestfit);
    n(i)=i;
    pop5=bestindividual;
    x(i)=test9(pop5,1,chromlength) * 10/1023;
    pop=newpop;
end
fplot('10 * sin(5 * x)+7 * cos(4 * x)',[0 10])
hold on
plot(x,y,'r * ')
hold off
[z index]=max(y); %计算最大值及其位置
x5=x(index)%计算最大值对应的 x 值
y=z
```

10.4 模拟退火算法

10.4.1 方法介绍

模拟退火算法（Simulated Annealing，SA）最早由 Kirkpatrick 等应用于组合优化领域，它是基于蒙特卡罗迭代求解策略的一种随机寻优算法。模拟退火算法源于固体的退火过程，即先将温度加大很高，再进行缓缓降温，使固体达到能量最低点，若采用急速降温的方法则不能达到最低点。

模拟退火算法是一种用于求解大规模优化问题的随机搜索算法，它以优化问题求解过程和物理系统退火过程之间的相似性为基础，优化的目标函数相当于金属的内能，优化问题的自变量组合状态空间相当于金属的内能状态空间，问题的求解过程就是寻找一个组合状态使其目标函数的值最小。从理论上来说，该算法具有概率全局优化性能，并已在工程中得到了广泛应用，如生产调度选择、机器学习、神经网络、信号处理等。

对模拟退火算法的介绍将分为以下四个方面进行，即物理退火过程、Metropolis 准则、关键要素和算法流程图。

1. 物理退火过程

固体退火过程是先将固体加热至熔化，再缓缓冷却使之凝固成规整晶体的一种热力学过程。该过程是系统在每一温度下都能达到平衡的一种过程，可使用封闭系统的等温过程进行描述。再根据玻尔兹曼的有序性原理可知，退火过程是遵循热平衡封闭系统的热力学定理的，即自由能减少定理；在与周围环境进行能量的交换但温度保持不变的封闭系统中，系统状态的自发变化都是朝着自由能减小的方向进行的；当自由能达到最小值时，表示系统已经

到达平衡状态。

设 E 为系统的微观状态的能量，此时系统处于状态 i 的概率为

$$p_i = A\exp\left(-\frac{E_i}{kT}\right)$$

其中，A 为 E_i 的无关常数，k 称为玻尔兹曼常数，T 为热力学温度，$\exp\left(-\frac{E_i}{kT}\right)$ 称为玻尔兹曼因子。

上式称为吉布斯正则分布，该分布给出了温度 T 时的固体处于能量 E_i 的微观态 i 的概率，显然固体处于能量较低的微观态概率是最大的，在温度降低时，那些能量相对较低的微观态最有可能出现。当温度趋于零时，固体基本上只能处于能量是最小值的基态了。

2. Metropolis 准则

固体在恒定温度下达到平衡的过程可以使用蒙特卡罗方法进行模拟，此方法的优点是十分简单，但缺点也同样明显。由于需要进行大量的采样才可以得到较为精确的结果，因此计算量非常大。

在 1953 年，Metropolis 等人提出了重要性采样方法，该方法以一定的概率接受新的状态。即在温度为 T 时，由当前状态 i 产生新的状态 j，两者的能量分别为 E_i 和 E_j。若 $E_i<E_j$，则接受新的状态 j 为当前状态；若 $E_i>E_j$ 且概率 $P_i=\exp((E_j-E_i)/kT)$ 大于[0,1]区间内的随机数，则接受新状态 j 为当前状态，若不成立则保留状态 i 为当前状态。当这种过程多次重复，即经过大量迁移后，系统趋于能量较低的平衡态。此准则称为 Metropolis 准则，相应的算法称为 Metropolis 算法。

3. 关键要素

（1）状态空间和状态产生函数

状态空间也可称为搜索空间，它由经过编码的可行解的集合组成；状态产生函数也可称为领域函数，它应该尽可能保证产生的候选解遍布全部解的空间，通常由两部分组成，即产生候选解和产生概率分布。

候选解是按照某一概率密度函数对解空间进行随机采样获得的；概率分布可以是均匀分本、正态分布、指数分布等。

（2）状态转移概率

状态转移概率是指从一个状态转向另一个状态的转移概率，即接受一个新的解为当前解的概率，它与温度有关，一般采用 Metropolis 准则。

（3）冷却进度表

冷却进度表是指以某一高温状态 T 来表示，经典的模拟退火算法的降温方式为

$$T(t)=\frac{T_0}{\lg(1+t)}$$

而快速模拟退火算法的降温方式为

$$T(t)=\frac{T_0}{1+t}$$

通过以上两种方式，都可使模拟退火算法收敛于全局最小点。

（4）初始温度

通过实验可知，初始温度越大越容易获得高质量的解，但相应的计算时间将会增加，因此选择合适的初温是非常重要的。常用的方法有以下三种：

1）对一组状态进行均匀抽样，通过各状态目标值的方差确定初温。

2）对一组状态进行随机产生，确定两状态间的最大目标差值为$|\Delta_{max}|$，根据差值，使用一定的函数确定初温。如$t_0=-\Delta_{max}/p_r$，其中p_r为初始接受概率。

3）使用经验公式给出初始温度。

（5）内循环终止准则

内循环终止准则通常也称为Metropolis抽样稳定准则，用于决定在各温度下产生候选解的数目。常用的抽样稳定准则有如下三条：检验目标函数的均值是否稳定；连续若干步的目标值变化是否较小；需按一定的步数进行抽样。

（6）外循环终止准则

外循环终止准则也可称为算法终止准则，常用的四条是：设置终止温度的阈值；设置外循环迭代次数；检验系统熵是否稳定；算法搜索到的最优值连续若干步保持不变。

4. 算法流程图

模拟退火算法的流程图如图10-5所示。

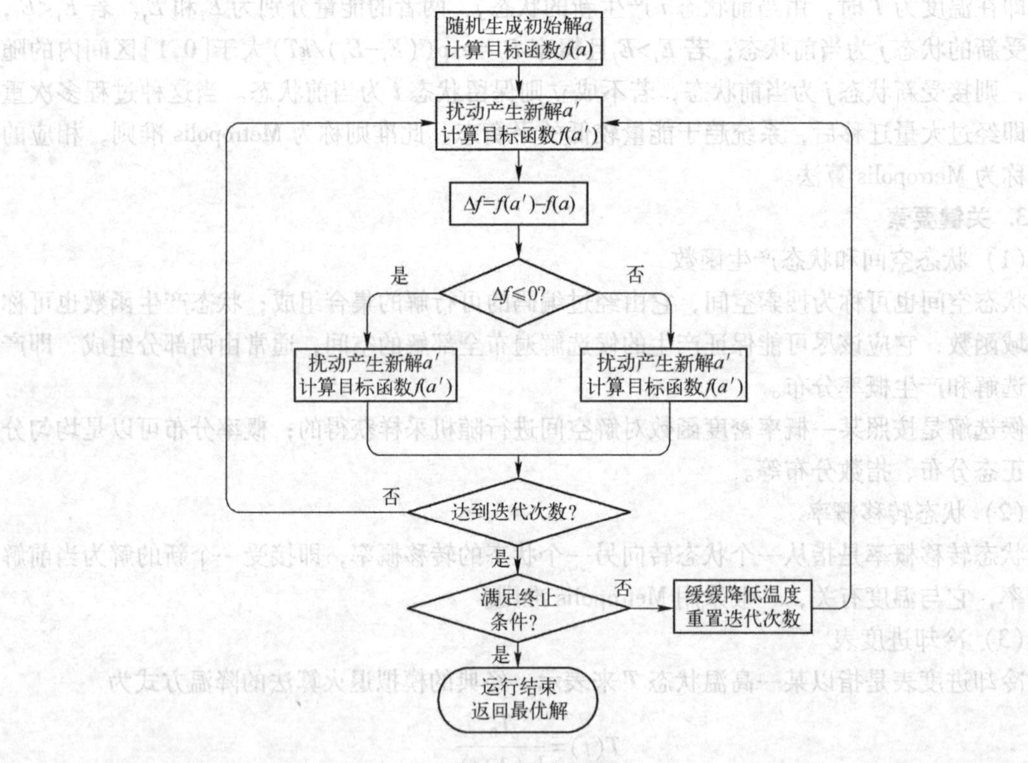

图10-5　流程图

10.4.2　基本原理

模拟退火算法的基本内容如下：

1）初始化。已知初始温度T，初始解状态S，迭代次数L。

2）对 $k=1,\cdots,L$ 做第3）~6）步操作。

3）产生新的解 S_1。

4）计算增量 $\Delta T=C(S_1)-C(S)$，其中 $C(S)$ 为评价函数。

5）若增量小于0，则将 S_1 作为新的当前解，否则以概率 $\exp(-\Delta t/T)$ 将 S_1 作为新的当前解。

6）若满足终止条件，则以当前解作为最优解，结束程序。通常终止条件是连续的若干个新解都没有被接受，一直都是原来的解，此时就终止算法。

7）T 逐渐减小，且 T 趋于0，转到第2）步。

模拟退火算法的描述如下：

1）若 $J(Y(i+1))\geqslant J(Y(i))$（即通过移动可以得到更优的解），则总是接受移动后的解。

2）若 $J(Y(i+1))<J(Y(i))$（即通过移动后的解比当前解差），则以一定的概率接受移动，且这个概率随着时间的推移会逐渐降低，并逐渐趋于稳定。

这里所谓"一定的概率"的计算是参考了金属冶炼的退火过程。根据热力学的原理，当温度为 T 时，出现能量差为 dE 的降温的概率为 $P(dE)$，表示为

$$P(dE)=\exp(dE/(KT))$$

其中，k 为常数，exp 为自然指数，$dE<0, P(dE)$ 的函数取值范围是 $(0,1)$。

通常在模拟退火算法中应注意以下几个问题：

1）从理论上来说，降温过程要足够缓慢，才可使其在每一温度下都达到热平衡。但在计算机实现中，若降温过程过于缓慢，得到的解的答案将令人满意，但其算法效率却难以令人满意；若降温速度过快，就有可能无法得到其最优解。因此，在实际操作时需要综合考虑解的性能和算法的速度，在两者之间得到一种平衡。

2）需要确定在每一温度下状态转换的结束准则。实际操作中可以考虑当连续 m 次的转换过程都没有使状态发生变化时，则结束该温度下的状态转换。

3）选择合适的初始温度并确定某个可行解的合适邻域。

由于模拟退火算法的应用很广泛，可以求解 NP 完全问题，但其参数难以控制，因此模拟退火算法的参数控制问题，主要有以下三点问题：

1）温度 T 的初始值设置问题。若初始温度高，则搜索到全局最优解的可能性大，但因此要花费大量的计算时间；反之，则可节约计算时间，但全局搜索性能可能受到影响。在实际应用过程中，初始温度一般需要依据实验结果进行若干次调整。

2）退火速度问题。模拟退火算法的全局搜索性能也与退火速度是密切相关的。一般来说，同一温度下的"充分"搜索（退火）是非常有必要的，但需要增加计算时间。在实际应用中，需要针对具体问题的性质和特征设置合理的退火平衡条件。

3）温度管理问题。在实际应用中，由于必须考虑计算复杂度的切实可行性等问题，因此需要采用如下降温公式：$T(t+1)=K\times T(t)$，其中 k 大于0且小于1，t 为降温次数。

10.4.3 算法的实例及实现

1. simulannealbnd 函数实现

在 MATLAB 中对于遗传算法和模式搜索，工具箱中提供了 simulannealbnd 函数，用来通

过模拟退火算法，搜索无约束或具有边界约束的多变量最小化问题的解。simulannealbnd 函数的调用语法如下：

```
x = simulannealbnd(fun,x0)
```

解释：由初始值 x0 开始搜索目标函数 fun 的最小值 x_{min}，其中目标函数输入的变量为 x，且返回在 x 处的标量值，x0 是一个标量或向量。

```
x = simulannealbnd(fun,x0,lb,ub)
```

解释：由初始值 x0 且在边界条件 lb 和 ub 的约束下，对 fun 进行优化求解。

```
x = simulannealbnd(fun,x0,lb,ub,options)
```

解释：由初始值 x0 开始搜索目标函数，在边界条件 lb 和 ub 的约束下，同时设置可选参数的值，对 fun 进行优化求解。

```
x = simulannealbnd(problem)
```

解释：求解目标问题的最小值，problem 是问题的结构描述，可通过优化工具箱等应用程序创建。

```
[x,fval] = simulannealbnd(…)
```

解释：返回点 x 处的目标函数值 fval。

```
[x,fval,exitflag] = simulannealbnd(…)
```

解释：返回 exitflag 参数，描述函数计算的退出条件。

```
[x,fval,exitflag,output] = simulannealbnd(fun,…)
```

解释：返回 output 结构数组，其中包含了优化信息。

【例 10-8】 求 MATLAB 自带的测试函数 dejong 的第五函数的最小值。

1）在 MATLAB 命令窗口中输入以下命令，查看 dejong 第五函数的图形，如图 10-6 所示。

```
>> dejong5fcn
```

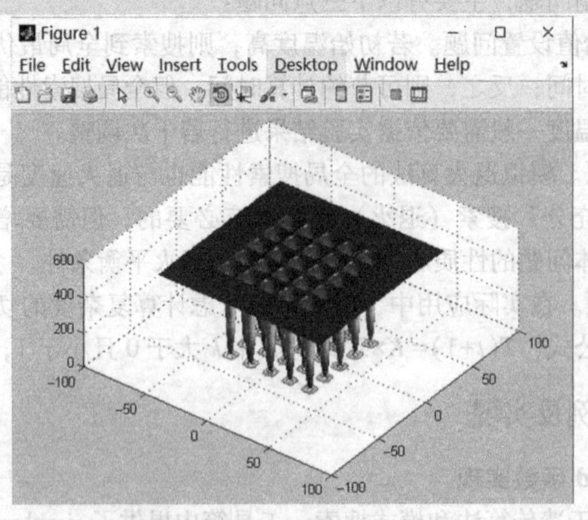

图 10-6 dejong 第五函数图形

2）设初始搜索值为(0,0)，在没有任何约束条件的情况下，相应的MATLAB模拟退火算法的优化命令如下：

```
>> x0=[0 0];
>> [x,fval]=simulannealbnd(@dejong5fcn,x0)
```

按〈Enter〉键后，结果如下：

```
Optimization terminated: change in best function value less than options.TolFun.
x=
   -32.0285   -0.1280
fval=
    10.7632
```

3）在规定了上下边界约束的情况下同样可以调用该函数进行求解，输入以下代码进行实现。

```
>> x0=[0 0];
>> lb=[-64 -64];
>> ub=[64 64];
>> [x,fval]=simulannealbnd(@dejong5fcn,x0,lb,ub)
```

按〈Enter〉键后，结果如下：

```
Optimization terminated: change in best function value less than options.TolFun.
x=
   -31.9797   -31.9777
fval=
     0.9980
```

4）在优化过程的同时还可以进行图形的绘制，以显示最优点、最优值、当前点和当前值等优化信息，在MATLAB命令窗口中输入以下代码进行实现。

```
>> x0=[0 0];
>> options=saoptimset('PlotFcns',{@saplotbestx,@saplotbestf,@saplotx,@saplotf});
>>simulannealbnd(@dejong5fcn,x0,[],[],options)
```

按〈Enter〉键后，结果如下，生成的图像如图10-7所示。

```
Optimization terminated: change in best function value less than options.TolFun.
ans=
   -31.9808   -31.9728
```

最终得到模拟退火算法在点（-31.9808，-31.9728）处搜索到了函数最小值。在图10-7中成功显示了最优点、最优值、当前点和当前值等优化信息。

2. 模拟退火算法的特例——旅行商问题

所谓的旅行商问题（Traveling Salesman Problem，TSP）是指：已知N个城市，要求从其中的某个城市作为起点，必须遍历所有的城市且最终回到最开始出发的城市，求最短路线。

旅行商问题属于NP完全问题，想要精确地解决该问题只能通过穷举所有的路线组合，得到最优解，其时间复杂度为$O(N!)$。然而使用模拟退火算法可以比较快地求出旅行商问题的一条近似最优路径。

使用模拟退火算法的解决步骤如下：

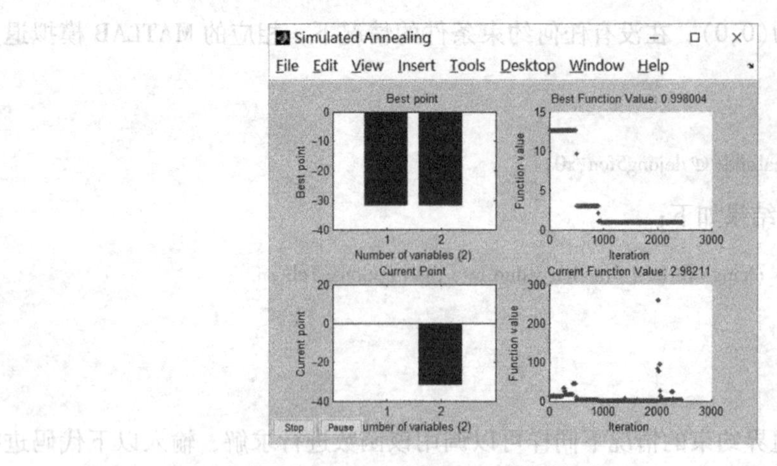

图 10-7　优化结果

1）产生一条新的遍历路径 $P(i+1)$，计算其长度为 L。

2）若 $L(P(i+1))<L(P(i))$，则将 $P(i+1)$ 作为新的路径，否则以模拟退火的那个概率接受 $P(i+1)$，然后进行降温。

3）重复步骤 1）和步骤 2），直至满足其最终解的条件。

【例 10-9】使用模拟退火算法实现旅行商问题。

在 MATLAB 中创建 M 文件，命名为 test20，输入以下代码并保存。

```
n=20;                          %城市个数
temperature=100*n;             %初始温度
iter=100;
city=struct([]);
for i=1:n
    city(i).x=floor(1+100*rand());
    city(i).y=floor(1+100*rand());
end
l=1;
len(l)=test21(city,n);
test23(city,n);
while temperature>0.001
    for i=1:iter
        len1=test21(city,n);              %计算原路线总距离
        tmp_city=test22(city,n);          %产生随机扰动
        len2=test21(tmp_city,n);          %计算新路线总距离
        delta_e=len2-len1;   %新老距离的差值,相当于能量
        if delta_e<0         %新路线好于旧路线,用新路线代替旧路线
            city=tmp_city;
        else         %温度越低,越不太可能接受新解;新老距离差值越大,越不太可能接受新解
            if exp(-delta_e/temperature)>rand() %以概率选择是否接受新解
                city=tmp_city;
            end
        end
    end
    l=l+1;
    len(l)=test21(city,n);
    temperature=temperature*0.99;
end
```

```
figure;test23(city,n);        %最终旅行路线
figure;plot(len)
```

在 MATLAB 中创建 M 文件，命名为 test21，输入以下代码并保存。

```
function len=test21(city,n)    %计算路线总长度,每个城市只计算和下一个城市之间的距离
    len=0;
    for i=1:n-1
        len=len+sqrt((city(i).x-city(i+1).x)^2+(city(i).y-city(i+1).y)^2);
    end
    len=len+sqrt((city(n).x-city(1).x)^2+(city(n).y-city(1).y)^2);
end
```

在 MATLAB 中创建 M 文件，命名为 test22，输入以下代码并保存。

```
function city=test22(city,n)%随机置换两个不同的城市的坐标
    p1=floor(1+n*rand());
    p2=floor(1+n*rand());
    while p1==p2
        p1=floor(1+n*rand());
        p2=floor(1+n*rand());
    end
    tmp=city(p1);
    city(p1)=city(p2);
    city(p2)=tmp;
end
```

在 MATLAB 中创建 M 文件，命名为 test23，输入以下代码并保存。

```
functiontest23(city,n)            %连线各城市并将路线画出来
    hold on;
    for i=1:n-1
        plot(city(i).x,city(i).y,'r*');
        line([city(i).x city(i+1).x],[city(i).y city(i+1).y]);   %只连线当前城市和下一个城市
    end
    plot(city(n).x,city(n).y,'r*');
    line([city(n).x city(1).x],[city(n).y city(1).y]);      %最后一个城市连线第一个城市
    hold off;
end
```

在工作目录文件夹中找到 test20.m 文件，打开后，单击 F5 运行，得到的最终线路如图 10-8 所示。

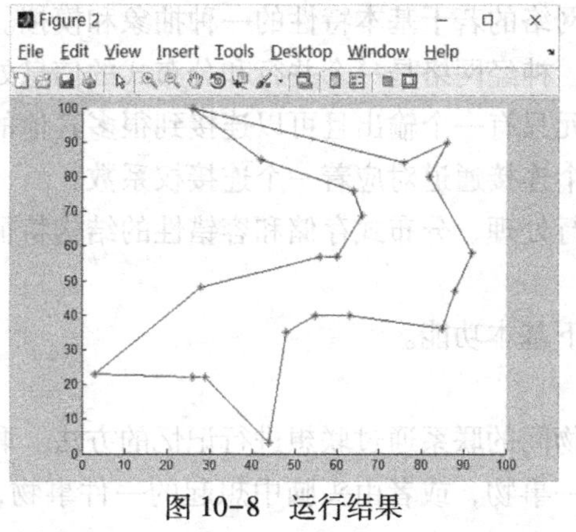

图 10-8　运行结果

10.5 神经元网络

10.5.1 神经元网络简介

神经元网络模型是模拟人类实际神经网络的模型。神经网络是由大量的、简单的处理单元通过广泛地互相连接而形成的复杂网络系统，它反映了人脑功能的许多基本的特征，是一个高度复杂的非线性动力学习系统。该网络具有大规模的并行、分布式的存储和处理、自适应、自组织和自学的能力。

在图 10-9 中总结了神经元网络的发展史。

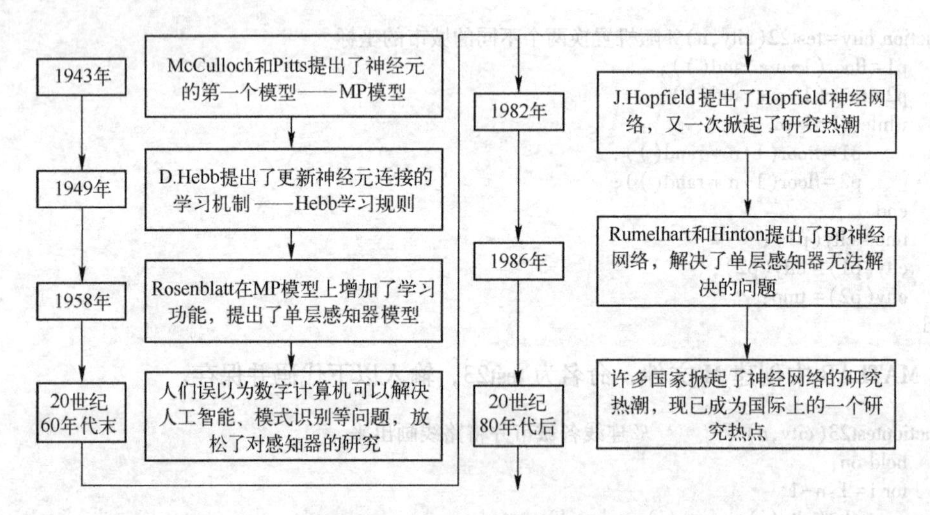

图 10-9 神经元网络的发展史

研究神经元网络模型及在 MATLAB 中进行实现是非常有必要的，通过在 MATLAB 中的实现，可以更好地学习与理解神经元网络。

10.5.2 人工神经网络结构

人工神经网络简称为神经网络，它是用计算机网络系统模拟生物神经网络的智能计算系统，是对人脑或自然神经网络的若干基本特性的一种抽象和模拟。

通常可以直接理解为：神经网络是一个并行和分布式的信息处理网络结构，一般由大量的神经元组成，每个神经元只有一个输出且可以连接到很多其他的神经元；每个神经元的输入有多个连接通道，每一个连接通道对应着一个连接权系数。

人工神经网络具有并行处理、分布式存储和容错性的结构特征，并具有自学习、自组织和自适应性的能力特征。

人工神经网络具有以下基本功能。

(1) 联想记忆

联想记忆是指利用事物间的联系通过联想进行记忆的方法。联想是指由当前感知或思考的事物想起一些有关的另一事物，或者由头脑中想起的一件事物，又引起想到另一件事物。

由于客观事物是相互联系的，各种知识也是相互联系的，因而在思维中，联想是一种基本的思维形式，是记忆的一种方法。

（2）非线性映射

通常系统的输入和输出之间是存在非常复杂的非线性关系的，设计合理的神经网络可以通过对系统输入和输出样本进行自动学习，并以任意精度逼近任意复杂的非线性映射。正是由于神经网络的这一优良性能，使其可以作为多维非线性函数的通用数学模型。

（3）分类与识别

对输入样本的分类实际上是在样本空间中找出符合分类要求的分各区域，每个区域内的样本属于一类。神经网络可以很好地解决对非线性曲面的逼近，因此神经网络具有很好的分类与识别能力。

MP 模型是世界上第一个神经计算模型，即人工神经系统，如图 10-10 所示。

其中，y_i是神经元 i 的输出，它可与其他神经元进行权连接；$x_1,x_2,\cdots,x_n$ 分别表示与第 i 个神经元连接的其他神经元的输出；$w_{i1},w_{i2},\cdots,w_{in}$ 分别表示其他神经元与第 i 个神经元连接的权值；θ_i表示第 i 个神经元的阈值；x_i 为第 i 个神经元的净输入；$f(x_i)$ 为非线性函数的激活函数，也可称为输出函数。从图 10-10 可看出，如果将阈值看作输入值-10（即 $x_o=-1$）的哑节点的连接权重，则权重和阈值可统一为权重。

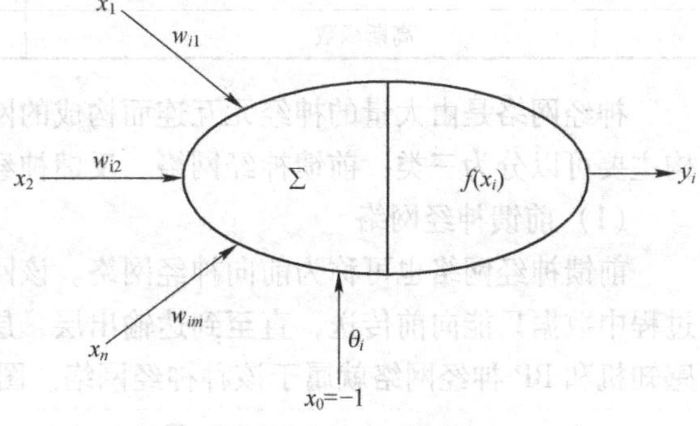

图 10-10 MP 模型

求和操作的函数为

$$x_i = \sum_{j=1}^{n} w_{ji}u_j - \theta_i$$

激活函数为

$$y_i = f(x_i) = f(\sum_{j=1}^{n} w_{ji}u_j - \theta_i)$$

$f(x)$ 为作用函数，也可称为激发函数。MP 神经元模型中的作用函数为单位阶跃函数：

$$f(x)=\begin{cases}1, x\geqslant 0\\ 0, x<0\end{cases}$$

当神经元 i 的输入信号加权和超过阈值时，输出为“1”，即为“兴奋”状态；反之则输出为“0”，即为“抑制”状态。

使用激活函数的作用如下：

1）控制输入对输出的激活作用。

2）对输入、输出进行函数转换。

3）将可能无限域的输入变换成指定的有限范围内的输出。

在神经元模型中，作用函数除了单位阶跃函数之外，还存在其他形式的不同的作用函数，以构成不同的神经元模型，这些函数分别是对称型 Sigmoid 函数、非对称型 Sigmoid 函数、对称型阶跃函数、线性函数和高斯函数。每种函数的形式见表 10-1。

表 10-1　不同函数的表达式

函数名称	表达式
对称型 Sigmoid 函数	$f(x)=\dfrac{1-e^{-x}}{1+e^{-x}}, f(x)=\dfrac{1-e^{-\beta x}}{1+e^{-\beta x}}, \beta>0$
非对称型 Sigmoid 函数	$f(x)=\dfrac{1}{1+e^{-x}}, f(x)=\dfrac{1}{1+e^{-\beta x}}, \beta>0$
对称型阶跃函数	$f(x)=\begin{cases}+1, x\geqslant 0\\ -1, x<0\end{cases}$
线性函数	线性作用函数：$y=f(x)=x$ 饱和线性作用函数：$y=f(x)=\begin{cases}0, & 0<x\\ x, & 0\leqslant x\leqslant 1\\ 1, & x>1\end{cases}$ 对称饱和函数：$y=f(x)=\begin{cases}0, & x<-1\\ x, & -1\leqslant x\leqslant 1\\ 1, & x>1\end{cases}$
高斯函数	$f(x)=e^{-(x^2/\sigma^2)}$

神经网络是由大量的神经元互连而构成的网络，根据网络中神经元的互连方式，网络结构主要可以分为三类：前馈神经网络、反馈神经网络、自组织神经网络。

（1）前馈神经网络

前馈神经网络也可称为前向神经网络。该网络只在训练过程中会有反馈信号，而在分类过程中数据只能向前传送，直至到达输出层，层与层之间是没有向后的反馈信号的。其中，感知机和 BP 神经网络就属于该种神经网络。图 10-11 所示为标准的前馈神经网络模型。

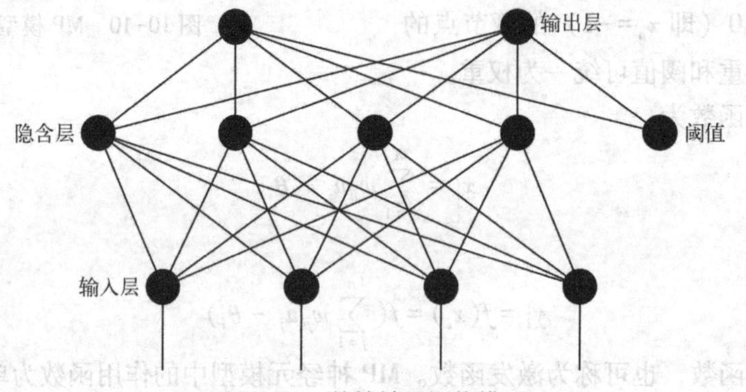

图 10-11　前馈神经网络模型

图 10-11 所示为一个基本的三层前馈神经网络，第一层为输入层，第二层为隐含层，第三层为输出层。使用 $\boldsymbol{m}$ 表示网络的输入向量，$\boldsymbol{w}_1\sim\boldsymbol{w}_3$ 为网络各层的连接权向量，$f_1\sim f_3$ 表示神经网络三层的激活函数，那么这三层的输出如下。

第一层输出为

$$O_1=f_1(\boldsymbol{m}\boldsymbol{w}_1)$$

第二层输出为

$$O_2=f_2(f_1(\boldsymbol{m}\boldsymbol{w}_1)\boldsymbol{w}_2)$$

第三层输出为

$$O_3=f_3(f_2(f_1(\boldsymbol{m}\boldsymbol{w}_1)\boldsymbol{w}_2)\boldsymbol{w}_3)$$

若激活函数 $f_1\sim f_3$ 都选用线性函数，那么神经网络的输出 O_3 将是输入 X 的线性函数。因此，需要做高次函数的逼近时，就应选用适当的非线性函数作为激活函数。

（2）反馈神经网络

反馈神经网络是一种从输出到输入的具有反馈连接的神经网络，结构相比于前馈神经网络要复杂得多，Elman 网络和 Hopfield 网络是典型的反馈神经网络。图 10-12 所示为标准的反馈神经网络模型。

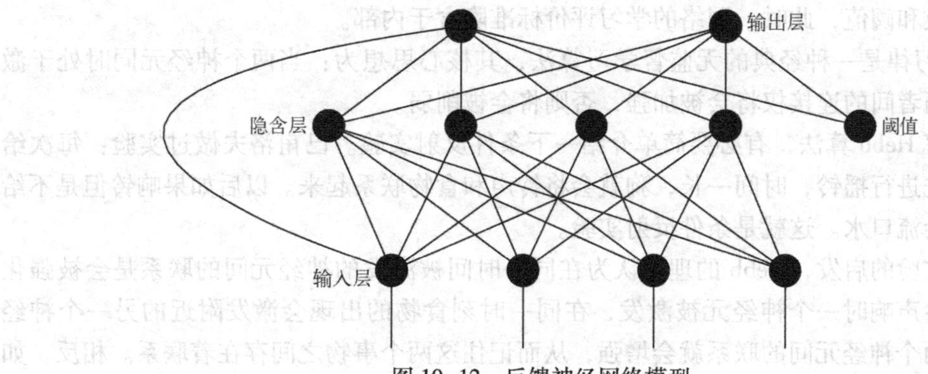

图 10-12　反馈神经网络模型

（3）自组织神经网络

自组织神经网络是一种无监督的学习网络，可以通过自动寻找样本中的内在规律和本质，自组织、自适应地改变网络参数与结构。图 10-13 所示为标准的自组织神经网络模型。

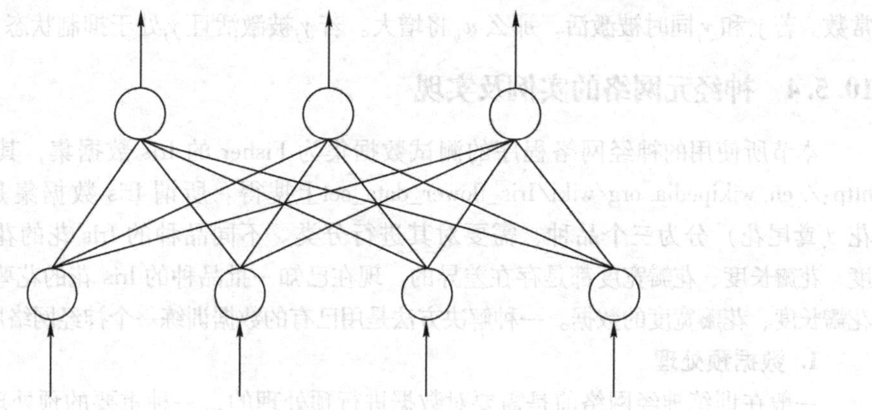

图 10-13　自组织神经网络模型

10.5.3　学习方式与规则

神经网络的学习主要是指使用学习算法来调整神经元间的连接权，使得网络输出更符合实际。学习算法通常分为两种，即监督学习算法和无监督学习算法。

1. 监督学习算法

监督学习算法将一组训练集送入网络，根据网络的实际输出与期望输出间的差别来调整连接权。有导师学习方式的特点包括无法保证一定得到全局的最优解；要求有大量的训练样本，收敛速度较慢，对样本的表示次序变化比较敏感。

监督学习算法的主要步骤如下：

1）从样本集合中取出一个样本。

2）计算网络的实际输出 O，求 $D=Bi-O$，根据 D 调整权矩阵 $\boldsymbol{W}$。

3）对每个样本重复上述操作过程，直至对整个样本集来说，误差不超过其规定的合理范围。

BP 算法就是一种出色的监督学习算法。

2. 无监督学习算法

无监督学习算法是抽取样本集合中蕴含的统计特性，并以神经元之间的连接权的形式存于网络中。在无导师学习方式中，无监督信号提供给神经网络，神经网络仅仅根据其输入调整连接权系数和阈值，此时，网络的学习评价标准隐含于内部。

Hebb 学习律是一种经典的无监督学习算法，其核心思想为：当两个神经元同时处于激发状态时，两者间的连接权将会被加强，否则将会被削弱。

为了理解 Hebb 算法，有必要简单介绍一下条件反射实验。巴甫洛夫做过实验：每次给狗喂食前都先进行摇铃，时间一长，狗就会将铃声和食物联系起来。以后如果响铃但是不给食物，狗也会流口水。这就是条件反射实验。

受到该实验的启发，Hebb 的理论认为在同一时间被激发的神经元间的联系是会被强化的。例如，铃声响时一个神经元被激发，在同一时刻食物的出现会激发附近的另一个神经元，那么这两个神经元间的联系就会增强，从而记住这两个事物之间存在着联系。相反，如果两个神经元总是无法同步激发，那么它们之间的联系将会越来越弱。

Hebb 学习律可表示为

$$w_{ij}(t+1)=w_{ij}(t)+a y_j(t) y_i(t)$$

其中，w_{ij}表示神经元j到神经元i的连接权；y_i和y_j为两个神经元的输出；a是表示学习速度的常数。若y_i和y_j同时被激活，那么w_{ij}将增大。若y_j被激活且y_j处于抑制状态，那么w_{ij}将变小。

10.5.4 神经元网络的实例及实现

本节所使用的神经网络程序的测试数据集为 Fisher 的 Iris 数据集，其数据集地址可在 http://en.wikipedia.org/wiki/Iris_flower_data_set上搜得。所谓 Iris 数据集是指：有一批 Iris 花（鸢尾花）分为三个品种，需要对其进行分类。不同品种的 Iris 花的花萼长度、花萼宽度、花瓣长度、花瓣宽度都是存在差异的。现在已知一批品种的 Iris 花的花萼长度、花萼宽度、花瓣长度、花瓣宽度的数据。一种解决方法是用已有的数据训练一个神经网络用作分类器。

1. 数据预处理

一般在训练神经网络前是需要对数据进行预处理的，一种重要的预处理手段是归一化处理。所谓归一化是指将数据映射到[0,1]或[-1,1]区间或更小的区间上。

在 MATLAB 中，可使用 premnmx、postmnmx、tramnmx 这三个函数进行数据的归一化处理，它们的调用格式如下：

```
[An,minA,maxA,Bn,minB,maxB]=premnmx(A,B)
```

解释：将矩阵 A、B 归一化到[-1,1]，主要用于归一化处理训练数据集。其中，An 为矩阵 A 按行归一化后所得到的矩阵；minA 和 maxA 分别表示矩阵 A 每一行的最小值和最大值；Bn 为矩阵 B 按行归一化后得到的矩阵；minB 和 maxB 分别表示矩阵 B 每一行的最小值和最大值。

```
[An]=tramnmx(A,minA,maxA)
```

解释：用于归一化处理待分类的输入数据。其中，minA 和 maxA 表示 premnmx 函数计算的矩阵的最小值和最大值；An 为归一化后的矩阵。

```
[A,B]=postmnmx(An,minA,maxA,Bn,minB,maxB)
```

解释：将矩阵 An、Bn 映射至归一化处理前的范围。postmnmx 函数主要用于将神经网络的输出结果映射至归一化前的数据范围。其中，minA 和 maxA 表示使用 premnmx 函数计算的矩阵 A 每行的最小值和最大值；minB 和 maxB 表示使用 premnmx 函数计算的矩阵 B 每行的最小值和最大值。

2. MATLAB 中实现神经网络的基本函数

通常，使用 MATLAB 建立前馈神经网络时主要使用以下三个函数：

newff 函数用于前馈网络创建函数；train 函数用于训练一个神经网络；sim 函数用于使用网络进行仿真。

（1）newff 函数

```
net=newff(A,B,{C},'trainFun')
```

解释：A 为一个 $n\times2$ 的矩阵，第 i 行元素为输入信号 xi 的最小值和最大值；B 为一个 k 维行向量，其元素为网络中各层结点数；C 为一个 k 维字符串行向量，每一分量都是对应层神经元的激活函数；trainFun 函数为学习规则采用的训练算法。常用的激活函数见表 10-2。

表 10-2　常用的激活函数

函数名称	函数公式	函数字符串
线性转移函数	$f(x)=x$	purelin
对数 S 形转移函数	$f(x)=\frac{1}{1+e^{-x}},0<f(x)<1$	logsig
双曲正切 S 形函数	$f(x)=\frac{1}{1+e^{-2n}}-1,-1<f(x)<1$	tansig

其中，常见的训练函数和网络配置参数如下。

1）traingd：梯度下降的 BP 训练函数。

2）traingdx：梯度下降的自适应学习率训练函数。

3）net. trainparam. goal：神经网络训练的目标误差。

4）net. trainparam. show：显示中间结果的周期。

5）net. trainparam. epochs：最大迭代次数。

6）net. trainParam. lr：学习率。

（2）train 函数

```
[net,tr,Y1,E]=train(net,X,Y)
```

解释：X 为网络的实际输入；Y 为网络的应有输出；tr 为训练的跟踪信息；Y1 为网络的实际输出；E 为误差矩阵。

（3）sim 函数

```
Y=sim(net,X)
```

解释：net 为网络；X 为输入网络的 $K\times N$ 矩阵，其中 K 为网络输入个数，N 为数据样本数；Y 为 $Q\times N$ 输出矩阵，其中 Q 为网络输出个数。

3. BP 网络实例

将 Iris 数据集分为两组，每组各 75 个样本，每组中的每种花各有 25 个样本。其中一组作为该程序的训练样本，另外一组作为校验样本。为了方便训练，将这三类花分别编号为 1、2、3 。使用的前向神经网络为 4 输入 3 输出的结构模型。

在 MATLAB 中输入以下代码进行实现。

```
%读取训练数据
[A1,A2,A3,A4,class]=textread('trainData.txt', '%f%f%f%f%f',150);
%将特征值进行归一化
[input,minI,maxI]=premnmx([A1,A2,A3,A4]')   ;
%构造输出矩阵
s=length(class) ;
output=zeros(s, 3   ) ;
for i=1 : s
   output(i, class(i)   )=1 ;
end
%创建神经网络
net=newff(minmax(input), [10 3], {'logsig''purelin'}, 'traingdx') ;
%设置训练参数
net.trainparam.show=50 ;
net.trainparam.epochs=500 ;
net.trainparam.goal=0.01 ;
net.trainParam.lr=0.01 ;
%进行训练
net=train(net, input, output') ;
%读取测试数据
[t1 t2 t3 t4 c]=textread('testData.txt', '%f%f%f%f%f',150);
%对测试数据归一化
testInput=tramnmx ([t1,t2,t3,t4]', minI, maxI) ;
%仿真
Y=sim(net,testInput)
%统计识别正确率
[s1, s2]=size(Y) ;
hitNum=0 ;
for i=1 : s2
    [m, Index]=max(Y(:,  i)) ;
    if(Index   ==c(i)   )
        hitNum=hitNum+1 ;
    end
end
sprintf('识别率是 %3.3f%%',100 * hitNum / s2)
```

该程序的识别准确率稳定在 95%左右，训练 100 次左右即可达到收敛。

4. 参数设置对性能的影响

1）恰当的隐含层结点个数。结点个数对识别率的影响并不大，但是结点个数过多会增加计算量，使得训练较慢。

2）合适的激活函数选择。激活函数无论是对识别率还是对收敛速度都会有显著的影响。在逼近高次曲线时，S 形函数的精度比线性函数要高得多，但计算量也要大得多。

3）正确的学习率的选择。学习率影响着网络收敛的速度及网络能否成功收敛。学习率若设置偏小是可以保证网络收敛的，但是收敛速度较慢。反之，学习率设置偏大则有可能使网络训练不收敛，影响识别效果。

【例 10-10】 使用动量梯度下降算法训练 BP 网络。

已知样本的输入矢量 $\boldsymbol{P}=[-1,-2,3,1;-1,1,5,-3]$；目标矢量 $\boldsymbol{T}=[-1,-1,1,1]$。

在 MATLAB 中输入以下代码进行实现。

```
close all
clear
echo on
clc
pause
%按任意键开始
clc
%定义训练样本
% P 为输入矢量
P=[-1, -2, 3, 1; -1, 1, 5, -3];
% T 为目标矢量
T=[-1, -1, 1, 1];
pause;
clc
%创建一个新的前向神经网络
net=newff(minmax(P),[3,1],{'tansig','purelin'},'traingdm')
%当前输入层权值和阈值
inputWeights=net.IW{1,1}
inputbias=net.b{1}
%当前网络层权值和阈值
layerWeights=net.LW{2,1}
layerbias=net.b{2}
pause
clc
%设置训练参数
net.trainParam.show=50;
net.trainParam.lr=0.05;
net.trainParam.mc=0.9;
net.trainParam.epochs=1000;
net.trainParam.goal=1e-3;
pause
clc
[net,tr]=train(net,P,T);
pause
clc
A=sim(net,P)
%计算仿真误差
E=T-A
MSE=mse(E)
pause
clc
echo off
```

按〈Enter〉键，训练结果如下：

```
inputWeights=
    -0.1971     0.5936
    -0.3432    -0.5670
     0.9692    -0.0234
inputbias=
     1.9298
     0.7386
     1.9636
layerWeights=
    -0.1088     0.2926     0.4187
layerbias=
     0.5094
```

再按〈Enter〉键，生成图 10-14。

再次按〈Enter〉键，生成图 10-15。

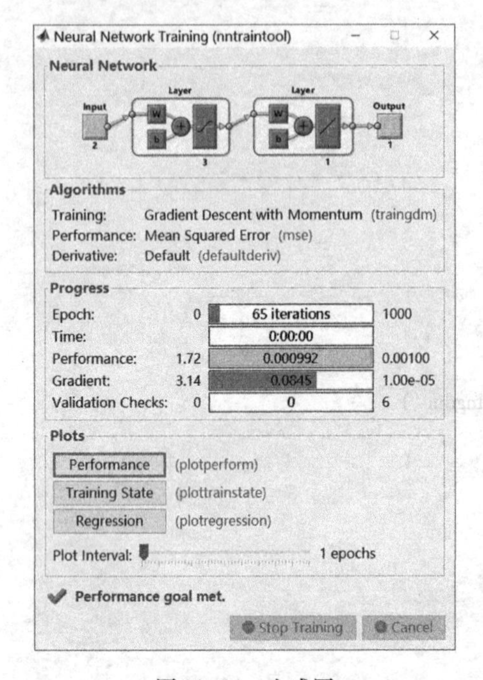

图 10-14　生成图

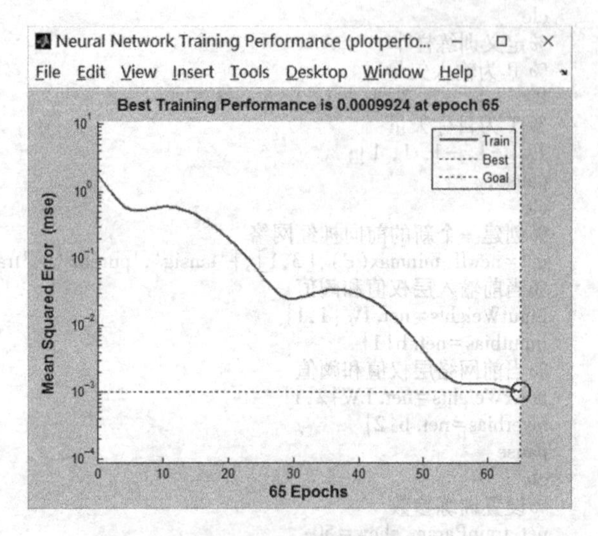

图 10-15　训练结果

再次按〈Enter〉键，得到以下结果：

```
A =
    -1.0422   -1.0297    0.9801    0.9699
E =
     0.0422    0.0297    0.0199    0.0301
MSE =
   9.9240e-04
```

10.6　本章小结

本章讲述了其他数值计算的求解问题，包括对单变量函数的求解、共轭梯度法、遗传算法、模拟退火算法和神经元网络的介绍。使用了大量 MATLAB 中的自带函数以及自行编写的相应程序进行了问题的求解与实现。通过案例的具体分析，使得这些数值计算求解问题得到了完美的展现，让读者可以更加清晰地理解这些数值计算的求解，并利用 MATLAB 进行操作。

10.7　习题

1）遗传算法的特点与优点是什么？

2）神经网络的学习方式有几种？请分别做简要介绍。